本科院校机械类创新型应用人才培养规划教材

液压传动(第 2 版)

主　编　王守城　容一鸣
副主编　段俊勇
参　编　郭秀云　王保卫　周国芬
　　　　金　昕　郭克红　张卫锋

内 容 简 介

本书是在《液压传动》第 1 版的基础上改编而成的。本书共分 10 章。主要介绍液压传动的基本知识、液压油和液压流体力学基础;液压元件的结构、原理、性能和选用;液压基本回路、典型液压系统的组成、功能、特点以及应用情况;液压系统的设计计算方法与应用实例;液压比例与伺服控制技术的工作原理与应用实例。

本书适用于普通工科院校机械类、自动化类各专业的学生,也适用于各类成人高校、自学考试等有关机械类、自动化类各专业的学生,还可供从事流体传动与控制技术的工程技术人员参考。

图书在版编目(CIP)数据

液压传动/王守城,容一鸣主编. —2 版. —北京:北京大学出版社,2013.7
(本科院校机械类创新型应用人才培养规划教材)
ISBN 978-7-301-19507-9

Ⅰ. ①液… Ⅱ. ①王…②容… Ⅲ. ①液压传动—高等学校—教材 Ⅳ. ①TH137

中国版本图书馆 CIP 数据核字(2011)第 189556 号

书　　　　名:	液压传动(第 2 版)
著作责任者:	王守城　容一鸣　主编
策 划 编 辑:	童君鑫
责 任 编 辑:	周　瑞
标 准 书 号:	ISBN 978-7-301-19507-9/TH·0267
出 版 发 行:	北京大学出版社
地　　　　址:	北京市海淀区成府路 205 号　100871
网　　　　址:	http://www.pup.cn　新浪官方微博:@北京大学出版社
电 子 信 箱:	pup_6@163.com
电　　　　话:	邮购部 010-62752015　发行部 010-62750672　编辑部 010-62750667
印 刷 者:	北京虎彩文化传播有限公司
经 销 者:	新华书店
	787 毫米×1092 毫米　16 开本　19.5 印张　449 千字
	2006 年 8 月第 1 版
	2013 年 7 月第 2 版　2022 年 8 月第 2 次印刷
定　　　　价:	58.00 元

未经许可,不得以任何方式复制或抄袭本书之部分或全部内容。
版权所有,侵权必究
举报电话:010-62752024　电子信箱:fd@pup.pku.edu.cn

前　言

本书是在《液压传动》第 1 版的基础上改编而成的。全书共分 10 章。第 1 章、第 2 章主要介绍液压传动的基本知识、液压油和液压流体力学基础；第 3 章至第 6 章主要介绍液压元件的结构、原理、性能和选用；第 7 章、第 8 章介绍液压基本回路、典型液压系统的组成、功能、特点以及应用情况；第 9 章介绍液压系统的设计计算方法与应用实例；第 10 章介绍液压比例与伺服控制技术的工作原理与应用实例。根据 21 世纪高等教育的发展现状和人才培养目标，本书在编写过程中，力求贯彻少而精、理论与实践相结合的原则，紧密结合液压技术的最新成果，重点介绍了液压传动在机床工业、工程机械、橡塑机械、汽车工业等行业的应用实例。在元件选择上，突出应用量较大的二通插装阀以及代表液压发展方向的电液比例阀；侧重对工程技术应用方面的人才培养，适当淡化纯理论分析，加强学生创新能力的培养。本书元件的图形符号、回路以及系统原理图全部按照国家最新图形符号绘制，并摘录于附录中。

本书适用于普通工科院校机械类、自动化类各专业的学生，也适用于各类成人高校、自学考试等有关机械类、自动化类各专业的学生，还可供从事流体传动与控制技术的工程技术人员参考。

本书由青岛科技大学王守城、武汉理工大学容一鸣担任主编；青岛科技大学段俊勇担任副主编；参编人员有河北建筑工程学院郭秀云、鲁东大学王保卫、东北林业大学周国芬、北华大学金昕、青岛科技大学郭克红、张卫锋。全书由王守城、容一鸣负责统稿。

由于编者水平有限，书中难免存在不足之处，敬请广大读者批评指正。

编　者
2013 年于青岛

目　录

第1章　绪论 ········· 1
 1.1　液压传动的工作原理及组成 ······ 2
  1.1.1　液压传动的工作原理 ······ 2
  1.1.2　液压传动系统的组成 ······ 4
 1.2　液压传动系统的职能符号 ······ 4
 1.3　液压传动的优缺点、应用与发展 ········ 6
  1.3.1　液压传动的优缺点 ······· 6
  1.3.2　液压传动的应用 ··········· 7
  1.3.3　液压传动的发展 ··········· 8
 习题 ············· 9

第2章　液压油与液压流体力学基础 ··· 10
 2.1　液体的物理性质 ········ 11
  2.1.1　液体的密度和重度 ······· 11
  2.1.2　液体的可压缩性 ··········· 12
  2.1.3　液体的粘性 ·············· 13
  2.1.4　对液压油的要求、选用和使用 ··········· 16
 2.2　液体静力学基础 ········ 19
  2.2.1　液体中的作用力 ··········· 19
  2.2.2　静压力基本方程 ··········· 21
  2.2.3　静压力传递原理 ··········· 22
  2.2.4　液体作用于容器壁面上的力 ············· 22
 2.3　流动液体力学基础 ······ 24
  2.3.1　基本概念 ··············· 24
  2.3.2　流量连续性方程 ··········· 26
  2.3.3　伯努利方程 ············· 28
  2.3.4　动量方程 ··············· 33
 2.4　管道内压力损失的计算 ······· 38
  2.4.1　液体的流动状态 ··········· 39
  2.4.2　沿程压力损失 ············· 43
  2.4.3　局部压力损失 ············· 44

  2.4.4　管路中的总压力损失 ······ 46
 2.5　孔口和间隙的流量—压力特性 ··· 46
  2.5.1　孔口的流量—压力特性 ··· 46
  2.5.2　液体流经间隙的流量 ······ 50
 2.6　液压冲击和气穴现象 ········ 55
  2.6.1　液压冲击 ··············· 55
  2.6.2　气穴现象 ··············· 59
 习题 ············· 62

第3章　液压泵与液压马达 ········· 65
 3.1　液压泵与液压马达概述 ······· 66
  3.1.1　液压泵的工作原理 ······· 66
  3.1.2　液压泵的主要性能参数 ··· 67
  3.1.3　液压马达的主要性能参数 ············· 70
  3.1.4　液压泵和液压马达的分类 ············· 72
 3.2　齿轮泵 ············· 73
  3.2.1　齿轮泵的工作原理 ······· 73
  3.2.2　齿轮泵的排量和流量计算 ············· 74
  3.2.3　齿轮泵的结构特点分析 ··· 75
  3.2.4　提高齿轮泵压力的措施 ··· 77
  3.2.5　内啮合齿轮泵 ············· 77
  3.2.6　螺杆泵 ················· 77
 3.3　叶片泵 ············· 78
  3.3.1　单作用叶片泵 ············· 78
  3.3.2　双作用式叶片泵 ··········· 80
  3.3.3　限压式变量叶片泵 ······· 81
 3.4　柱塞泵 ············· 82
  3.4.1　径向柱塞泵 ············· 83
  3.4.2　轴向柱塞泵 ············· 84
 3.5　液压泵的选用 ··········· 87
 3.6　液压马达 ············· 88
  3.6.1　叶片马达 ··············· 88

3.6.2 轴向柱塞马达 …………… 89
习题 …………………………… 90

第4章 液压缸 …………………………… 92

4.1 液压缸的类型、特点和基本参数计算 …………………… 93
    4.1.1 活塞式液压缸 …………… 94
    4.1.2 柱塞式液压缸 …………… 97
    4.1.3 摆动式液压缸 …………… 97
    4.1.4 其他液压缸 ……………… 98
4.2 液压缸的典型结构 ……………… 99
    4.2.1 缸体组件 ………………… 100
    4.2.2 活塞组件 ………………… 100
    4.2.3 密封装置 ………………… 101
    4.2.4 缓冲装置 ………………… 103
    4.2.5 排气装置 ………………… 104
4.3 液压缸的设计计算 …………… 105
    4.3.1 液压缸的主要尺寸计算 …………………… 105
    4.3.2 液压缸的校核 …………… 107
习题 …………………………… 108

第5章 液压控制阀 ………………… 111

5.1 液压阀概述 …………………… 112
5.2 方向控制阀 …………………… 113
    5.2.1 单向阀 …………………… 113
    5.2.2 换向阀 …………………… 115
5.3 压力控制阀 …………………… 130
    5.3.1 溢流阀 …………………… 130
    5.3.2 减压阀 …………………… 138
    5.3.3 顺序阀 …………………… 142
    5.3.4 压力继电器 ……………… 145
5.4 流量控制阀 …………………… 147
    5.4.1 节流阀 …………………… 147
    5.4.2 调速阀 …………………… 150
    5.4.3 溢流节流阀 ……………… 152
    5.4.4 分流集流阀 ……………… 153
5.5 其他控制阀 …………………… 156
    5.5.1 逻辑阀 …………………… 156
    5.5.2 电液数字阀 ……………… 160

5.6 综合例题 ……………………… 163
习题 …………………………… 165

第6章 液压辅助元件 ……………… 168

6.1 管道和管接头 ………………… 169
    6.1.1 油管的种类和选用 ……… 169
    6.1.2 管接头的种类和选用 …… 169
6.2 密封件 ………………………… 172
    6.2.1 密封件的作用和分类 …… 172
    6.2.2 橡胶密封圈的种类和特点 …………………… 172
    6.2.3 密封垫圈 ………………… 174
6.3 过滤器 ………………………… 175
    6.3.1 液压油的污染度等级和污染度等级的测定 …… 175
    6.3.2 过滤器的过滤精度 ……… 176
    6.3.3 滤油器的典型结构 ……… 176
    6.3.4 过滤器的选用和安装 …… 179
6.4 热交换器 ……………………… 180
    6.4.1 液压系统的发热和散热 …………………… 180
    6.4.2 冷却器的结构与选用 …… 181
    6.4.3 加热器的结构和选用 …… 182
6.5 液压油箱 ……………………… 183
6.6 蓄能器 ………………………… 185
    6.6.1 蓄能器的作用 …………… 185
    6.6.2 蓄能器的类型 …………… 185
    6.6.3 蓄能器的容量计算 ……… 187
    6.6.4 蓄能器的安装 …………… 188
习题 …………………………… 188

第7章 液压基本回路 ……………… 189

7.1 压力控制回路 ………………… 190
    7.1.1 调压回路 ………………… 190
    7.1.2 减压回路 ………………… 191
    7.1.3 卸荷回路 ………………… 192
    7.1.4 保压回路 ………………… 193
    7.1.5 背压回路 ………………… 194
    7.1.6 平衡回路 ………………… 195
    7.1.7 增压回路 ………………… 196

7.2 调速回路 …………………… 197
  7.2.1 概述 ……………………… 197
  7.2.2 节流调速回路 …………… 198
  7.2.3 容积调速回路 …………… 204
  7.2.4 容积节流调速回路 ……… 208
  7.2.5 3 种调速回路的比较 …… 211
7.3 速度换接回路 ………………… 211
  7.3.1 采用行程阀（或电磁换向阀）的速度换接回路 ……… 211
  7.3.2 采用差动连接的速度换接回路 ……………………… 212
  7.3.3 采用双泵供油的速度换接回路 ……………………… 212
  7.3.4 两种工作速度的换接回路 ……………………… 213
7.4 方向控制回路 ………………… 213
  7.4.1 换向回路 ………………… 214
  7.4.2 锁紧回路 ………………… 216
7.5 多缸动作回路 ………………… 218
  7.5.1 顺序动作回路 …………… 218
  7.5.2 同步回路 ………………… 220
  7.5.3 多缸工作时互不干涉回路 ……………………… 224
习题 ………………………………… 224

第 8 章 典型液压传动系统 ……… 229

8.1 组合机床动力滑台液压系统 …… 230
  8.1.1 YT4543 型动力滑台液压系统 ……………………… 230
  8.1.2 YT4543 型动力滑台液压系统的特点 ……………… 232
8.2 压力机液压系统 ……………… 232
  8.2.1 YB32-200 型液压机的液压系统 ………………… 233
  8.2.2 YB32-200 型液压机液压系统的特点 …………… 235
8.3 汽车起重机液压系统 ………… 236
  8.3.1 汽车起重机液压系统 …… 236
  8.3.2 汽车起重机液压系统的特点 ……………………… 238
8.4 SZ-250A 型塑料注射成型机液压系统 ……………………… 238
  8.4.1 SZ-250A 型塑料注射成型机液压系统概述 ……… 238
  8.4.2 注塑机液压系统的特点 ……………………… 242
8.5 加工中心液压系统 …………… 243
8.6 M1432B 型万能外圆磨床液压系统 ………………………… 245
  8.6.1 M1432B 型外圆磨床的液压系统 ………………… 246
  8.6.2 M1432B 型外圆磨床液压系统的特点 …………… 251
习题 ………………………………… 251

第 9 章 液压传动系统的设计计算 … 252

9.1 液压系统的设计依据和工况分析 ……………………… 253
  9.1.1 液压系统的设计依据 …… 253
  9.1.2 液压系统的工况分析 …… 253
9.2 液压系统主要参数的确定 …… 256
9.3 液压系统原理图的拟定和方案论证 ……………………… 258
9.4 计算和选择液压元件 ………… 259
  9.4.1 液压泵的确定与驱动功率的计算 ……………… 259
  9.4.2 液压控制阀的选择 ……… 260
  9.4.3 液压辅件的计算与选择 … 260
9.5 液压系统性能验算 …………… 261
  9.5.1 液压系统压力损失验算 … 262
  9.5.2 液压系统发热和温升验算 ……………………… 262
9.6 绘制正式工作图、编制技术文件 ……………………… 264
9.7 液压系统设计计算举例 ……… 265
  9.7.1 负载分析 ………………… 265
  9.7.2 液压缸主要参数的确定 … 267
  9.7.3 液压系统图的拟订 ……… 268
  9.7.4 液压元件的选择 ………… 270
  9.7.5 液压系统的性能验算 …… 271
习题 ………………………………… 272

第10章 液压比例与伺服控制技术 … 273

10.1 比例技术 … 274
10.1.1 比例电磁铁 … 275
10.1.2 力调节型电磁铁 … 275
10.1.3 行程调节型电磁铁 … 276
10.2 比例方向阀 … 276
10.2.1 直动式比例方向阀 … 276
10.2.2 先导式比例方向阀 … 277
10.3 比例压力阀 … 279
10.3.1 直动式比例溢流阀 … 279
10.3.2 先导式比例溢流阀 … 280
10.3.3 先导式比例减压阀 … 282
10.4 比例流量阀 … 283
10.5 电液伺服阀 … 284
10.5.1 电液伺服阀的分类 … 284
10.5.2 电液伺服阀的组成 … 285
10.5.3 电液伺服阀的工作原理 … 285
10.5.4 液压放大器的结构形式 … 286
10.5.5 典型电液伺服阀的工作原理 … 289
10.6 机液伺服阀 … 290
习题 … 292

附录 常用液压与气动元件图形符号 … 293

参考文献 … 299

第 1 章 绪 论

教学提示

　　液压传动是以液体作为工作介质,以液体的压力能进行运动或动力传递的一种传动形式。它首先通过能量转换装置(如液压泵),将原动机(如电动机)的机械能转变为压力能,然后通过封闭管道、控制元件等,由另一能量转换装置(液压缸、液压马达)将液体的压力能转变为机械能,驱动负载,使执行机构得到所需的动力,完成所需的运动。
　　液压传动和传统的机械传动相比,具有许多优点,因此液压传动系统在现代工业中得到广泛的应用。本章主要介绍液压传动的工作原理、组成、优缺点及液压传动的应用与发展。

教学要求

　　本章要求掌握液压传动的基本概念,液压传动的基本原理,液压传动系统的组成及职能符号,了解液压传动的特点及应用和发展。

一部机器主要由动力装置、传动装置、操纵或控制装置、工作执行装置4个部分构成。动力装置的性能一般都不可能满足执行装置各种工况的要求,这种矛盾就由传动装置来解决。所谓传动就是指能量(动力)由动力装置向工作执行装置的传递,即通过某种传动方式,将动力装置的运动或动力以某种形式传递给执行装置,驱动执行装置对外做功。一般工程技术中使用的动力传递方式有机械传动、电气传动、气压传动、液体传动以及由它们组合而成的复合传动。

以液体作为工作介质进行能量(动力)传递的传动方式称为液体传动,液体传动分为液力传动和液压传动两种形式。液力传动主要是利用液体的动能来传递能量;而液压传动则主要是利用液体的压力能来传递能量。

本章主要介绍以液压油为工作介质的液压传动技术。液压传动利用液压泵,将原动机(电动机)的机械能转变为液体的压力能,然后利用液压缸(或液压马达)将液体的压力能转变为机械能,以驱动负载,并获得执行机构所需的运动速度。液压传动的理论基础是液压流体力学。

与机械传动相比,液压传动具有许多优点,因此在机械工程中被广泛应用。本章主要介绍液压传动的工作原理、组成、优缺点及液压传动的应用。

1.1 液压传动的工作原理及组成

1.1.1 液压传动的工作原理

1. 液压千斤顶的工作原理

液压千斤顶是常见的液压传动装置。如图1.1所示,大小两个液压缸2和11内分

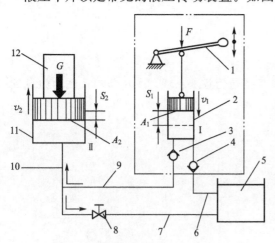

图1.1 液压千斤顶的工作原理
1—杠杆 2—液压缸Ⅰ 3—排油单向阀
4—吸油单向阀 5—油箱
6、7、9、10—油管 8—截止阀
11—液压缸Ⅱ 12—重物

别装有活塞,活塞可以在缸内滑动,且密封可靠。要举升重物12时,截止阀8应关闭。当向上提起杠杆1时,小活塞向上移动,液压缸Ⅰ下腔的密封容积增大,腔内压力下降,形成一定的真空度,这时排油单向阀3关闭,油箱5中的油液在大气压力的作用下推开吸油单向阀4进入液压缸Ⅰ的下腔,从而完成了一次吸油过程。接着,压下杠杆1,小活塞下移,液压缸Ⅰ下腔密封容积减小,油液受到挤压,压力上升,关闭吸油单向阀4,压力油推开排油单向阀3进入液压缸Ⅱ的下腔,从而推动大活塞克服重物12的重力G上升而做功。如此反复地提压杠杆1,就可以将重物12逐渐升起,从而达到起重的目的。若杠杆1不

动,液压缸Ⅱ中的液压力使排油单向阀3关闭,大活塞不动。当需要将大活塞放下时,可打开截止阀8,液压油在重力作用下经截止阀8排回油箱5,大活塞下降到原位。

2. 磨床工作台液压传动系统的工作原理

图1.2为磨床工作台液压传动系统的工作原理图。这个系统可克服各种阻力使工作台作直线往复运动,并且工作台的运动速度可以调节。图1.2中,液压泵3由电动机驱动旋转,从油箱1中吸油,油液经过滤器2进入液压泵。当液压油从液压泵输出进入油管后,通过节流阀4流至换向阀6。换向阀6有左、中、右3个工作位置。当换向阀的阀芯处于中位时如图1.2(a)所示,由于所有油口P、T、A、B均封闭,油路不通,液压油不能进入液压缸8,活塞9停留在某个位置上,所以工作台10不动。此时,液压泵输出的液压油只能在一定压力下通过溢流阀5流回油箱。

若将阀芯推到右边如图1.2(b)所示,液压泵3输出的液压油将流经节流阀4、换向阀6的P口、A口进入液压缸8左腔,推动活塞(和工作台)向右移动。与此同时,液压缸右腔的油液经换向阀6的B口、T口经回油管排回油箱。

若将阀芯推到左边如图1.2(c)所示,则液压油经P口、B口进入液压缸8右腔;液压缸左腔的液压油经A口、T口排回油箱,工作台向左移动。

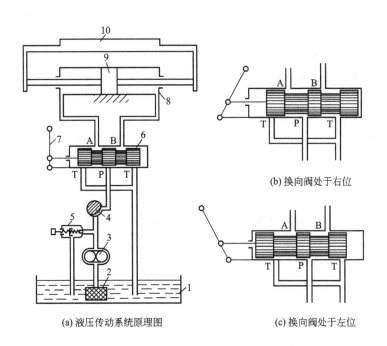

图1.2 磨床工作台液压传动系统原理图

1—油箱 2—过滤器 3—液压泵 4—节流阀 5—溢流阀
6—换向阀 7—手柄 8—液压缸 9—活塞 10—工作台

由此可见,由于设置了换向阀6,所以可改变液压油的流向,使液压缸不断换向实现工作台的往复运动。

工作台的运动速度可通过节流阀4来调节。节流阀的作用是通过改变节流阀开口量的大小来调节通过节流阀油液的流量,从而控制工作台的运动速度,此时,液压泵输出的多余的油液通过溢流阀5流回油箱。当节流阀口开大时,进入液压缸的油液增多,活塞(和工作台)移动速度增大,当节流阀口关小时,进入液压缸的油液减少,活塞(和工作台)的移动速度减小。

工作台运动时,要克服阻力,主要是磨削力和工作台与导轨之间的摩擦力等,这些阻力,由液压油的压力能来克服;要克服的阻力越大,液压缸内的油压越高;反之压力就越低。根据工作情况的不同,液压泵输出油液的压力可以通过溢流阀5进行调整。另外,由于节流阀有调节进入液压缸流量的作用,泵排出的油液的流量往往多于液压缸所需的流量,多余的油液经溢流阀5流回油箱。只有在液压泵出口处的油液对溢流阀5阀芯的作用力等于或略大于弹簧的预紧力时,油液才能推开阀芯流回油箱。所以,在图1.2所示的液压系统中,液压泵出口处的油液压力是由溢流阀决定的,它和液压缸中的压力不一样大。图1.2中2为过滤器,用于滤去油液中的杂质。

综上所述,可以得出如下结论:液压传动系统是依靠液体在密封油腔容积变化中的压力能来实现运动和动力传递的。液压传动装置从本质上讲是一种能量转换装置,它先将机械能转换为便于输送的液压能,然后再将液压能转换为机械能做功。

1.1.2　液压传动系统的组成

液压传动系统主要由以下5个部分组成。

(1) 动力元件。主要指各种液压泵。它的作用是把原动机(电动机)的机械能转变成油液的压力能,给液压系统提供压力油,是液压系统的动力源。

(2) 执行元件。指各种类型的液压缸、液压马达。其作用是将油液压力能转变成机械能,输出一定的力(或力矩)和速度,以驱动负载。

(3) 控制调节元件。主要指各种类型的液压控制阀,如上例中的溢流阀、节流阀、换向阀等。它们的作用是控制液压系统中油液的压力、流量和流动方向,从而保证执行元件能驱动负载,并按规定的方向运动,获得规定的运动速度。

(4) 辅助装置。指油箱、过滤器、油管、管接头、压力表等。它们对保证液压系统可靠、稳定、持久的工作,具有重要作用。

(5) 工作介质。指各种类型的液压油。

1.2　液压传动系统的职能符号

图1.2是采用半结构式图形表示的液压系统原理图。这种原理图,直观性强,容易理解,但图形较复杂,绘制很不方便。为简化原理图的绘制,在工程实际中,除某些特殊情况外,系统中各元件一般采用国家标准规定的图形符号来表示,这些符号只表示元件的职能,不表示元件的结构和参数,通常称为职能符号。我国国家标准GB/T 786.1—1993规定了液压传动图形符号。

图1.3所示为用职能符号绘制的上述磨床工作台液压传动系统原理图。为便于读者看懂用职能符号表示的液压系统图,现将图1.3中出现的液压元件的职能符号介绍如下。

1. 液压泵图形符号

由一个圆加上一个实心等边黑三角来表示,三角箭头向外,表示向外输出油液。如箭头向里,则表示液压马达。图中若无斜箭头,为定量泵;若有斜箭头,则为变量泵。

2. 换向阀的图形符号

为改变油液的流动方向,换向阀阀芯的工作位置要变换,它一般可变动 2～3 个工作位置,通常简称为"位",换向阀阀芯有几个工作位置,就称为几位阀。换向阀阀体上与外界通油的主油口数,通常简称为"通",有几个主通油口,就称为几通。根据阀芯可变动的位置数和阀体上的通路数,可组成×位×通阀。其图形意义如下。

(1) 换向阀的工作位置用方格表示,有几个方格即表示几位阀。

(2) 方格内的箭头符号表示两个油口连通,"⊥"或"⊤"表示油路关闭,这些符号在一个方格内和方格的交点数即表示阀的通路数。

(3) 方格外的符号表示阀的控制方式,控制方式有手动、机动、电动和液动等。

图 1.3 所示的换向阀称为三位四通手动换向阀。

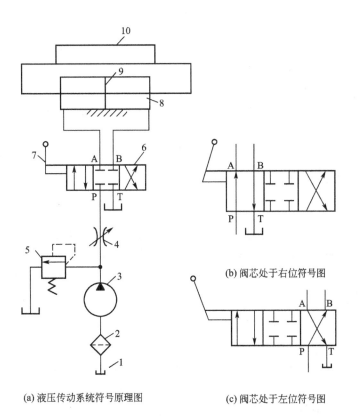

(a) 液压传动系统符号原理图

(b) 阀芯处于右位符号图

(c) 阀芯处于左位符号图

图 1.3　用图形符号绘制液压传动系统原理图

3. 溢流阀图形符号

方格相当于阀芯,方格中的箭头表示油流的主通道,两侧的直线代表进出油管。图 1.3 中的虚线表示控制油路。溢流阀就是利用控制油路的液压作用力与另一侧弹簧力相平衡的原理进行工作的。

4. 节流阀图形符号

节流阀图形符号中的两圆弧所形成的缝隙表示节流孔道，油液通过节流孔使流量减少，图 1.3 中的箭头表示节流孔的大小可以改变，亦即通过该阀的流量是可以调节的。

需要说明的是，液压元件图形符号表示的是元件的常态（静止状态）或零位，未必是其工作状态。元件图形符号只表示元件的职能和连接系统的通路，不表示元件的具体结构和参数，也不表示系统管路的具体位置和元件的安装位置。

1.3 液压传动的优缺点、应用与发展

1.3.1 液压传动的优缺点

1. 主要优点

液压传动与机械传动、电力传动和气压传动相比，主要具有下列优点。

(1) 便于实现无级调速，调速范围比较大，可达 100∶1 至 2000∶1。

(2) 在同等功率的情况下，液压传动装置的体积小、重量轻、惯性小、结构紧凑（如液压马达的重量只有同功率电机重量的 10%～20%），而且能传递较大的力或扭矩。

(3) 工作平稳、反应快、冲击小，能频繁启动和换向。液压传动装置的换向频率，回转运动每分钟可达 500 次，往复直线运动每分钟可达 400～1000 次。

(4) 控制、调节比较简单，操纵比较方便、省力，易于实现自动化，与电气控制配合使用能实现复杂的顺序动作和远程控制。

(5) 易于实现过载保护，系统超负载，油液经溢流阀流回油箱。由于采用油液作为工作介质，能自行润滑，所以寿命长。

(6) 易于实现系列化、标准化、通用化，易于设计、制造和推广使用。

(7) 易于实现回转、直线运动，且元件排列布置灵活。

(8) 在液压传动系统中，功率损失所产生的热量可由流动着的油带走，故可避免机械本体产生过度温升。

2. 主要缺点

(1) 液体为工作介质，易泄漏，且具有可压缩性，故难以保证严格的传动比。

(2) 液压传动中有较多的能量损失（摩擦损失、压力损失、泄漏损失），传动效率低，所以不宜做远距离传动。

(3) 液压传动对油温和负载变化敏感，不宜于在很低或很高温度下工作，对污染很敏感。

(4) 液压传动需要有单独的能源（例如液压泵站），液压能不能像电能那样远距离传输。

(5) 液压元件制造精度高、造价高，须组织专业化生产。

(6) 液压传动装置出现故障时不易查找原因，不易迅速排除。

总之，液压传动优点较多，其缺点正随着科学技术的发展逐步加以克服，因此，液压传动在现代工业中有着广阔的发展前景。

1.3.2 液压传动的应用

液压传动由于优点很多，所以在国民经济各部门中都得到了广泛的应用，但各部门应用液压传动的出发点不同。工程机械、压力机械采用液压传动的原因是结构简单，输出力量大。航空工业采用的原因是重量轻，体积小。

机床中采用液压传动的主要原因是可实现无级变速，易于实现自动化，能实现换向频繁的往复运动。为此，液压传动常用在机床的如下一些装置中。

1. 进给运动传动装置

液压传动在机床的进给运动中应用最为广泛。如磨床的工作台、砂轮架，普通车床、六角车床、自动车床的刀架或转塔刀架，钻床、铣床、刨床的工作台或主轴箱，组合机床的动力头和滑台等。这些部件有的要求快速移动，有的要求慢速移动(2mm/min)，有的则要求快慢速移动。这些部件的运动多半要求有较大的调速范围，要求在工作中无级调速；有的要求持续进给，有的要求间歇进给；有的要求在负载变化下速度仍然能保持恒定；有的要求有良好的换向性能；所有这些要求液压传动都能满足。

2. 往复主运动传动装置

龙门刨床的工作台，牛头刨床或插床的滑枕都可以采用液压传动来实现其所需的高速往复运动，前者的运动速度可达60~90m/min，后两者可达30~50m/min。与机械传动相比，采用液压传动，可减少换向冲击，降低能量消耗，缩短换向时间。

3. 回转主运动传动装置

机床主轴可采用液压传动来实现无级变速的回转主运动，但这一应用目前尚不普遍。

4. 仿形装置

车床、铣床、刨床的仿形加工可采用液压伺服系统来实现，精度可达0.01~0.02mm。此外，磨床上的成型砂轮修正装置和标准丝杠校正装置亦可采用这种系统。

5. 辅助装置

机床上的夹紧装置、变速操纵装置、丝杠螺母间隙消除装置、垂直移动部件的平衡装置、分度装置、工件和刀具的装卸、输送、储存装置等，都可以采用液压传动来实现，这样做有利于简化机床结构，提高机床的自动化程度。

6. 步进传动装置

数控机床上工作台的直线或回转步进运动，可根据电气信号迅速而准确地由电液伺服系统来实现。开环系统定位精度较低(小于0.01mm)，成本也低；闭环系统定位精度和成本都较高。

7. 静压支承

重型机床、高速机床、高精度机床上的轴承、导轨和丝杠螺母机构，如果采用液压系统来作为静压支承，可得到很高的工作平稳性和运动精度，这是近年来的一项新技术。

液压传动在其他机械工业部门的应用见表 1-1。

表 1-1　液压传动在机械行业中的应用

行业名称	应用场合举例
机床工业	磨床、铣床、刨床、拉床、压力机、自动机床、组合机床、数控机床、加工中心等
工程机械	挖掘机、装载机、推土机等
汽车工业	环卫车、自卸式汽车、平板车、高空作业车等
农业机械	联合收割机的控制系统、拖拉机的悬挂装置等
轻工、化工机械	打包机、注塑机、校直机、橡胶硫化机、胶片冷却机、造纸机等
冶金机械	电炉控制系统、轧钢机控制系统等
起重运输机械	起重机、叉车、装卸机械、液压千斤顶等
矿山机械	开采机、提升机、液压支架等
建筑机械	打桩机、平地机等
船舶港口机械	起货机、锚机、舵机等
铸造机械	砂型压实机、加料机、压铸机等

1.3.3　液压传动的发展

液压传动相对机械传动来说是一门新的传动技术。如果从世界上第一台水压机问世算起，至今已有 200 余年的历史。然而，直到 20 世纪 30 年代液压传动才真正得到推广应用。

在第二次世界大战期间，由于军事工业需要反应快、精度高、功率大的液压传动装置而推动了液压技术的发展。战后，液压技术迅速转向民用，在机床、工程机械、农业机械、汽车等行业中逐步得到推广。20 世纪 60 年代后，随着原子能、空间技术、计算机技术的发展，液压技术也得到了很大发展，并渗透到各个工业领域。当前液压技术正向着高压、高速、大功率、高效率、低噪声、长寿命、高度集成化、复合化、小型化以及轻量化等方向发展。同时，新型液压元件和液压系统的计算机辅助测试（CAT）、计算机直接控制（CDC）、机电一体化技术、计算机仿真和优化设计技术、可靠性技术以及污染控制方面，这也是当前液压技术发展和研究的方向。

我国的液压技术开始于 20 世纪 50 年代，液压元件最初应用于机床和锻压设备，后来又用于拖拉机和工程机械。自 1964 年从国外引进一些液压元件生产技术，同时自行设计液压产品以来，经过近半个世纪的艰苦探索和发展，特别是 20 世纪 80 年代初期引进美国、日本、德国的先进技术和设备，使我国的液压技术水平有了很大的提高。目前，我国的液压件已从低压到高压形成系列，并生产出许多新型的元件，如插装式锥阀、电液比例阀、电液数字控制阀等。我国机械工业在认真消化、推广国外引进的先进液压技术的同时，大力研制、开发国产液压件新产品，加强产品质量可靠性和新技术应用的研究，积极采用国际标准，合理调整产品结构，对一些性能差而且不符合国家标准的液压件产品，采用逐步淘汰的措施。由此可见，随着科学技术的迅猛发展，液压技术将获得进一步发展，在各种机械设备上的应用将更加广泛。

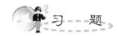习　题

1. 何谓液压传动？举例说明液压传动的工作原理。
2. 液压传动系统由哪几部分组成？各部分的作用是什么？
3. 与其他传动方式相比，液压传动有何优点？有何缺点？
4. 一个工厂能否采用一个泵站集中供给压力油？为什么？

第 2 章
液压油与液压流体力学基础

教学提示

　　液压传动是以液体作为工作介质进行能量传递的，因此，了解液体的物理性质，掌握液体在静止和运动过程中的基本力学规律，对于正确理解液压传动的基本原理，合理设计和使用液压系统都是非常必要的。

　　由于流体力学只研究流体的宏观运动，是将流体假定为连续介质进行研究的，即假定流体质点之间没有任何间隙，这种假定称为连续介质假定。根据连续介质假定，就可以把液体的运动参数看作是时间和空间的连续函数，从而可以很方便地用数学方法去描述流体的运动规律，以解决工程实际问题。

　　液压油同其他流体一样，没有确定的几何形状，在受到切应力时，会产生连续不断的变形，即表现出具有流动性。当流体四周同时受到压应力作用时，它又具有弹性体的性质，可以承受压应力。但由于流体分子间的内聚力很小，因此，不能承受拉应力。

教学要求

　　本章要求掌握液压油的物理性质、对液压油的要求、液压油的选用，掌握液压流体力学的基本概念，重点掌握液体动力学的 3 个基本方程及应用、液体流动时压力损失的计算、小孔和缝隙的流量特性等，了解液压冲击和气穴现象产生的原因、危害及控制措施。

液压传动以液体作为工作介质来传递能量和运动。因此，了解液体的主要物理性质，掌握液体平衡和运动的规律等主要力学特性，对于正确理解液压传动原理、液压元件的工作原理，以及合理设计、调整、使用和维护液压系统都是十分重要的。

从分子物理学的观点来看，液体是由大量的、不断作不规则运动的分子组成的，且易于流动的物质，分子之间存在着间隙(比固体分子之间的间隙大，而比气体分子之间的间隙小)，因而是不连续的。由于流体力学只研究液体宏观表象的运动，并不考虑它的内部微观结构，因此，我们以宏观的质点作为介质的基本单位，一个质点可包含着一群分子，质点的运动参数即为该群分子运动参数的统计平均值，并且认为介质质点与质点间没有间断的空隙，而是连绵不断组成的，即把液体看成连续介质。这样，描述液体状态的物理参数将是空间点坐标和时间的连续函数，就能采用数学工具来处理解决问题。

2.1 液体的物理性质

液体是液压传动的工作介质，同时它还起到润滑、冷却和防锈作用。液压系统能否可靠、有效地进行工作，在很大程度上取决于系统中所用的液压油液的物理性质。

2.1.1 液体的密度和重度

液体的密度定义为

$$\rho = \lim_{\Delta V \to 0} \frac{\Delta m}{\Delta V} = \frac{dm}{dV} \quad (2-1)$$

式中　ρ——液体的密度(kg/m^3)；
　　　ΔV——液体中所任取的微小体积(m^3)；
　　　Δm——体积ΔV中的液体质量(kg)。

注意，在数学上的ΔV趋近于0的极限，在物理上是指趋近于空间中的一个点，应理解为体积为无穷小的液体质点，该点的体积同所研究的液体体积相比完全可以忽略不计，但它实际上包含足够多的液体分子。因此，密度的物理含义是质量在空间某点处的密集程度。密度是空间点坐标和时间的函数，即$\rho = \rho(x, y, z, t)$。

对于均质液体，其密度是指其单位体积内所含的液体质量。

$$\rho = \frac{m}{V} \quad (2-2)$$

式中　m——液体的质量(kg)；
　　　V——液体的体积(m^3)。

对于均质液体，其重度γ是指其单位体积内所含液体的重量。

$$\gamma = \frac{G}{V} \quad (2-3)$$

或

$$\gamma = \rho g \quad (2-4)$$

液压油的密度因液体的种类而异。常用液压传动液压油液的密度数值见表2-1。

表 2-1　液压传动液压油液的密度

液压油种类	L-HM32 液压油	L-HM46 液压油	油包水乳化液	水包油乳化液	水—乙二醇	通用磷酸酯	飞机用磷酸酯
密度/(kg/m³)	$0.87×10^3$	$0.875×10^3$	$0.932×10^3$	$0.9977×10^3$	$1.06×10^3$	$1.15×10^3$	$1.05×10^3$

液压油的密度随温度的升高而略有减小，随工作压力的升高而略有增加，通常对这种变化忽略不计。一般计算中，石油基液压油的密度可取为 $\rho=900 \mathrm{kg/m^3}$。

2.1.2　液体的可压缩性

液体的可压缩性是指液体受压力作用时，其体积减小的性质。

液体可压缩性的大小可以用体积压缩系数 k 来表示，其定义为：受压液体在发生单位压力变化时的体积相对变化量，即

$$k=-\frac{1}{\Delta p}\frac{\Delta V}{V} \tag{2-5}$$

式中　V——压力变化前，液体的体积；

　　　Δp——压力变化值；

　　　ΔV——在 Δp 作用下，液体体积的变化值。

由于压力增大时液体的体积减小，因此上式右边必须冠一负号，以使 k 成为正值。液体体积压缩系数的倒数，称为体积弹性模量 K，简称体积模量。

$$K=-\frac{V}{\Delta V}\Delta p \tag{2-6}$$

表 2-2 中所列是几种常用液压油液的体积弹性模量。由表 2-2 可知，石油基液压油体积模量的数值是钢（$K=2.06×10^{11}$Pa）的 $1/(100\sim170)$，即它的可压缩性是钢的 $100\sim170$ 倍。

表 2-2　各种液压油液的体积模量(20℃，大气压)

液压油种类	石油基	水—乙二醇基	乳化液型	磷酸酯型
K/(Pa)	$(1.4\sim2.0)×10^9$	$3.15×10^9$	$1.95×10^9$	$2.65×10^9$

液压油液的体积压缩系数和体积模量与温度、压力有关。当温度升高时，K 值减小，在液压油液正常的工作范围内，K 值会有 5%～25% 的变化；压力增大时，K 值增大，但这种变化不呈线性关系，当 $p \geqslant 3$MPa 时，K 值基本上不再增大。

纯液体的压缩系数很小，即弹性模量很大。压力为 $(0.1\sim50)×10^6$Pa 时，纯水的平均体积弹性模量约 $2.1×10^3$MPa，纯液压油的平均体积弹性模量的值则在 $(1.4\sim2)×10^3$MPa 范围内。当液体中混入未溶解的气体后，K 值将会有明显的降低。在一定压力下，油液中混入 1% 的气体时，其体积弹性模量降低为纯油的 50% 左右，如果混有 10% 的气体，则其体积弹性模量仅为纯油的 10% 左右。由于油液在使用过程中很难避免混入气体，因此工程上，一般取 $K=700$MPa。

在压力、温度变化不大的场合，液体的体积变化很小，因此在讨论液压系统的静态性

能时,通常将液体看成是不可压缩的;而在研究液压元件和系统的动态特性时,液体的体积弹性模量将成为影响其动态特性的重要因素,不能忽略。

当考虑液体的可压缩性时,封闭在容器内的液体在外力作用时的特征极像一个弹簧:外力增大,体积减小;外力减小,体积增大。这种弹簧的刚度 k_h,在液体承压面积 A 不变时,如图 2.1 所示,可以通过压力变化 $\Delta p = \Delta F/A$、体积变化 $\Delta V = A\Delta l$(Δl 为液柱长度变化)和式(2-6)求出,即

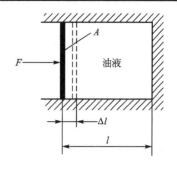

图 2.1 油液弹簧的刚度计算简图

$$k_h = -\frac{\Delta F}{\Delta l} = \frac{A^2 K}{V} \quad (2-7)$$

2.1.3 液体的粘性

1. 液体粘性的概念

液体在外力作用下流动(或有流动趋势)时,由于分子间内聚力的存在,而使其流动受到牵制,从而在液体内部产生摩擦力或切应力,这种性质称为粘性。液体的粘性所起的作用是阻滞、延缓液体内部液层的相互滑动过程,即反映了液体抵抗剪切流动的能力。粘性的大小可以用粘度来度量。

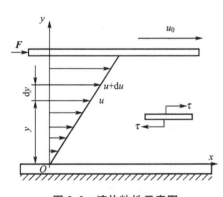

图 2.2 液体粘性示意图

如图 2.2 所示,设距离为 h 的两平行平板间充满液体,下平板固定,而上平板在外力 F 的作用下,以速度 u_0 向右平移。由于液体和固体壁面间的附着力,粘附于下平板的液层速度为零,粘附于上平板的液层速度为 u_0,而由于液体的粘性,中间各层液体的速度则随着液层间距离 Δy 的变化而变化。当上下板之间距离 h 较小时,液体的速度从上到下近似呈线性递减规律分布。其中速度快的液层带动速度慢的;而速度慢的液层对速度快的起阻滞作用。不同速度的液层之间相对滑动必然在层与层之间产生内部摩擦力。这种摩擦力作为液体内力,总是成对出现,且大小相等、方向相反地作用在相邻两液层上。

根据实验得知,流动液体相邻液层之间的内摩擦力 F_f 与液层接触面积 A、液层间的速度梯度 du/dy 成正比,即

$$F_f = \mu A \frac{du}{dy} \quad (2-8)$$

式中 μ——比例常数,称为粘度系数或动力粘度;

A——各液层间的接触面积;

du/dy——速度梯度,即在速度垂直方向上的速度变化率。

这就是牛顿液体内摩擦定律。若液体的动力粘度 μ 只与液体种类有关而与速度梯度无关,则这样的液体称为牛顿液体。一般石油基液压油都是牛顿液体。

若以 τ 表示液层间的切应力，即单位面积上的内摩擦力，则式(2-8)可表示为

$$\tau = \frac{F_f}{A} = \mu \frac{\mathrm{d}u}{\mathrm{d}y} \tag{2-9}$$

或写成

$$\mu = \frac{F_f/A}{\mathrm{d}u/\mathrm{d}y} = \frac{\tau(剪切应力)}{\mathrm{d}u/\mathrm{d}y(切应变)} \tag{2-10}$$

由此可见，液体粘性的物理意义是：在一定的切应力 τ 的作用下，动力粘度 μ 越大，速度梯度 $\mathrm{d}u/\mathrm{d}y$ 越小，则液体发生剪切变形越小，也就是说，液体抵抗液层之间发生剪切变形的能力越强，即粘性是液体在流动时抵抗变形能力的一种度量。

在静止液体中，速度梯度 $\mathrm{d}u/\mathrm{d}y=0$，故其内摩擦力为零，因此静止液体不呈现粘性，液体在流动时才显示其粘性。

2. 液体粘性的度量——粘度

液体粘性的大小用粘度表示。粘度是液体最重要的物理性质之一，是液压系统选择液压油的主要指标，粘度大小会直接影响系统的正常工作、效率和灵敏性。

通常表示粘度大小的单位有动力粘度、运动粘度和相对粘度。

1) 动力粘度

动力粘度又称为绝对粘度。如式(2-10)所示，动力粘度 μ 的物理含义是：液体在单位速度梯度下流动时，相接触的液体层间单位面积上所产生的内摩擦力。

在国际 SI 单位制中，动力粘度的单位是 $\mathrm{Pa \cdot s}(1\mathrm{Pa \cdot s} = 1\mathrm{N \cdot s/m^2})$。

2) 运动粘度

液体的动力粘度 μ 和它的密度 ρ 的比值称为运动粘度，常以符号 ν 表示，即

$$\nu = \frac{\mu}{\rho} \tag{2-11}$$

式中 μ——动力粘度；

ρ——液体密度。

在法定计量单位制(SI)中，运动粘度 ν 的单位是 $\mathrm{m^2/s}(1\mathrm{m^2/s} = 10^4 \mathrm{cm^2/s} = 10^4 \mathrm{St}(斯) = 10^6 \mathrm{mm^2/s} = 10^6 \mathrm{cSt}(厘斯))$。

运动粘度 ν 没有什么特殊的物理意义，只是因为在液压系统的理论分析和计算中常常碰到动力粘度 μ 与密度 ρ 的比值，因而才采用运动粘度这个单位来代替 μ/ρ。它之所以被称为运动粘度，是因为它的单位中只有运动学的量纲。液体的运动粘度可用旋转粘度计测定。

在我国，运动粘度是划分液压油牌号的依据。国家标准 GB/T 3141—1994 中规定，液压油的牌号是该液压油在 40℃时运动粘度的中间值。例如，32 号液压油是指这种油在 40℃时运动粘度的中间值为 $32\mathrm{mm^2/s}$，其运动粘度范围为 $28.8 \sim 35.2\mathrm{mm^2/s}$。

3) 相对粘度

动力粘度和运动粘度是理论分析和推导中经常使用的粘度单位，难以直接测量，因此工程上常采用相对粘度来表示液体粘性的大小。

相对粘度是以液体的粘度相对于水的粘度的大小程度来表示该液体的粘度。相对粘度又称为条件粘度，各国采用的相对粘度单位有所不同，有的用赛氏粘度 SSU(美国、英国通用)；有的用雷氏粘度 R(美国、英国商用)；有的用恩氏粘度 $°E$(中国、德国)。

恩氏粘度用恩氏粘度计来测定，其方法是将 200mL、温度为 t℃的被测液体装入粘度计的容器内，由其底部孔径为 ϕ2.8mm 的小孔流出，测出液体流完所需时间 t_1，再测出相同体积、温度为 20℃的蒸馏水在同一容器中流完所需的时间 t_2，这两个时间之比即为被测液体在 t℃下的恩氏粘度，即

$$°E = \frac{t_1}{t_2} \tag{2-12}$$

温度 t℃时的恩氏粘度用符号 $°E_t$ 表示，在液压传动系统中一般以 40℃作为测定恩氏粘度的标准温度，用 $°E_{40}$ 表示。

恩氏粘度与运动粘度间的换算关系为下述近似经验公式

$$\nu = \left(7.31°E - \frac{6.31}{°E}\right) \times 10^{-6} (\text{m}^2/\text{s}) \tag{2-13}$$

尽管国际标准化组织(ISO)规定统一采用运动粘度，但相对粘度仍被一些国家或地区采用。

3. 粘度与温度的关系

液压系统中使用的矿物油对温度的变化很敏感，当温度升高时，粘度显著降低，这一特性称为液体的粘-温特性。粘-温特性常用粘-温特性曲线和粘度指数Ⅵ来表示。图 2.3 表示几种常用液压介质的粘-温特性曲线。

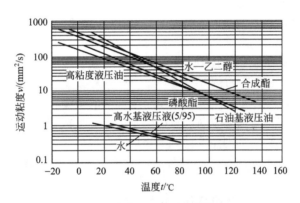

图 2.3 粘度和温度之间的关系

粘度指数Ⅵ，表示该液体的粘度随温度变化的程度与标准液的粘度变化程度之比。通常在各种工作介质的质量指标中都给出粘度指数。粘度指数高，表示粘-温曲线平缓，说明粘度随温度变化小，其粘-温特性好。目前精制液压油及有添加剂的液压油，粘度指数可大于 100。几种典型工作介质的粘度指数见表 2-3。

表 2-3 典型工作介质的粘度指数Ⅵ

介质种类	石油基液压油 L-HM	石油基液压油 L-HR	石油基液压油 L-HG	高含水液压油 L-HFA	油包水乳化液 L-HFB	水-乙二醇 L-HFC	磷酸酯 L-HFDR
粘度指数Ⅵ	≥95	≥160	≥90	≈130	130~170	140~170	-31~170

在实际应用中，温度升高，油的粘度下降的性质直接影响液压油液的使用，其重要性不亚于粘度本身。油液粘度的变化直接影响到液压系统的性能和泄漏，因此希望粘度随温

度的变化越小越好。一般液压系统要求工作介质的粘度指数应在90以上，当系统的工作温度范围较大时，应选用粘度指数高的介质。

4. 粘度与压力的关系

当油液所受的压力增加时，其分子间的距离就缩小，内聚力增加，粘度也有所变大。但是这种影响在低压时并不明显，可以忽略不计；当压力大于50MPa时，粘度将急剧增大。压力对粘度的影响可用以下经验公式计算

$$\nu_p = \nu_a e^{cp} \approx \nu_a (1+cp) \quad (2-14)$$

式中　p——液体的压力；
　　　ν_p——压力为p时液体的运动粘度；
　　　ν_a——大气压力下液体的运动粘度；
　　　e——自然对数的底；
　　　c——系数，对于石油基液压油，$c=0.015\sim0.035$。

2.1.4 对液压油的要求、选用和使用

1. 对液压油的要求

不同的工作机械和不同的使用情况，对液压油的要求有很大的不同，为了很好地传递运动和动力，液压系统使用的液压油应具备如下性能。

(1) 合适的粘度，$\nu=(11.5\sim41.3)\times10^{-6}\text{m}^2/\text{s}$ 或 $2\sim5.8°E_{50}$，具有较好的粘—温性能。

(2) 具有良好的润滑性能和足够的油膜强度，使系统中的各摩擦表面获得足够的润滑而不致磨损。

(3) 不得含有蒸汽、空气及容易气化和产生气体的杂质，否则会起气泡。气泡是可压缩的，而且在其突然被压缩和破裂时会放出大量的热，造成局部过热，使周围的油液迅速氧化变质。另外气泡还是产生剧烈振动和噪声的主要原因之一。

(4) 对金属和密封件有良好的相容性。不含有水溶性酸和碱等，以免腐蚀机件和管道，破坏密封装置。

(5) 对热、氧化、水解和剪切都有良好的稳定性，在储存和使用过程中不变质。温度低于57℃时，油液的氧化进程缓慢，之后，温度每增加10℃，氧化的程度增加一倍，所以控制液压油的温度特别重要。

(6) 抗泡沫性好，抗乳化性好，腐蚀性小，防锈性好。

(7) 热膨胀系数低，比热高，导热系数高。

(8) 凝固点低，闪点（明火能使油面上油蒸汽闪燃，但油本身不燃烧时的温度）和燃点高。一般液压油闪点在130~150℃之间。

(9) 质地纯净，杂质少。

(10) 对人体无害，成本低。

对轧钢机、压铸机、挤压机、飞机等机器所用的液压油则必须突出油的耐高温、热稳定性、不腐蚀、无毒、不挥发、防火等项要求。

2. 液压油的选用

正确而合理地选用液压油，对液压系统适应各种工作环境、延长系统和元件的寿命、

提高系统工作的可靠性等都有重要的影响。液压传动中一般常采用矿物油,因植物油及动物油中含有酸性和碱性杂质,腐蚀性大、化学稳定性差。

在选择液压油时,除了按照泵、阀等元件出厂规定中的要求进行选择外,一般需要考虑的因素见表 2-4。

表 2-4 选择液压油时需要考虑的因素

系统工作环境方面的考虑	是否抗燃(闪点、燃点);抑制噪声的能力(空气溶解度、消泡性);废液再生处理及环境污染要求;毒性和气味
系统工作条件方面的考虑	压力范围(润滑性、承载能力);温度范围(粘度、粘—温特性、剪切损失、热稳定性、氧化率、挥发度、低温流动性);转速(气蚀、对支承面浸润能力)
油液质量方面的考虑	物理化学指标;对金属和密封件的相容性;过滤性能、吸斥水性能、吸气情况、抗水解能力、对金属的作用情况、去垢能力;防锈、防腐蚀能力;抗氧化稳定性;剪切稳定性;电学特性(耐电压冲击强度、介电强度、电导率、磁场中极化程度)
经济性方面的考虑	价格及使用寿命;维护、更换的难易程度

由于油温对粘度影响极大,因此为了发挥液压系统的最佳运转效率,应根据具体情况来控制油温,使泵和系统在油液的最佳粘度范围内工作。事实上,过高的油温不仅改变了油液的粘度,而且会使常温下平和、稳定的油液变得带腐蚀性,分解出不利于使用的成分,或因过量气化而使液压泵吸空,无法正常工作。

液压油的选择,一般要经历以下步骤。

(1) 定出所用油液的某些特性(粘度、密度、蒸汽压、空气溶解率、体积模量、抗燃性、温度界限、压力界限、润滑性、相容性、毒性等)的容许范围。

(2) 查看说明书,找出符合或基本符合上述各项特性要求的油液。

(3) 进行综合和权衡,调整各方面的要求和参数。

(4) 征询油液制造厂的最终意见。

3. 液压油的使用

根据一定的要求来选择或配制液压油之后,不能认为液压系统工作介质的问题已全部解决了。事实上,若使用不当还是会使油液的性质发生变化的。例如,通常以为油液在某一温度和压力下的粘度是一定值,与流动情况无关,实际上油液被过度剪切后,粘度会显著减小,因此使用液压油时,应注意以下几点。

(1) 对于长期使用的液压油,氧化、热稳定性是决定温度界限的因素,因此,应使液压油长期处在低于它开始氧化的温度下工作。

(2) 储存、搬运及加注过程中,应防止油液被污染。

(3) 对油液定期抽样检验,并建立定期换油制度。

(4) 油箱中油液的储存量应充分,以利于系统的散热。

(5) 保持系统的密封,一旦有泄漏,就应立即排除。

通常只要对使用石油型液压油的液压系统进行彻底清洗以及更换某些密封件和油箱涂

料后，便可更换成高水基液压油。但是，由于高水基液压油的粘度低、泄漏大、润滑性差、易蒸发和气蚀等一系列缺点，因此在实际使用高水基液的液压系统中，还必须注意下述几点。

（1）由于粘度低、泄漏大，系统的最高压力不要超过7MPa。

（2）要防止气蚀现象，可用高置油箱以增大泵进油口处压力，泵的转速不要超过1200r/min。

（3）系统浸渍不到油液的部位，金属的气相锈蚀较为严重，因此应使系统尽量地充满油液。

（4）由于油液的pH值高，容易发生由金属电位差引起的腐蚀，因此应避免使用镁合金、锌、镉之类金属。

（5）定期检查油液的pH值、浓度、霉菌生长情况，并对其进行控制。

（6）滤网的通流能力须4倍于泵的流量，而不是常规的1.5倍。

4. 液压油的类型

液压系统中使用的液压油液的种类见表2-5。

表2-5 液压油液的种类及其性质

种类 性能	可燃性液压油			抗燃性液压油			
	石油型			合成型		乳化型	
	通用液压油	抗磨液压油	低温液压油	磷酸脂液	水-乙二醇液	油包水液	水包油液
密度/(kg/m³)	850～900			1100～1500	1040～1100	920～940	1000
粘度	小～大	小～大	小～大	小～大	小～大	小	小
粘度指数 VI≥	90	95	130	130～180	140～170	130～150	极高
润滑性	优	优	优	优	良	良	可
防锈蚀性	优	优	优	良	良	良	可
闪点/℃≥	170～200	170	150～170	难燃	难燃	难燃	不燃
凝点/℃≤	-10	-25	-35～-45	-20～-50	-50	-25	-5

石油型的液压油以机械油为基料，精炼后按需要加入适当的添加剂而成。这种油液的润滑性好，但抗燃性差。

目前，我国在液压系统中仍大量采用机械油和汽轮机油。机械油是一种工业用润滑油，价格虽较低，但其物理化学性能较差，使用时易生粘稠胶质而堵塞元件，影响系统的性能。压力越高，问题越严重。因此，只在压力较低和要求不高的场合中使用。

汽轮机油和机械油相比，氧化安定性好，使用寿命长，与水混合后能迅速分离，纯净度高。普通液压油中加有抗氧化、防锈和抗泡等添加剂，在液压系统中使用最广。

乳化液分两大类：一类是少量油(5%～10%)分散在大量的水中，称为水包油乳化液，也称高水基液(O/W)，另一类是水分散在大量的油中(油约占60%)，称为油包水乳化液(W/O)。后者的润滑性比前者好。

水-乙二醇液适用于要求防火的液压系统。如液体长期在高于65℃的温度下工作，水份的蒸发使它的粘度上升，因此必须经常检验。低温粘度小，它的润滑性比石油型液压油差，对大多数金属及液压系统中使用的大多数橡胶密封圈材料均能相容，但会使许多油漆脱落。

磷酸酯液自燃点高，氧化稳定性好，润滑性好，使用温度范围宽，对大多数金属不会产生腐蚀作用，但能溶解许多非金属材料，因此必须选择合适的橡胶密封圈材料。另外，这种液体有毒。

为了改善液压油的性能，往往在油液中加入各种各样的添加剂。添加剂有两类：一类是改善油液化学性能的，如抗氧化剂、防腐剂、防锈剂等；另一类是改善油液物理性能的，如增粘剂、抗泡剂、抗磨剂等。

2.2 液体静力学基础

本节讨论静止液体的平衡规律以及这些规律的应用。所谓静止液体是指液体内部质点间没有相对运动。如果盛装液体的容器本身处在运动之中，则液体处于相对静止状态。

2.2.1 液体中的作用力

1. 质量力和表面力

在所研究的液体中，任取一微小体积液体 ΔA，如图 2.4 所示，作用于此微小体积液体上的力可分为质量力和表面力。

质量力作用于所研究液体的所有质点上，它的大小与液体质量成正比，属于这种力的有重力、惯性力和电磁力等。

表面力是作用于所研究液体表面上的力。因为这种微元体既可取在液体与容器或两种液体的界面上，也可取在液体内部任一位置，所以表面力也是在液体各处发生的，并非只在液体的"表面"上。

有两种表面应力：一是作用在微元体表面垂直方向上的应力，指向微元体内部，称为压力，以 p 表示，单位为 Pa。

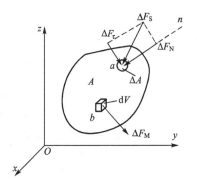

图 2.4 质量力和表面力

液体中某点处微小面积 ΔA 上作用有法向力 ΔF_N，则该点的压力 p 定义为

$$p = \lim_{\Delta A \to 0} \frac{\Delta F_N}{\Delta A} = \frac{dF_N}{dA} \qquad (2-15)$$

式中 ΔA——微元面积；

ΔF_N——法向微元作用力。

严格说来，p 应是压力强度，即物理学中的压强，但在工程中，人们习惯称为压力。若法向作用力 F_N 均匀地作用在面积 A 上，则压力可表示为

$$p = \frac{F_N}{A} \qquad (2-16)$$

另一种是切向应力，以 τ 表示，单位与 p 相同。

$$\tau = \lim_{\Delta A \to 0} \frac{\Delta F_\tau}{\Delta A} = \frac{dF_\tau}{dA} \qquad (2-17)$$

式中　ΔF_τ——切向微元作用力。

如前所述，切应力 τ 是液体粘性的反映，当液体的不同液层间有相对运动时，即产生切应力，所以 τ 反映的是液体中的内摩擦力，静止液体中，$\tau=0$。

2. 静压力的性质

静止液体中的压力称为静压力，液体静压力有两个基本特性。

(1) 液体静压力沿法线方向，垂直于承压面。

(2) 静止液体内，任一点的压力，在各个方向上都相等。

由上述性质可知：静止液体总是处于受压状态，并且其内部的任何质点都是受平衡压力作用的。

3. 压力的表示方法及单位

压力有两种表示方法：绝对压力和相对压力。以绝对真空作为基准进行度量的压力，称为绝对压力；以当地大气压力为基准进行度量的压力，称为相对压力。在绝大多数工业测压仪表中，大气压力并不能使仪表动作，所以仪表指示的压力是相对压力，又称表压力。液压传动中所提到的压力均指相对压力。

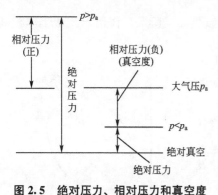

图 2.5　绝对压力、相对压力和真空度

如果液体中某点处的绝对压力小于大气压力，这时该点的绝对压力比大气压力小的那部分压力值，称为真空度。绝对压力、相对压力与真空度之间的关系如图 2.5 所示。由图 2.5 可知：以大气压为基准计算压力时，基准以上的正值是表压力，基准以下的负值的绝对值就是真空度。例如，当液体内某点的真空度为 0.07MPa 时，它的绝对压力便是 0.03MPa。即

$$\text{表压力} = \text{绝对压力} - \text{大气压力} \qquad (2-18)$$
$$\text{真空度} = \text{大气压力} - \text{绝对压力} \qquad (2-19)$$

根据压力的定义可知，压力应具有应力的计量单位。因此，压力的法定计量单位是 Pa(帕)，$1\text{Pa}=1\text{N/m}^2$(牛顿/米^2)，$1\times10^6\text{Pa}=1\text{MPa}$(兆帕)。我国过去沿用过的和有些部门惯用的一些压力单位还有 bar(巴)、at(工程大气压，即 kgf/cm^2)、atm(标准大气压)、mmH$_2$O(约定毫米水柱)或 mmHg(约定毫米水银柱)等。下面，将会证明液体内某一点处的表压力与它所在位置的深度 h 成正比，因此亦可用液柱高度来表示表压力的大小。各种压力单位之间的换算关系见表 2-6。当要求不严格时，可认为 $1\text{kgf/cm}^2 \approx 1\text{bar}$。

表 2-6　各种压力单位的换算关系

Pa	bar	at(kgf/cm^2)	1bf/in^2	atm	mmH$_2$O	mmHg
1×10^5	1	1.01972	1.45×10	0.986923	1.01972×10^4	7.50062×10^2

2.2.2 静压力基本方程

1. 静压力基本方程

在重力作用下的静止液体，其受力情况如图 2.6 所示，除了液体重力、液面上的压力外，还有容器壁面作用在液体上的压力。如果要求出液体内离液面深度为 h 的点 1 处的压力，可以从液体内取出一个底面通过该点的垂直小液柱，如图 2.6(b) 所示。液柱的底面积为 ΔA，高为 h。由于液柱处于平衡状态，于是在垂直方向上，有 $p\Delta A=p_0\Delta A+F_G$，这里的 F_G 是液柱的重力 $F_G=\rho gh\Delta A$，因此

$$p=p_0+\rho gh \qquad (2-20)$$

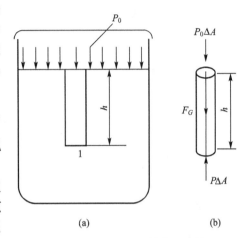

图 2.6 重力作用下的静止液体

式(2-20)即为液体静压力基本方程。它说明液体静压力分布有如下特征。

(1) 静止液体内任一点的压力由两部分组成：一部分是液面上的压力 p_0，另一部分是该点以上液体重力所形成的压力 ρgh。当液面上只受大气压力 p_a 作用时，则该点的压力为

$$p=p_a+\rho gh \qquad (2-21)$$

(2) 静止液体内的压力随液体深度呈线性规律递增。

(3) 同一液体中，离液面深度相等的各点压力相等。由压力相等的点组成的面称为等压面。在重力场中，静止液体中的等压面是一个水平面。

2. 静压力基本方程的物理意义

将图 2.6 所示盛有液体的密闭容器放在基准水平面($O-x$)上加以考察，如图 2.7 所示，则静压力基本方程可改写成

$$p=p_0+\rho gh=p_0+\rho g(z_0-z) \qquad (2-22)$$

式中 z_0——液面与基准水平面之间的距离；
z——深度为 h 的点与基准水平面之间的距离。

式(2-22)整理后可得

$$\frac{p}{\rho g}+z=\frac{p_0}{\rho g}+z_0=\text{常数} \qquad (2-23)$$

式(2-23)是静压力方程的另一表达形式。式中，$\dfrac{p}{\rho g}=\dfrac{pV}{\rho Vg}=\dfrac{pV}{mg}$ 表示单位重量液体具有的压力能，称为比压力能，它具有长度的量纲，故又称作压力水头；$z=\dfrac{mgz}{mg}$ 表示单位重量液体具有的位能，

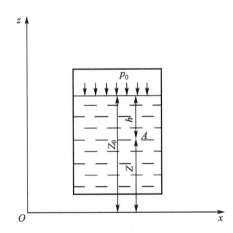

图 2.7 静压力基本方程的物理意义

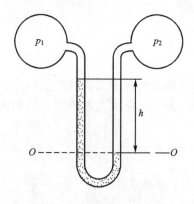

图 2.8 两个容器压差图

称为比位能,它具有长度的量纲,也常称作位置水头。

静压力基本方程的物理意义是:静止液体内任何一点具有压力能和位能两种能量形式,且其总和保持不变,即能量守恒。但是两种能量形式之间可以相互转换。

【例 2.1】 试确定图 2.8 所示的两个容器中的压力差,已知 U 形水银测压计中 $h=650\mathrm{mm}$。

解: 应用静压力基本方程的关键是抓住等压面。

图 2.8 中,O—O 面为等压面,则有

$$p_1+\rho_1 gh=p_2+\rho_2 gh$$

两容器中压力差为

$$\begin{aligned}p_2-p_1&=(\rho_2-\rho_1)gh\\&=(13.6\times10^3-1\times10^3)\times9.8\times0.65\\&=8.0262\times10^4(\mathrm{N/m^2})\end{aligned}$$

2.2.3 静压力传递原理

盛放在密闭容器内的液体,其外加压力 p_0 发生变化时,只要液体仍保持其原来的静止状态不变,液体中任一点的压力,按式(2-20)均将发生同样大小的变化。这就是说,在密闭容器内,施加于静止液体上的压力将等值地同时传递到液体各点。这就是静压力传递原理,或称为帕斯卡(Pascal)原理。

必须指出,当 p_0 是液压系统的工作压力时,由于 $\rho gh\ll p_0$,所以在液压传动中,可以不考虑位置势能对压力能的影响,一般认为 $p=p_0$,即静止液体中压力处处相等。例如,当 $h=10\mathrm{m}$,并取 $g=9.81\mathrm{m/s^2}$,$\rho=900\mathrm{kg/m^3}$ 时,$\rho gh=0.088\mathrm{MPa}<1\mathrm{atm}$,液压装置的高度一般不高于 10m,因而由液体重力所形成的压力(质量力)与液压系统工作压力相比可忽略不计。

图 2.9 是帕斯卡原理的应用实例。图 2.9 中垂直液压缸、水平液压缸的截面积分别为 A_1 和 A_2;活塞上作用的负载分别为 F_1 和 F_2。由于两缸互相连通,构成一个密闭连通容器,按帕斯卡原理,缸内压力处处相等,$p_1=p_2$,于是

$$F_2=\frac{A_1}{A_2}F_1 \qquad (2-24)$$

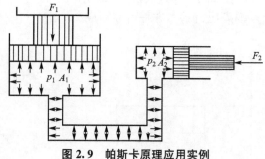

图 2.9 帕斯卡原理应用实例

如果垂直液压缸的活塞上没有负载,则在略去活塞重量及其他阻力时,不论怎样推动水平液压缸的活塞,都不能在液体中形成压力,这说明液压系统中的压力是由外负载决定的,这是液压传动中的一个基本概念。

2.2.4 液体作用于容器壁面上的力

在进行液压传动装置的设计和计算时,常常需要计算液体静压力作用在平面上和曲面

上产生的液压作用力。例如油缸活塞所受的液压作用力,阀的阀芯所受的液压作用力等。

当固体壁面为平面时,作用在该面上压力的方向是相互平行的,故静压力作用在固体壁面上的液压作用力 F 等于压力 p 与承压面积 A 的乘积,且作用方向垂直承压表面,即

$$F = pA \qquad (2-25)$$

当固体壁面为曲面时,作用在曲面上各点处的压力方向是不平行的,因此,静压力作用在曲面某一方向 x 上的液压作用力 F_x 等于压力与曲面在该方向投影面积 A_x 的乘积,即

$$F_x = pA_x \qquad (2-26)$$

上述结论对于任何曲面都是适用的。下面以液压缸缸筒为例加以证实。

【例 2.2】 设液压缸两端面封闭,缸筒内充满着压力为 p 的油液,缸筒半径为 r,长度为 l,如图 2.10 所示。这时缸筒内壁面上各点的静压力大小相等,都为 p,但并不平行。求油液作用于缸筒右半壁内表面 x 方向上的液压作用力 F_x。

解: 需在壁面上取一微小面积

$$dA = lds = lrd\theta$$

则油液作用在 dA 上的力 dF 的水平分量 dF_x 为

$$dF_x = dF\cos\theta = pdA\cos\theta = plr\cos\theta d\theta$$

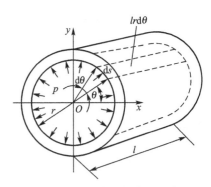

图 2.10 作用在固体曲面上的力

积分后得

$$F_x = \int_{-\frac{\pi}{2}}^{\frac{\pi}{2}} dF_x = \int_{-\frac{\pi}{2}}^{\frac{\pi}{2}} plr\cos\theta d\theta = 2lrp$$

作用于液压缸筒右半壁内表面的液压作用力,即 F_x 等于压力 p 与曲面在垂直于计算作用力方向的垂直平面上投影面积 $2lr$ 的乘积。

【例 2.3】 图 2.11 所示为某安全阀受力简图,阀芯为圆锥形,阀座孔径 $d=10$mm,阀芯最大直径 $D=15$mm。当油液压力 $p_1=8$MPa 时,压力油克服弹簧力顶开阀芯而溢油,出油腔有背压(回油压力)$p_2=0.4$MPa。试求阀内弹簧的预紧力 F_s。

解:(1)压力 p_1、p_2 作用在阀芯锥面上的投影分别为

$$\frac{\pi}{4}d^2 \quad 和 \quad \frac{\pi}{4}(D^2-d^2)$$

故阀芯受到的向上的作用力为

$$F_1 = \frac{\pi}{4}d^2 p_1 + \frac{\pi}{4}(D^2-d^2)p_2$$

(2)压力 p_2 向下作用在阀芯平面上的向下作用力为

$$F_2 = \frac{\pi}{4}D^2 p_2$$

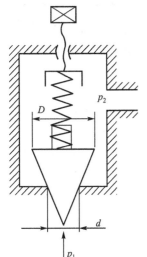

图 2.11 安全阀受力分析简图

(3)弹簧压紧力 F_s 应等于阀芯两侧作用力之差。阀芯

受力平衡方程式为

$$F_s + \frac{\pi}{4}D^2 p_2 = \frac{\pi}{4}d^2 p_1 + \frac{\pi}{4}(D^2-d^2)p_2$$

整理后得

$$F_s = \frac{\pi}{4}d^2(p_1-p_2) = \frac{\pi}{4} \times 0.01^2 \times (8-0.4) \times 10^6 = 597(\text{N})$$

2.3 流动液体力学基础

本节讨论液体流动时的运动规律、能量转换和流动液体对固体壁面的作用力等问题，具体介绍3个基本方程——连续性方程、能量方程和动量方程。

液体流动时，由于重力、惯性力、粘性摩擦力等的影响，其内部各质点的运动状态是不相同的。这些质点在不同时间、不同空间处的运动变化对液体的能量损耗有所影响，此外，流动液体的状态还与液体的温度、粘度等参数有关。但是，对液压技术来说，人们感兴趣的只是整个液体在空间某特定点处或特定区域内的平均运动情况。为了简化条件且便于分析起见，一般都假定在等温的条件下（把粘度看作是常量，密度只与压力有关）来讨论液体的流动情况。

2.3.1 基本概念

在讨论液体流动的3个基本方程之前，必须弄清有关液体流动时的一些基本概念和用于描述流动液体的术语。

1. 理想液体、恒定流动和一维流动

所谓理想液体是指一种假想的既没有粘性，又不可压缩的液体；而把事实上存在的具有粘性和可压缩的液体，称为实际液体。由于理想液体没有粘性，在流动时不存在内摩擦力，没有摩擦损失，这样对研究问题带来很大方便。实际液体具有粘性，研究液体流动时必须考虑粘性的影响，但由于这个问题非常复杂，所以开始分析时可以假设液体没有粘性，然后再考虑粘性的作用并通过实验验证等办法对理想化的结论进行补充和修正。这种方法同样可以用来处理液体的可压缩性问题。

液体流动时，如液体中任何一点处的压力、速度和密度都不随时间变化，便称液体在作恒定流动；反之，只要压力、速度或密度中有一个参数随时间变化，则液体的流动称为非恒定流动。

当液体整个作线形流动时，称为一维流动；当作平面或空间流动时，称为二维或三维流动。一维流动最简单，但是严格意义上的一维流动要求液流截面上各点处的速度矢量完全相同，这种情况在现实中极为少见。通常把封闭容器和管道内的液体的流动按一维流动处理，再用实验数据来修正其结果。一维流动可以采用自然坐标。

2. 流线、流束、流管和通流截面

流线、流束、流管和通流截面是对液流的几何描述。

流线是液流中一条条标志其各处质点运动状态的曲线。在某一瞬时，流线上各点处的质点的瞬时流动方向与该点的切线方向重合,如图2.12所示。由于液流中每一质点在每一瞬时只能有一个速度,因而流线之间不可能相交,也不可能突然转折,它只能是一条条光滑的曲线。在非恒定流动时,由于通过空间点的质点速度随时间而变化,因而流线形状也随时间而变化,只有在恒定流动时,流线形状才不随时间变化。

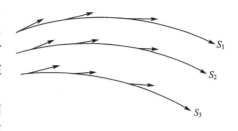

图2.12 流线

流线彼此平行的流动称为平行流动,流线间夹角很小或流线曲率半径很大的流动称为缓变流动。平行流动和缓变流动都可以看成是一维流动。

通过某截面 A 上各点画出流线,这些流线的集合就构成流束,如图2.13所示,流束表面称为流管,如图2.14所示,流管与真实管道相似。根据流线不能相交的性质,流束(流管)内外的流线均不能穿越流束表面。当面积 A 很小时,这个流束称为微小流束。微小流束截面上各点处的运动速度可以认为是相等的。微小流束的极限就是流线。

在流束中,与所有流线正交的截面称为通流截面,通流截面可以是平面,也可以是曲面,如图2.13中的截面 A 是平面,而截面 B 是曲面。液体在液压管道中流动时,垂直于流动方向的截面即为通流截面。

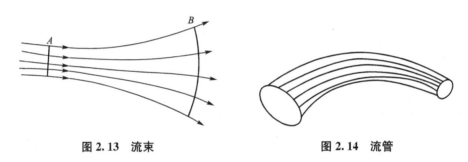

图2.13 流束　　　　　　　　图2.14 流管

3. 流量和平均流速

单位时间内流过某通流截面的液体体积称为流量。一般用符号 q 表示,即

$$q = \frac{V}{t} \tag{2-27}$$

式中　q——流量,m^3/s,常用单位为 L/min;

　　　V——液体的体积;

　　　t——流过液体体积 V 所需的时间。

由于实际液体具有粘性,因此液体在管道内流动时,通流截面上各点的流速是不相等的。管壁处的流速为零,管道中心处流速最大,流速分布如图2.15(b)所示。若欲求得流经整个通流截面 A 的流量,可在通流截面 A 上取一微小流束的截面 dA,如图2.15(a)所示,则通过 dA 的微小流量为

$$dq = u dA$$

对其进行积分,可得到流经整个通流截面 A 的流量

$$q = \int_A u dA \tag{2-28}$$

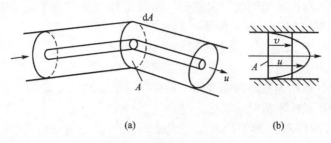

图 2.15 流量和平均流速

可见，要求得 q 的值，必须知道流速 u 在整个通流截面 A 上的分布规律。实际上这是比较困难的，因为粘性液体流速 u 在管道中的分布规律很复杂。为方便起见，在液压传动中常采用一个假想的平均流速 v 来求流量，并认为液体以平均流速 v 流经通流截面的流量等于以实际流速流过的流量，即

$$q = \int_A u \mathrm{d}A = vA \tag{2-29}$$

由此得出通流截面上的平均流速为

$$v = \frac{q}{A} \tag{2-30}$$

2.3.2 流量连续性方程

流量连续性方程是流体运动学方程，其实质是质量守恒定律在流体力学中的表示形式。

在液体流动的流场中取任意形状的一个控制体，如图 2.16 所示，设其体积为 V，其表面积为 A。任何瞬时连续充满于控制体内的液体质量可以用微元质量 $\rho \mathrm{d}V$ 在控制体范围内的体积积分表示为 $\iiint_V \rho \mathrm{d}V$。

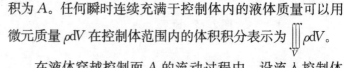

图 2.16 流量连续性方程

在液体穿越控制面 A 的流动过程中，设流入控制体的液体的质量流量为 $\sum q_i$，而从控制体流出的质量流量为 $\sum q_0$。根据质量守恒定律，控制体内的质量不能无缘无故地自然生成或消失，影响质量变化的唯一原因就是经过控制面 A 的流动。因此

$$\sum q_i - \sum q_0 = \iiint_V \frac{\partial \rho}{\partial t} \mathrm{d}V = \frac{\partial}{\partial t}\left(\iiint_V \rho \mathrm{d}V\right) \tag{2-31}$$

式中 $\iiint_V \frac{\partial \rho}{\partial t} \mathrm{d}V$ 表示控制体内的液体质量的变化率。

根据质量守恒定律，要保持控制体内液体呈连续状态而不出现任何空隙，则在单位时间内，控制体中质量的变化量必然就是同一时间内流入与流出控制体的质量差。如果控制体中质量不变，则必然是同一时间内流入与流出的质量相等。

式(2-31)就是根据质量守恒定律、保持液体呈连续流动状态而得到的所谓流量连续性方程，它是一切流体运动所必须遵循的基本原则。

在液压传动中,只研究液体作一维恒定流动时的流量连续性方程。如图 2.17 所示,在恒定流场中任取一流管,其两端通流截面面积分别为 A_1 和 A_2,在流管中任取一微小流束,并设微小流束两端的截面积分别为 dA_1 和 dA_2,液体流经这两个微小截面的流速和密度分别为 u_1、ρ_1 和 u_2、ρ_2。根据质量守恒定律,单位时间内经截面 dA_1 流入微小流束的液体质量应与经截面 dA_2 流出的液体质量相等,即

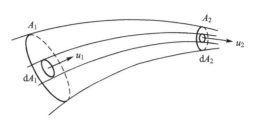

图 2.17 连续方程推导简图

$$\rho_1 u_1 dA_1 = \rho_2 u_2 dA_2$$

如忽略液体的可压缩性,即 $\rho_1 = \rho_2$,则

$$u_1 dA_1 = u_2 dA_2$$

对其进行积分,就可得到经过截面 A_1 和 A_2,流入和流出整个流管的流量相等

$$\int_{A_1} u_1 dA_1 = \int_{A_2} u_2 dA_2 \tag{2-32}$$

根据式(2-29)和式(2-30),采用平均流速来计算流量,则式(2-32)可写成

$$q_1 = q_2 \quad \text{或} \quad v_1 A_1 = v_2 A_2 \tag{2-33}$$

式中 q_1、q_2——分别为流经通流截面 A_1、A_2 的流量;
v_1、v_2——分别为流体在通流截面 A_1、A_2 上的平均流速。

由于两通流截面是任意取的,故

$$q = vA = \text{Const} \tag{2-34}$$

这就是液体作恒定流动时的流量连续性方程,它说明不可压缩液体在恒定流动中,通过流管各截面的流量是相等的。换言之,液体是以同一个流量在流管中连续地流动着,而液体的流速则与通流截面面积成反比。这样,就将质量守恒转化为理想液体作恒定流动时的体积守恒。

连续性方程在液压传动技术中是经常用到的,由它可以引申出速度传递和速度调节的概念。如图 2.18(a)所示的简单系统,按连续性方程,有

$$v_1 A_1 = v_2 A_2 = q$$

由此可见,液压泵的活塞上的速度 v_1 必然引起液压缸的活塞产生速度 v_2

$$v_2 = v_1 \frac{A_1}{A_2}$$

这就是说,如果改变 v_1,则 v_2 就会随之作相应的改变;只要能设法调节 v_1,则 v_2 也将获得相应的调节。

如图 2.18(b)所示,在液压泵与液压缸之间分一支流量可以控制的支路,则连续性方程为

$$v_1 A_1 = v_2 A_2 + q_3$$

或

$$v_2 = \frac{1}{A_2}(v_1 A_1 - q_3)$$

由此可见,当 v_1 不可调节时,那么调节 q_3 也能使 v_2 产生相应的变化。

在液压技术中,v_1 或 q_3 都能够做到在一定范围内进行无级调节,因此 v_2 也能实现无

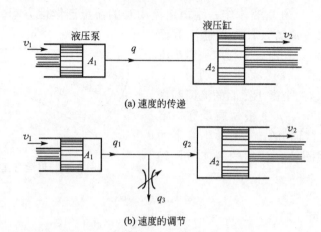

(a) 速度的传递

(b) 速度的调节

图 2.18 连续方程在液压传动中的应用

级调节，这是液压传动能被普遍应用的原因之一。

2.3.3 伯努利方程

伯努利方程也称为能量方程，它实际上是能量守恒定律在流体力学中的具体应用。

要说明流动液体中的能量问题，必须先说明液体质点加速度的概念和液流的受力平衡方程，亦即它的运动微分方程。由于问题比较复杂，在讨论时先从理想液体在微小流束中的流动情况着手，然后再展开到实际液体在流束中的流动情况。

1. 液体质点加速度

如图 2.19 所示，一维流动的参数可以用自然坐标 s 表示。设在任意给定点 A，在时刻 t 观察到的流速为

$$u_s = u(s, t)$$

经 dt 时间，该质点运动到新的位置 B，速度为

$$u_s' = u'(s + u_s dt, t + dt)$$

速度增量即在 A、B 两点之间的速度差为

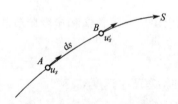

图 2.19 液体质点加速度

$$du_s = u_s' - u_s = u(s + u_s dt, t + dt) - u(s, t)$$

将其展开为 u_s 表示的泰勒(Taylor)级数的一次近似式

$$du_s = \frac{\partial u_s}{\partial t} dt + u_s \frac{\partial u_s}{\partial s} dt$$

设质点的质量为 m，则质点的动量在时间 dt 内的改变量应等于 dt 时间内作用于质点的力的冲量

$$m \times du_s = m \times \left(\frac{\partial u_s}{\partial t} + u_s \frac{\partial u_s}{\partial s} \right) dt = F \times dt$$

根据牛顿第二定律，可得加速度为

$$a_s = \frac{\partial u_s}{\partial t} + u_s \frac{\partial u_s}{\partial s} \qquad (2-35)$$

式(2-35)说明液体加速度是由两部分组成的：$\frac{\partial u_s}{\partial t}$ 是在 dt 时间内，在点 A 处所观察到的速度变化率，它是由于时间变化而引起的加速度，反映流场的非恒定性，因此称为时变加速度（当地加速度）；$u_s \frac{\partial u_s}{\partial s}$ 表示在同一瞬时，在流场中的任意两点 A、B 上的速度变化率，表示质点经过 dt 时间，处于不同位置时，速度对时间 t 的变化率，它是由于位置变化而引起的加速度，反映流场的非均匀性，因此称为位变加速度（定时加速度）。

对于均匀流动，由于 $u_s \frac{\partial u_s}{\partial s} = 0$，有 $a_s = \frac{\partial u_s}{\partial t}$

对于恒定流动，由于 $\frac{\partial u_s}{\partial t} = 0$，有 $a_s = u_s \frac{\partial u_s}{\partial s}$

2. 理想液体的运动微分方程

在某一瞬时 t，在液流的微小流束中取出一段微元体积 dV，$dV = dAds$，其中 dA 和 ds 分别为此微元体积的通流截面和长度，如图 2.20 所示。在一维流动的情况下，微小流束各点处液体的流速和压力是该点所在位置 s 和时间 t 的函数。

对理想液体来说，作用在微元体上的外力有以下两种。

（1）表面力，即压力在两端截面上所产生的作用力。

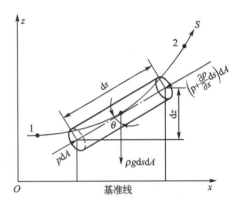

图 2.20 理想液体的一维流动

$$pdA - \left(p + \frac{\partial p}{\partial s}ds\right)dA = -\frac{\partial p}{\partial s}dsdA$$

式中，只要注意到压力是位置 s 的函数，则 $\frac{\partial p}{\partial s}$ 是压力对位置 s 的变化率，$\frac{\partial p}{\partial s}ds$ 就是位置变化 ds 时压力的变化值。

（2）质量力，有沿 s 方向的重力分量和惯性力两部分。

重力沿 s 方向的分量为 $-\rho g dAds \cdot \cos\theta = -\rho g dAds \cdot \frac{\partial z}{\partial s}$，这里，$\rho dsdA$ 为微元体积中的液体质量，θ 为单位质量力和流线 s 间的夹角。

这一微元体的惯性力为 $ma = \rho dAds\left(u\frac{\partial u}{\partial s} + \frac{\partial u}{\partial t}\right)$。

根据牛顿第二定律

$$-\frac{\partial p}{\partial s}dsdA - \rho g dAds \frac{\partial z}{\partial s} = \rho dAds\left(u\frac{\partial u}{\partial s} + \frac{\partial u}{\partial t}\right)$$

故得

$$g\frac{\partial z}{\partial s} + \frac{1}{\rho}\frac{\partial p}{\partial s} + u\frac{\partial u}{\partial s} + \frac{\partial u}{\partial t} = 0 \qquad (2-36)$$

这就是理想液体作非恒定流动时的运动微分方程，也称为液流的欧拉方程。它的物理含义是单位质量流动液体的位能、压力能、动能的变化率的代数和为零，即单位质量流动液体的能量守恒。

3. 理想液体的伯努利方程——能量方程

在恒定流动的情况下，$\frac{\partial u}{\partial t}=0$，$p$、$u$、$z$ 仅是位置坐标 s 的函数，因此可将运动微分方程中的偏微分改写成全微分形式

$$g\frac{\mathrm{d}z}{\mathrm{d}s}+\frac{1}{\rho}\frac{\mathrm{d}p}{\mathrm{d}s}+u\frac{\mathrm{d}u}{\mathrm{d}s}=0 \qquad (2-37)$$

或者

$$g\mathrm{d}z+\frac{1}{\rho}\mathrm{d}p+u\mathrm{d}u=0 \qquad (2-38)$$

式(2-38)给出了沿流线 s，液体的压力、密度、流速和位移之间的微分关系，即单位质量液体的比位能、比压力能、比动能变化率之和为零。

对于理想液体而言，ρ 为常数，将式(2-37)沿流线 s 在任意两点 1、2 间积分，得

$$z_1+\frac{p_1}{\rho g}+\frac{u_1^2}{2g}=z_2+\frac{p_2}{\rho g}+\frac{u_2^2}{2g} \qquad (2-39)$$

亦即

$$z+\frac{p}{\rho g}+\frac{u^2}{2g}=\mathrm{Const} \qquad (2-40)$$

这就是理想液体的伯努利方程。

将式(2-40)与式(2-23)相比较，多了一项 $\frac{u^2}{2g}=\frac{mu^2}{2mg}$，它表示单位重量液体具有的动能，称之为比动能。显然，静压力平衡方程式(2-23)只是伯努利方程式(2-40)在 $u=0$ 时的一个特例。

理想液体的伯努利方程的物理意义是：理想液体在重力场中作恒定流动时，沿流线上各点的位能、压力能和动能可以相互转换，但三者之和是常数。换言之，在恒定流场中，任意一点上的能量由位能、压力能和动能三部分组成，它们之和为常数，即能量守恒。

如果液体是在同一水平面内流动，或者流场中 z 坐标的变化与其他流动参数相比可以忽略不计，则式(2-40)变成

$$\frac{p}{\rho g}+\frac{u^2}{2g}=\mathrm{Const}$$

上式说明，在流动的液体中，流速越高的地方，液体的压力就越低，例如在粗细不等的管道中流动，在截面细的部分，液体的流速较高，液体的压力就较低；相反，在截面粗的部分，则流速较低，而压力较高。

4. 实际液体的伯努利方程

实际液体流动时有能量损失，为了推导出实际液体的伯努利方程，可以研究图 2.21

所示的一段流管中的液流。在流管中，两端的通流截面积分别为 A_1 和 A_2。在此液流中取出一微小流束，两端的通流截面积各为 dA_1 和 dA_2，其相应的压力、流速和位置高度分别为 p_1、u_1、z_1 和 p_2、u_2、z_2。设图 2.21 中微元体从截面 1 流到截面 2 损耗的能量为 h'_w，则实际液体微小流束作定常流动时的伯努利方程为

$$z_1+\frac{p_1}{\rho g}+\frac{u_1^2}{2g}=z_2+\frac{p_2}{\rho g}+\frac{u_2^2}{2g}+h'_w \quad (2-41)$$

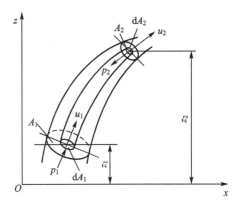

图 2.21 流管内实际液流能量方程推导

上式两端同乘以相应的微小流量 dq（$dq = u_1 dA_1 = u_2 dA_2$），然后各自对液流的通流截面积 A_1 和 A_2 进行积分，得

$$\int_{A_1}\left(z_1+\frac{p_1}{\rho g}\right)u_1 dA_1+\int_{A_1}\frac{u_1^2}{2g}u_1 dA_1=\int_{A_2}\left(z_2+\frac{p_2}{\rho g}\right)u_2 dA_2+\int_{A_2}\frac{u_2^2}{2g}u_2 dA_2+\int_q h'_w dq$$

上式左端及右端的前两项积分分别表示单位时间内流过 A_1 和 A_2 的流量所具有的总能量，而右端最后一项则表示流管内的液体从 A_1 流到 A_2 损耗的能量。实际液体在流动时呈现粘性，会产生内摩擦力，消耗能量。同时，管道局部形状和尺寸的骤然变化，使液体产生扰动，也消耗能量。

为使该式更实用，首先将图 2.21 中截面 A_1 和 A_2 处的流动限于平行流动（或缓变流动），这样，通流截面 A_1、A_2 可视作平面，在通流截面上除重力外无其他质量力，因而通流截面上各点处的压力具有与液体静压力相同的分布规律。

其次，由于通流截面上速度分布规律难以确定，因此，应对伯努利方程中的动能项进行必要的修正。用平均流速 v 代替液流截面 A_1 和 A_2 上各点处不等的流速 u，且令单位时间内截面 A 处液流的实际动能和按平均流速计算出的动能之比为动能修正系数 α，即

$$\alpha=\frac{\int_A \rho \frac{u^2}{2}u dA}{\frac{1}{2}\rho(Av)v^2}=\frac{\int_A u^3 dA}{v^3 A} \quad (2-42)$$

理论分析和实验表明，动能修正系数 α 与液体流动状态有关，层流时 $\alpha=2$，紊流时 $\alpha=1$。对液体在流管中流动时产生的能量损耗，也用平均能量损耗的概念来处理，即令

$$h_w=\frac{\int_q h'_w dq}{q} \quad (2-43)$$

将式(2-40)和式(2-41)代入上述积分式，整理后可得

$$z_1+\frac{p_1}{\rho g}+\frac{\alpha_1 v_1^2}{2g}=z_2+\frac{p_2}{\rho g}+\frac{\alpha_2 v_2^2}{2g}+h_w \quad (2-44)$$

式(2-44)就是仅受重力作用的实际液体在流管中作平行（或缓变）流动时的伯努利方程。

式中 α_1、α_2——截面 A_1、A_2 上的动能修正系数；

h_w——单位重量液体从截面 A_1 流到截面 A_2 过程中的能量损耗。

在液压系统的计算中，也可以将式(2-44)写成另外一种形式，即

$$\rho g z_1 + p_1 + \frac{1}{2}\rho\alpha_1 v_1^2 = \rho g z_2 + p_2 + \frac{1}{2}\rho\alpha_2 v_2^2 + \Delta p \tag{2-45}$$

式中 z_1 和 z_2——液体在流动时的不同高度；

Δp——液体流动时的压力损失。

5. 伯努利方程的应用举例

伯努利方程揭示了液体流动过程中的能量变化规律。它指出，对于流动的液体来说，如果没有能量的输入和输出，液体内的总能量是不变的。它是流体力学中一个重要的基本方程。它常常和流量连续性方程一起，用来求解有关速度和压力方面的问题。

在应用伯努利方程时，关键是两个截面的选取，一个截面应选在参数已知或可求处，另一个截面应选在参数待求处。必须注意 p 和 z 应为通流截面的同一点的两个参数，为方便起见，通常把这两个参数都取在通流截面的轴心处。此外，两个截面的压力参数 p 的度量基准应该一样，如用绝对压力都用绝对压力，用相对压力都用相对压力。

【例2.4】 如图2.22所示，水箱侧壁开一个小孔，水箱自由液面1-1与小孔2-2处的压力分别为 p_1 和 p_2，小孔中心到水箱自由液面的距离为 h，且 h 基本不变，如果不计损失，求水从小孔流出的速度。

解：以小孔中心线为基准，列出截面1-1和2-2的伯努利方程。

$$z_1 + \frac{p_1}{\rho g} + \frac{\alpha_1 v_1^2}{2g} = z_2 + \frac{p_2}{\rho g} + \frac{\alpha_2 v_2^2}{2g} + h_w$$

按给定条件，$z_1 = h$，$z_2 = 0$，$h_w = 0$，又因小孔截面积≪水箱截面积，故 $v_1 \ll v_2$，可认为 $v_1 = 0$，设 $\alpha_1 = \alpha_2 = 1$，则上式可简化为

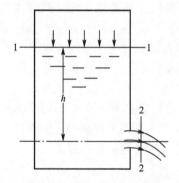

图2.22 从小孔流出速度计算

$$h + \frac{p_1}{\rho g} = \frac{p_2}{\rho g} + \frac{v_2^2}{2g}$$

由此式解得

$$v_2 = \sqrt{2gh + \frac{2}{\rho}(p_1 - p_2)}$$

当 $\frac{p_1 - p_2}{\rho g} \gg h$ 时，有 $v_2 = \sqrt{\frac{2}{\rho}(p_1 - p_2)}$

【例2.5】 液压泵吸油装置如图2.23所示，设油箱液面压力为 p_1，液压泵吸油口处的绝对压力为 p_2，泵吸油口距油箱液面的高度为 h，吸油管路上的总能量损失为 h_w，不考虑液体流动状态的影响，取动能修正系数 $\alpha = 1$。试确定液压泵吸油口处的真空度。

解：以油箱液面为基准，并定为1-1截面，泵的吸油口处为2-2截面。对1-1和

2-2截面建立实际液体的能量方程,则有

$$z_1+\frac{p_1}{\rho g}+\frac{\alpha_1 v_1^2}{2g}=z_2+\frac{p_2}{\rho g}+\frac{\alpha_2 v_2^2}{2g}+h_w$$

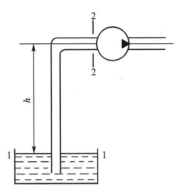

图 2.23 中,油箱液面与大气接触,故 p_1 为大气压力,即 $p_1=p_a$;v_1 为油箱液面下降速度,由于 $v_1 \ll v_2$,故 v_1 可近似为零;v_2 为泵吸油口处液体的流速,它等于液体在吸油管内的流速;h_w 为吸油管路的能量损失。因此,上式可简化为

$$\frac{p_a}{\rho g}=\frac{p_2}{\rho g}+h+\frac{v_2^2}{2g}+h_w$$

图 2.23 液压泵吸油装置

可见,泵入口处的绝对压力低于大气压力,这是液压泵能够吸油的条件之一。根据真空度定义,可得泵吸油口的真空度为

$$p_a-p_2=\rho g h+\frac{1}{2}\rho v_2^2+\rho g h_w=\rho g h+\frac{1}{2}\rho v_2^2+\Delta p$$

由此可见,液压泵吸油口处的真空度由三部分组成:把油液提升到高度 h 所需的压力、将静止液体加速到 v_2 所需的压力和吸油管路的压力损失 Δp。

2.3.4 动量方程

流动液体的动量方程式是流体力学基本方程式之一,它是动量守恒定律在流体力学中的具体应用。动量方程研究液体运动时动量的变化与所有作用在液体上的外力之间的关系。

刚体力学动量定理指出:作用在物体上的所有外力的合力等于物体在合力作用方向上动量的变化率,即

$$\sum \boldsymbol{F}=\frac{dI}{dt}=\frac{d(m\boldsymbol{u})}{dt}$$

将刚体力学动量定理用之于具有一定质量的液体质点系,由于各个质点速度不尽相同,故液体质点系的动量定理为

$$\sum \boldsymbol{F}=\frac{dI}{dt}=\frac{d(\sum m\boldsymbol{u})}{dt} \qquad (2-46)$$

由于液体运动的复杂性,按式(2-46)计算液体质点系的动量变化率并不简单。液体质点系占具一定的空间,如果取这个空间为控制体,可以设法将上式表示的动量变化率改换成用欧拉方法表示,这样很容易求得作用在控制体内液体质点系上的外力。

1. 用欧拉方法表示的动量方程式

在流场中,针对具体问题,可以有目的地选择一个控制体,如图 2.24 中虚线所示。使它的一部分控制面与要计算作用力的固体壁面重合,其余控制面则视取值方便而定。控制体一经选定,它的形状、体积和位置相对于坐标系是不变的。

在某一瞬时 t,控制体内所包含的液体就是我们要研究的液体质点系。图 2.24 中,设 A_1、A_2 分别为控制体的流入、流出表面。经过 Δt 时间,液体质点系运动到实线所示位

置，液体质点系一部分流出控制体（Ⅲ）；一部分虽然运动了，但还留在控制体内（Ⅱ）。下面研究液体质点系在 t 到 $t+\Delta t$ 时间间隔内动量的变化情况。

根据质点系的动量定理：

$$\sum \boldsymbol{F} = \frac{\Delta m \boldsymbol{u}}{\Delta t} = \frac{[m\boldsymbol{u}]_{\text{sys}}^{t+\Delta t} - [m\boldsymbol{u}]_{\text{sys}}^{t}}{\Delta t} \quad (2-47)$$

式中 $[m\boldsymbol{u}]_{\text{sys}}^{t}$——$t$ 时刻液体质点系的动量；

$[m\boldsymbol{u}]_{\text{sys}}^{t+\Delta t}$——$t+\Delta t$ 时刻液体质点系的动量。

显然，在 t 时刻，液体质点系的动量就是控制体内液体的动量，即

$$[m\boldsymbol{u}]_{\text{sys}}^{t} = [m\boldsymbol{u}]_{\text{cv}}^{t} \quad (2-48)$$

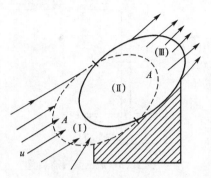

图 2.24 动量方程式

式中 $[m\boldsymbol{u}]_{\text{cv}}^{t}$——$t$ 时刻控制体内液体的动量。

在 $t+\Delta t$ 时刻，液体质点系的动量可分成流出控制体部分（Ⅲ）的动量和还留在控制体内部分（Ⅱ）的动量之和，即

$$[m\boldsymbol{u}]_{\text{sys}}^{t+\Delta t} = [m\boldsymbol{u}]_{\text{cv}}^{\text{Ⅲ}} + [m\boldsymbol{u}]_{\text{cv}}^{\text{Ⅱ}} \quad (2-49)$$

式中 $[m\boldsymbol{u}]_{\text{cv}}^{\text{Ⅱ}}$——经过 Δt 时刻，液体质点系还留在控制体内部分的动量；

$[m\boldsymbol{u}]_{\text{cv}}^{\text{Ⅲ}}$——在 Δt 时间内，液体质点系从控制体流出部分的动量。

在 $t+\Delta t$ 时刻，质点系还留在控制体内部分（Ⅱ）的动量，等于 $t+\Delta t$ 时刻控制体内液体的动量减去在 Δt 时间内流入控制体的液体（Ⅰ）的动量，即

$$[m\boldsymbol{u}]_{\text{cv}}^{\text{Ⅱ}} = [m\boldsymbol{u}]_{\text{cv}}^{t+\Delta t} - [m\boldsymbol{u}]_{\text{cv}}^{\text{Ⅰ}} \quad (2-50)$$

式中 $[m\boldsymbol{u}]_{\text{cv}}^{\text{Ⅰ}}$——在 Δt 时间内流入控制体的液体（Ⅰ）的动量。

将式（2-48）、式（2-49）、式（2-50）代入式（2-47），有

$$\sum \boldsymbol{F} = \frac{[m\boldsymbol{u}]_{\text{cv}}^{t+\Delta t} - [m\boldsymbol{u}]_{\text{cv}}^{t}}{\Delta t} + \frac{[m\boldsymbol{u}]_{\text{cv}}^{\text{Ⅲ}} - [m\boldsymbol{u}]_{\text{cv}}^{\text{Ⅰ}}}{\Delta t}$$

取 $\Delta t \to 0$ 的极限，得 $\quad \sum \boldsymbol{F} = \dfrac{\mathrm{d}[m\boldsymbol{u}]_{\text{cv}}}{\mathrm{d}t} + \dfrac{[m\boldsymbol{u}]_{\text{cv}}^{\text{Ⅲ}} - [m\boldsymbol{u}]_{\text{cv}}^{\text{Ⅰ}}}{\mathrm{d}t} \quad (2-51)$

式（2-51）中，右边第一项表示控制体内液体的动量变化率，第二项表示在 $\mathrm{d}t$ 时间内流出控制体和流入控制体的液体的动量之差。

如图 2.25 所示，取一段流管作为控制体，设液体流入、流出控制体的控制面分别为 A_1、A_2，其上的微元面积分别为 $\mathrm{d}A_1$、$\mathrm{d}A_2$，流速分别为 u_1、u_2，密度分别为 ρ_1、ρ_2，则单位时间内流入、流出控制体的液体的动量分别为

$$\int_{A_1} \rho_1 \boldsymbol{u}_1 u_1 \mathrm{d}A_1 = \int_{A_1} \rho_1 \boldsymbol{u}_1 \mathrm{d}q_1$$

$$\int_{A_2} \rho_2 \boldsymbol{u}_2 u_2 \mathrm{d}A_2 = \int_{A_2} \rho_2 \boldsymbol{u}_2 \mathrm{d}q_2$$

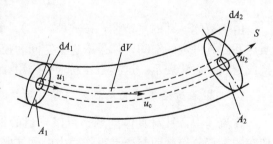

图 2.25 动量方程的推导

设控制体内任取的液体微元的速度为 $\boldsymbol{u}_c$，微元体积为 $\mathrm{d}V$，密度为 ρ。则控制体内的液

体的动量的变化率可写为

$$\frac{\mathrm{d}[m\boldsymbol{u}]_{\mathrm{CV}}}{\mathrm{d}t} \Rightarrow \frac{\mathrm{d}}{\mathrm{d}t}\iiint_{cv}\rho\boldsymbol{u}_c\mathrm{d}V$$

因此，欧拉法形式的动量方程为

$$\sum\boldsymbol{F} = \frac{\mathrm{d}}{\mathrm{d}t}\iiint_{cv}\rho\boldsymbol{u}_c\mathrm{d}V + \rho_2\int_{A_2}\boldsymbol{u}_2\mathrm{d}q_2 - \rho_1\int_{A_1}\boldsymbol{u}_1\mathrm{d}q_1 \qquad (2-52)$$

由式(2-52)可知，动量方程是向量方程，动量变化率可用两部分来表示：方程右边第一项，它是使控制体内液体的动量随时间变化的力，称为瞬态力，反映液体流动的非恒定性；方程右边第二、三项表示单位时间内，从控制体流出的液体具有的动量与流入控制体的液体具有的动量之差。这种由于从控制体流出液体动量与流入液体动量不等而产生的力称为稳态力，它是使质点系改变空间位置的力。稳态力是由于流场的不均匀性引起的。

2. 恒定流动时的动量方程

恒定流动时，瞬态力项等于零，则动量方程可写为

$$\sum\boldsymbol{F} = \rho_2\int_{A_2}\boldsymbol{u}_2\mathrm{d}q_2 - \rho_1\int_{A_1}\boldsymbol{u}_1\mathrm{d}q_1$$

由于很难确定速度在通流截面上的分布规律，常用通流截面上的平均流速来计算动量，产生的误差用动量修正系数 β_1、β_2 进行修正。于是，该式可写为

$$\sum\boldsymbol{F} = \beta_2\rho_2 q_2 \boldsymbol{v}_2 - \beta_1\rho_1 q_1 \boldsymbol{v}_1 \qquad (2-53)$$

动量修正系数 β 定义为实际动量与按平均流速计算的动量之比，即

$$\beta = \frac{\int \boldsymbol{u}\mathrm{d}m}{\boldsymbol{v}m} = \frac{\int_A \boldsymbol{u}(\rho u\mathrm{d}A)}{\boldsymbol{v}(\rho v A)} = \frac{\int_A \boldsymbol{u}\mathrm{d}A}{\boldsymbol{v}A} \qquad (2-54)$$

可以证明，动量修正系数 β 也与液体的流动状态有关，层流时 $\beta=4/3$，紊流时 $\beta=1$。对于不可压缩液体，因 $\rho_1=\rho_2=\rho$，$\rho_1 q_1=\rho_2 q_2=\rho q$，则动量方程为

$$\sum\boldsymbol{F} = \rho q(\beta_2\boldsymbol{v}_2 - \beta_1\boldsymbol{v}_1) \qquad (2-55)$$

应用动量方程时，需特别注意如下几点：①由于动量方程是向量方程，实际应用时必须按坐标轴投影，转换成标量方程；②必须明确受力对象。动量方程的受力对象是所研究的液体质点系；③$\sum\boldsymbol{F}$ 指外界作用于所研究液体质点系上的所有外力的合力：控制体外液体对液体质点系的作用力，固体壁面对质点系的作用力（包括质点系重力形成的那部分反作用力和粘性摩擦力），控制体内液体的惯性力等；④力和速度的方向问题：它们与坐标方向相同时为正，与坐标方向相反时为负；⑤动量方程中的"—"号表示动量差，是方程固有的，与速度的正负无关，因为不论速度方向如何，流入速度向量与控制体流入表面外法线方向总是相反的，这个"—"号只表示"流入"，而并不表示流入速度的方向。在坐标轴及控制体确定之后，不论流入控制体的速度是正是负，这个代表"流入"控制体动量的"—"号都是不可缺少的。

应用动量方程解题时，关键是控制体的确定。选取的控制体应包围受 $\sum\boldsymbol{F}$ 作用的液体质点系；而控制表面应选在压力、流速等参数已知或可求出。

【例 2.6】 如图 2.26 所示，液体流过有弯头的管道，已知 p_1、A_1、p_2、A_2 和 θ，不

计动量修正,求密度为 ρ、流量为 q 的液体作用在弯管上的液动力。

解:

(1) 取弯管为控制体,因为所求为液体对弯管的作用力。

(2) 受力分析——分析作用在弯管中液体的力:先要假设弯管对液体质点系的作用力方向,可以任意假设方向。现假设弯管对液体质点系在 x、y 方向的作用力分别为 $(F_{B/L})_x$,$(F_{B/L})_y$,方向如图 2.26 所示;重力和粘性摩擦力的反作用力已经包含在固体对液体的作用力之中。

(3) 分析控制面处流动液体对液体质点系统的作用力,有 $p_1 A_1$、$p_2 A_2$,方向如图 2.26 所示;

(4) 列写 x、y 方向的动量方程

$$\sum F_x = p_1 A_1 - p_2 A_2 \cos\theta - (F_{B/L})_x = \rho q (v_2 \cos\theta - v_1)$$

$$\sum F_y = (F_{B/L})_y - p_2 A_2 \sin\theta = \rho q (v_2 \sin\theta - 0)$$

(5) 解出固壁对液体系统的作用力

$$(F_{B/L})_x = p_1 A_1 - p_2 A_2 \cos\theta - \rho q (v_2 \cos\theta - v_1)$$

$$(F_{B/L})_y = p_2 A_2 \sin\theta + \rho q (v_2 \sin\theta - 0)$$

(6) 判断固壁对液体质点系的真实作用力方向。计算值为正时,说明实际作用力方向与原假设方向相同;计算值为负时,说明实际作用力方向与原假设方向相反。

(7) 根据牛顿第三定律,即一对反作用力大小相等方向相反的原则,求出液体对固壁的液动力。

$$(F_{L/B})_x = -(F_{B/L})_x, \quad (F_{L/B})_y = -(F_{B/L})_y$$

图 2.26(b) 是用向量合成法求得的弯管对液体的作用力的大小及方向,以及 $\sum \vec{F}$ 大小及方向。

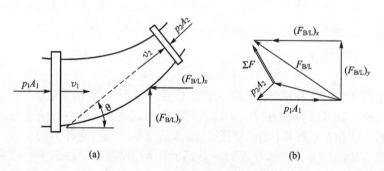

图 2.26 作用在弯管上的液动力

3. 液压滑阀上的液动力

很多液压阀都是滑阀结构,这些滑阀靠阀芯的移动来开启或闭合阀口或改变阀口的大小,从而控制液流。液流通过阀口时,会对阀芯产生液动力,将影响这些液压阀的工作性能。

作用在阀芯上的轴向液动力有稳态轴向液动力和瞬态轴向液动力两种。

1) 稳态轴向液动力

稳态液动力是阀芯移动完毕开口固定以后,液流流过阀口时,因动量变化而作用在阀

芯上的力。在这种情况下,阀腔内液体的流动是定常流动。图 2.27 给出液流流出、流入阀口的情况。取阀体与阀芯两凸肩间形成的容积作为控制体,其中的液体质点系作为研究对象。

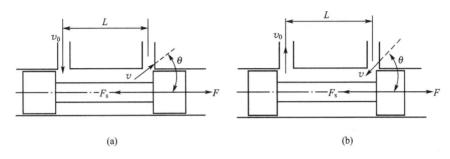

图 2.27 液体流经滑阀时的稳态液动力

设阀芯对液体质点系的轴向作用力为 F,方向向右。若通过阀的流量为 q,液体密度为 ρ,阀口处的平均流速分别为 v、v_0。

对于图 2.27(a),由式(2-53)可求得阀芯对液体的作用力 F 为

$$F = \rho q (\beta_1 v \cos\theta - \beta_0 v_0 \cos 90°) = \rho q \beta_1 v \cos\theta$$

F 为正值,说明原假设方向与实际方向相同。根据牛顿第三定律,则液流对阀芯的稳态液动力为

$$F_s = \rho q \beta_1 v \cos\theta, \quad 方向向左$$

式中 θ——射流角,一般取 $\theta = 69°$;

v——阀口处的平均流速。

液体流出阀口时,液体在轴向的动量增加了,方向向右,说明液体受到了向右的作用力,所以,阀芯受到的稳态轴向液动力方向向左。

对于图 2.27(b),可求得阀芯对液体的作用力 F 为

$$F = \rho q [\beta_0 v_0 \cos 90° - (-\beta_1 v \cos\theta)] = \rho q \beta_1 v \cos\theta$$

同理,液流对阀芯的稳态液动力为

$$F_s = \rho q \beta_1 v \cos\theta, \quad 方向向左 \quad (2-56)$$

对于液体流入阀口的情况,稳态轴向液动力的大小与前者相同,液体在轴向的动量减小了,方向亦向右,说明液体受到了向右的作用力,所以,阀芯受到的稳态轴向液动力方向也向左。

总之,稳态轴向液动力的方向总是指向关闭阀口的方向,相当于一个弹性回复力,使滑阀的工作趋于稳定。稳态轴向液动力的大小将决定操纵液压滑阀的操纵力大小。

2) 瞬态液动力

当滑阀阀芯移动使阀口开度变化时,将引起流量 q 变化,控制体中液体产生加速度,而使其动量发生变化,于是液体质点系受到一附加瞬态力的作用。其反作用力就是作用在阀芯上的瞬态液动力。图 2.28 表示阀芯移动时出现瞬态液动力的情况。

由动量方程可知,作用在液体质点系上的瞬态力为

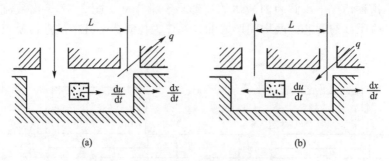

图 2.28 阀芯移动时的瞬态液动力分析

$$(F_{V/L})_i = \frac{\mathrm{d}(m\vec{u}_c)_{cv}}{\mathrm{d}t} = m\frac{\mathrm{d}u_c}{\mathrm{d}t}$$

设阀腔有效通流面积为 A，进出油口中心距为 L，即油液的实际流程（阻尼长度），则 $m=\rho AL$。因此，有

$$(F_{V/L})_i = \rho AL \frac{\mathrm{d}u}{\mathrm{d}t} = \rho L \frac{\mathrm{d}q}{\mathrm{d}t}$$

液流作用在阀芯上的瞬态液动力为

$$F_i = -\rho AL \frac{\mathrm{d}u}{\mathrm{d}t} = -\rho L \frac{\mathrm{d}q}{\mathrm{d}t} \tag{2-57}$$

式中　　u——控制体中液体的平均流速；

负号"一"—— F_i 方向与加速度方向相反。

当阀口前后的压差不变或变化不大时，流量的变化率 $\frac{\mathrm{d}q}{\mathrm{d}t}$ 与阀口开度的变化率 $\frac{\mathrm{d}x_v}{\mathrm{d}t}$ 成正比。因此，式(2-57)表明，瞬态轴向液动力只与阀芯移动速度有关（即与阀口开度的变化率有关），与阀口开度本身无关。

由于作用于液流上的瞬态力总是与阀腔内油液的加速度同方向，因此，瞬态液动力方向总是与加速度方向相反；油液加速度的方向与阀口是打开还是关小，油液是流入还是流出有关。图 2.28(a)中，油液流出阀口，当阀口开度加大时长度为 L 的那部分油液加速，开度减小时油液减速，这两种情况下，瞬态液动力作用方向都与阀芯移动方向相反，起着阻止阀芯移动的作用，相当于一个阻尼力，并将 L 称为"正阻尼长度"。反之，图 2.28(b)中油液流入阀口，阀口开度变化时引起液流流速变化的结果，都是使瞬态液动力的作用方向与阀芯移动方向相同，起着帮助阀芯移动的作用，相当于一个负的阻尼力。这种情况下 L 称为"负阻尼长度"。负阻尼长度（力）将使阀芯工作不稳定。为使滑阀工作稳定，滑阀设计时应使其正、负阻尼长度的代数和（综合阻尼长度）不小于零。

2.4　管道内压力损失的计算

在 2.3 节中，讨论了液体流动的基本规律，其中能量方程是很重要的一条规律，它指出了液体流动时，能量的相互转化关系。但这个方程中的能量损失怎样计算尚未解决，为了应用这个方程解决工程实际问题，必须首先确定液流的能量损失。

实际液体是有粘性的，为了克服粘性摩擦阻力，液体流动时要损耗一部分能量，由于管道中流量不变，因此这种能量损耗表现为压力损失。损耗的能量转变为热量，使液压系统的温度升高，影响系统的工作性能，因此，在设计液压系统时，应尽量减小压力损失。

压力损失产生的内因是液体本身的粘性，外因是管道结构。液体在管道中流动时产生的压力损失分为两种：一种是液体在等径直管中流动时因粘性摩擦而产生的压力损失，称为沿程压力损失；另一种是由于管道的截面突然变化、液流方向改变或其他形式的液流阻力（如控制阀阀口）而引起的压力损失，称为局部压力损失。

本节讨论液体流经圆管及各种接头时的流动情况，进而分析流动时所产生的压力损失。

2.4.1 液体的流动状态

压力损失与液体流动状态有关。因为液体在管中的流态直接影响液流的各种特性，所以首先要介绍液流的两种流态。

1. 层流和紊流

1883 年，英国物理学家雷诺通过大量的实验发现，液体在管道中流动时，存在两种完全不同的流动状态，即层流和紊流。在层流时，液体质点互不干扰，液体的流动呈线性或层状，且平行于管道轴线；而在紊流时，液体质点的运动杂乱无章，除了平行于管道轴线的运动外，还存在着剧烈的横向运动。由层流过渡到紊流时，液体的流动速度称为上临界速度，而由紊流过渡到层流时，液体的流动速度称为下临界速度。在上、下临界速度之间，液体的流动状态称为过渡流或变流，是一种不稳定的流动状态，一般按紊流处理。

层流和紊流是两种不同性质的流态。层流时，粘性力起主导作用，惯性力与粘性力相比不大，液体流速较低，液体质点主要受粘性力制约，不能随意运动；紊流时，惯性力起主导作用，液体流速较高，粘性力的制约作用减弱。

在层流状态下流动时，液体的能量主要消耗在粘性摩擦损失上，它直接转化成热能，一部分被液体带走，一部分传给管壁。相反，在紊流状态下，液体的能量主要消耗在动能损失上，这部分损失使液体搅动混合，产生旋涡、尾流，撞击管壳，引起振动，形成液体噪声。这种噪声虽然会受到种种抑制而衰减，并在最后化作热能消散掉，但在其辐射传递过程中，还会激起其他形式的噪声。

2. 雷诺数

液体流动时究竟是层流还是紊流，须用雷诺数来判断。

雷诺实验证明，液体在圆管中的流动状态不仅与管内的平均流速 v 有关，还和管径 d、液体的运动粘度 ν 有关。但是，不论平均流速 v、管径 d 和液体的运动粘度 ν 如何变化，液体流动状态仅与由这 3 个参数所组成的一个称为雷诺数的无量纲数有关。即

$$Re = \frac{vd}{\nu} \qquad (2-58)$$

实际上，雷诺数是液体流动时受到的惯性力与粘性力之比。后来，人们通过相似理论中的量纲分析方法，得到了与雷诺实验完全相同的结论。根据量纲分析方法，有

$$Re = \frac{惯性力}{粘性力} = \frac{\rho L^3 \cdot \dfrac{L}{T^2}}{\mu L^2 \dfrac{V}{L}} = \frac{\rho V^2 L^2}{\mu V L} = \frac{VL}{\nu}$$

式中　L——长度量纲，对于管道称为特征尺寸、水力直径，$L = 4R_H$，R_H 为水力半径；
　　　V——速度量纲；
　　　T——时间量纲。

因此，对于非圆截面的管道来说，Re 可用下式计算

$$Re = \frac{4vR_H}{\nu} \tag{2-59}$$

式中　R_H——通流截面的水力半径，它等于液流的有效截面积 A 和它的湿周（有效截面的周界长度）χ 之比，即

$$R_H = \frac{A}{\chi} \tag{2-60}$$

在液压系统中，管道总是充满液体的，因此液流的有效截面积就是通流截面，湿周就是通流截面的周长。例如，直径为 d 的圆截面管道的水力半径为 $R_H = \dfrac{\pi}{4}d^2 \big/ (\pi d) = \dfrac{d}{4}$。把此水力半径代入式(2-59)即可得到与式(2-58)相同的结果。

图 2.29 所示为几种典型的通流截面。它们的通流面积相等但形状不同时，其水力半径是不同的：圆形的最大，同心环状的最小。水力半径是描述通流截面通流能力大小的一个参数。水力半径大，意味着液流和管壁接触少，管壁对液流的阻力小，通流能力大，不易堵塞。

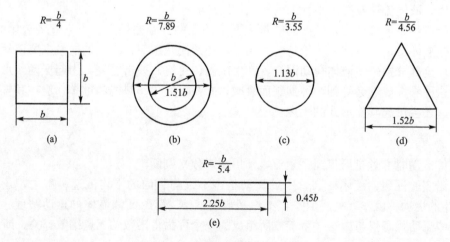

图 2.29　各种通流截面的水力半径

雷诺数是液体在管道中流动状态的判据。对于不同情况下的液体流动状态，如果雷诺数相同，它们的流动状态也就相同。液流由层流转变为紊流时的雷诺数和由紊流转变为层流时的雷诺数是不同的，后者数值小，所以一般都用后者作为判别液流状态的依据，称为临界雷诺数，记作 Re_{cr}。当液流的雷诺数 Re 小于临界雷诺数 Re_{cr} 时，液流为层流；反之，

液流大多为紊流。常见的液流管道的临界雷诺数由实验求得，见表 2-7。

表 2-7 常见液流管道的临界雷诺数

管道的形状	Re_{cr}	管道的形状	Re_{cr}
光滑的金属圆管	2000~2320	带环槽的同心环状缝隙	700
橡胶软管	1600~2000	带环槽的偏心环状缝隙	400
光滑的同心环状缝隙	1100	圆柱形滑阀阀口	260
光滑的偏心环状缝隙	1000	锥阀阀口	20~100

3. 圆管层流

液体在圆管中的层流是液压传动中最常见的现象，在设计和使用液压系统时，就希望管道中的液流保持这种流态。

图 2.30 所示为液体在等径水平圆管中作恒定流动时的情况。在图 2.30 中的管内取出一段半径为 r、长度为 l、与管轴相重合的小圆柱体，作用在其两端面上的压力分别为 p_1 和 p_2，作用在其侧面上的内摩擦力为 F_f。根据力的平衡关系，有

$$(p_1-p_2)\pi r^2 = F_f$$

由式(2-8)可知，内摩擦力 F_f 为

$$F_f = -\mu(2\pi r l)\frac{du}{dr}$$

上式中，速度梯度 du/dy 为负值，故须加一负号以使内摩擦力为正值。

令 $\Delta p = p_1 - p_2$，则由上述两式，得

$$\frac{du}{dr} = -\frac{\Delta p}{2\mu l}r$$

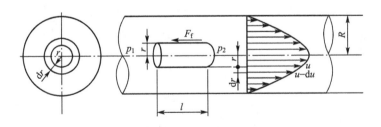

图 2.30 圆管中的层流

对上式进行积分，并代入相应的边界条件，即当 $r=R$ 时，$u=0$，得

$$u = \frac{\Delta p}{4\mu l}(R^2 - r^2) \tag{2-61}$$

由此可知，管内流速在半径方向上按抛物面规律分布。在管壁 $r=R$ 处，其流速最小，为 $u_{min}=0$；在轴线 $r=0$ 处，其流速最大

$$u_{\max}=\frac{\Delta p}{4\mu l}R^2=\frac{\Delta p}{16\mu l}d^2 \tag{2-62}$$

在半径 r 处取一厚为 dr 的微小圆环面积(图 2.30),此环形面积为 $dA=2\pi rdr$,通过此环形面积的流量为 $dq=udA$,将式(2-61)代入,进行积分,得

$$q=\int_0^R 2\pi r \cdot \frac{\Delta p}{4\mu l}(R^2-r^2)dr=\frac{\pi R^4}{8\mu l}\Delta p=\frac{\pi d^4}{128\mu l}\Delta p \tag{2-63}$$

或

$$\frac{\Delta p}{l}=\frac{8\mu}{\pi R^4}q \tag{2-64}$$

式中 R、d——圆管半径、内径。

这就是圆管层流的流量计算公式。它表明:如粘度为 μ 的液体在直径为 d、长度为 l 的直管中以流量 q 流过,则其管端必然有 Δp 值的压力降;反之,若该管两端有压差 Δp,则流过这种液体的流量必等于 q。由式(2-64)可知,流量与管径的 4 次方成正比,压力损失即压差则与管径的 4 次方成反比,所以管径对流量或压力损失的影响是很大的。这个公式在液压传动中很重要,以后会经常用到。

由式(2-30)和式(2-63)得到圆管层流的平均流速为

$$v=\frac{q}{A}=\frac{\Delta p}{8\mu l}R^2=\frac{\Delta p}{32\mu l}d^2 \tag{2-65}$$

与式(2-62)比较可知,平均流速为最大流速的一半。

此外,由式(2-42)和式(2-54)可求出层流时的动能修正系数 $\alpha=2$;动量修正系数 $\beta=4/3$。

4. 圆管紊流

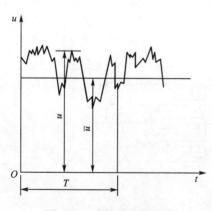

图 2.31 紊流流速的脉动

液体作紊流流动时,其空间任一点处液体质点速度的大小和方向都是随时间变化的,本质上是非恒定流动。紊流时流速变化情况如图 2.31 所示。为了讨论问题方便起见,工程上在处理紊流流动参数时,只能用一定时间间隔 T 内的统计平均值,称为平均流速 $\bar{u}$,来代替真实流速 u,从而把紊流当作恒定流动来看待。

如果在某一时间间隔 T(平均周期)内,液体以某一平均流速 $\bar{u}$ 流经任一微小截面 dA 的液体量等于同一时间内以真实的速度 u 流经同一截面的液体量,即

$$\bar{u}TdA=\int_0^T udAdt$$

则紊流的平均流速为

$$\bar{u}=\frac{1}{T}\int_0^T udt \tag{2-66}$$

对于充分的紊流流动,其通流截面上的流速分布图形如图 2.32 所示。由图 2.32 可

见，紊流中的流速分布是比较均匀的。其最大流速 $\bar{u}_{\max} \approx (1 \sim 1.3) v$，动能修正系数 $\alpha \approx 1.05$，动量修正系数 $\beta \approx 1.04$，因而紊流时这两个系数均可近似地取为 1。

靠近管壁处有极薄一层惯性力不足以克服粘性力的液体在作层流流动，称为层流边界层。层流边界层的厚度将随液流雷诺数的增大而减小。

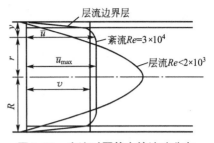

图 2.32 紊流时圆管中的流速分布

对于光滑圆管内的紊流来说，当雷诺数在 $3 \times 10^3 \sim 1 \times 10^5$ 之间时，其截面上的流速分布遵循 1/7 次方的规律，即

$$\bar{u} = \bar{u}_{\max} \left(\frac{y}{R}\right)^{\frac{1}{7}} \qquad (2-67)$$

式中符号的意义如图 2.31 所示。

2.4.2 沿程压力损失

1. 层流时的沿程压力损失

经理论推导，液体流经等径 d 的直管时，在管长 l 段上的压力损失 Δp 可由圆管层流的流量公式(式(2-63))求得，即沿程压力损失 Δp 为

$$\Delta p = \frac{128 \mu l}{\pi d^4} q \qquad (2-68)$$

将 $\mu = \nu \rho$，$Re = \dfrac{vd}{\nu}$，$q = \dfrac{\pi}{4} d^2 v$ 代入式(2-68)，并整理后得

$$\Delta p = \frac{64}{Re} \frac{l}{d} \rho \frac{v^2}{2} = \lambda \frac{l}{d} \rho \frac{v^2}{2} \qquad (2-69)$$

用比压力能单位表示，为

$$h_\lambda = \frac{\Delta p}{\rho g} = \lambda \frac{l}{d} \frac{v^2}{2g} \qquad (2-70)$$

式中 ρ——液体的密度；

v——液流的平均流速；

λ——沿程阻力系数，理论值 $\lambda = \dfrac{64}{Re}$。考虑到实际流动时还存在温度变化以及管道变形等问题，因此液体在金属管道中流动时，一般取 $\lambda = \dfrac{75}{Re}$；在橡胶软管中流动时则取 $\lambda = \dfrac{80}{Re}$。

2. 紊流时的沿程压力损失

液体在直管中作紊流流动时，其沿程压力损失的计算公式与层流时相同，即仍为

$$\Delta p = \lambda \frac{l}{d} \rho \frac{v^2}{2}$$

不过，式中的沿程阻力系数 λ 有所不同。由于紊流时管壁附近有一层层流边界层，它

在 Re 较低时厚度较大,把管壁的表面粗糙度完全掩盖住,使之不影响液体的流动,如同让液体流过一根光滑管一样(称为水力光滑管)。这时的 λ 仅和 Re 有关,和表面粗糙度无关,即 $\lambda=f(Re)$。当 Re 增大时,层流边界厚度变薄,当它小于管壁表面粗糙度时,管壁表面粗糙度就突出在层流边界层之外(称为水力粗糙管),对液体的压力损失产生影响。这时的 λ 将和 Re 以及管壁的相对表面粗糙度 Δ/d(Δ 为管壁的绝对表面粗糙度,d 为管子内径)有关,即 $\lambda=f(Re,\Delta/d)$。当管流的 Re 再进一步增大时,λ 将仅与相对表面粗糙度 Δ/d 有关,即 $\lambda=f(\Delta/d)$,这时就称管流进入了它的阻力平方区。

圆管的沿程阻力系数 λ 的计算公式见表 2-8。

表 2-8 圆管的沿程阻力系数 λ 的计算公式

流动区域		雷诺数范围	λ 计算公式
层流		$Re<2320$	$\lambda=\dfrac{75}{Re}$(油);$\lambda=\dfrac{64}{Re}$(水)
紊流	水力光滑管	$Re<22\left(\dfrac{d}{\Delta}\right)^{\frac{8}{7}}$	$30<Re<10^5$: $\lambda=0.3164Re^{-0.25}$
			$10^5 \leqslant Re \leqslant 10^8$: $\lambda=0.308(0.842-\lg Re)^{-2}$
	水力粗糙管	$22\left(\dfrac{d}{\Delta}\right)^{\frac{8}{7}}<Re<597\left(\dfrac{d}{\Delta}\right)^{\frac{9}{8}}$	$\lambda=\left[1.14-2\lg\left(\dfrac{\Delta}{d}+\dfrac{21.25}{Re^{0.9}}\right)\right]^{-2}$
	阻力平方区	$Re>597\left(\dfrac{d}{\Delta}\right)^{\frac{9}{8}}$	$\lambda=0.11\left(\dfrac{\Delta}{d}\right)^{0.25}$

壁绝对表面粗糙度 Δ 的值,在粗估算时,钢取 0.04mm,铜管取 0.0015～0.01mm,铝管取 0.0015～0.06mm,橡胶软管取 0.03mm,铸铁管取 0.25mm。

计算沿程压力损失时,首先必须判别流态。

2.4.3 局部压力损失

局部压力损失是液体流经阀口、弯管、通流截面等处所引起的压力损失。液流通过这些地方时,由于它的方向和流速发生变化,液体在这些地方扰动、搅拌,形成旋涡、尾流,或使边界层剥离,使液体的质点相互撞击,从而产生了较大的能量损耗。

局部压力损失与液流的动能直接相关,一般它可以表达成如下的计算式

$$\Delta p_\zeta=\zeta\rho\frac{v^2}{2} \tag{2-71}$$

采用比能形式,可写成

$$h_\zeta=\zeta\frac{v^2}{2g} \tag{2-72}$$

式中　ρ——液体的密度;
　　　v——液流的平均流速,一般情况下均指局部阻力下游处的流速;
　　　ζ——局部阻力系数。

由于液体流经局部阻力区域的流动情况非常复杂,所以局部阻力系数 ζ 的值仅在少数场合可以采用理论推导的方法求得,一般都必须通过实验来确定。各种局部装置结构 ζ 的

具体数值可从有关液压工程手册中查到。

下面以截面突然扩大时的局部损失为例，介绍理论推导的方法。如图 2.33 所示，因为是紊流，动能修正系数和动量修正系数均为 1。选取截面 1-1 和 2-2 间的核心区 I 为控制体，根据动量方程，沿轴线方向，有

$$p_1 A_1 + p_0(A_2 - A_1) - p_2 A_2 = \rho q (v_2 - v_1)$$

式中 $p_0(A_2 - A_1)$ 实际上可以看成是管道对液体的作用力。由实验得知，$p_0 \approx p_1$，则上式可简化为

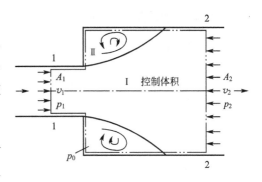

图 2.33 截面突然扩大时的局部损失

$$(p_1 - p_2) A_2 = \rho q (v_2 - v_1)$$
$$p_1 - p_2 = \rho v_2 (v_2 - v_1)$$

对截面 1-1 和 2-2 列写伯努利方程，得

$$\frac{p_1}{\rho g} + \frac{v_1^2}{2g} = \frac{p_2}{\rho g} + \frac{v_2^2}{2g} + h_\zeta$$

式中 h_ζ 为单位重量液体的局部压力损失；由于路程短，不考虑沿程压力损失。

由以上两式，可求得

$$h_\zeta = \frac{v_2(v_2 - v_1)}{g} + \frac{v_1^2 - v_2^2}{2g}$$

化简上式，并将 $v_2 = \frac{A_1}{A_2} v_1$ 代入，得

$$h_\zeta = \frac{(v_1 - v_2)^2}{2g} = \left(1 - \frac{A_1}{A_2}\right)^2 \frac{v_1^2}{2g}$$

令截面突然扩大时的局部损失系数为

$$\zeta = \left(1 - \frac{A_1}{A_2}\right)^2 \tag{2-73}$$

则

$$h_\zeta = \zeta \frac{v_1^2}{2g}$$

由式(2-73)可知，截面突然扩大时的局部损失系数仅与通流面积 A_1 与 A_2 的比值有关，而与速度、雷诺数(粘性)无关。显然当 $A_2 \gg A_1$ 时，$\zeta = 1$，因此，截面突然扩大处的局部能量损失为 $v^2 / 2g$，这说明进入截面突然扩大处，特别是 $v_2 \approx 0$ 时，液体的全部动能会因液流扰动而全部损失，最后变为热能而散失。

必须特别指出，对于阀和过滤器等液压元件的局部压力损失，一般不采用式(2-71)来进行计算，因为液流情况比较复杂，难以计算。它们的压力损失数值可从产品样本中直接查到。但是产品样本提供的是元件在额定流量 q_n 下的压力损失 Δp_n。当实际通过的流量 q 不等于额定流量 q_n 时，可依据局部压力损失 Δp 与速度 v^2 成正比的关系，按下式计算元件的实际压力损失 Δp_v。

$$\Delta p_v = \Delta p_n \left(\frac{q}{q_n}\right)^2 \tag{2-74}$$

2.4.4 管路中的总压力损失

液压系统的管路一般由若干段管道和一些阀、过滤器、管接头、弯头等组成,因此管路总的压力损失就等于所有直管中的沿程压力损失和所有这些元件的局部压力损失之和,用比能形式表示为

$$h_w = \sum h_\lambda + \sum h_\zeta = \sum_i \lambda_i \frac{l_i}{d_i} \frac{v_i^2}{2g} + \sum_j \zeta_j \frac{v_j^2}{2g} \qquad (2-75)$$

而总的压力损失 $\Delta p_w = \rho g h_w$。

必须指出,上式仅在两相邻局部压力损失之间的距离大于管道内径 10 倍以上时才是正确的。因为液流经过局部阻力区域后受到很大的扰动,要经过一段距离才能稳定下来。如果距离太短,液流还未稳定就又要经历后一个局部阻力,它所受到的扰动将更为严重,这时的阻力系数可能会比正常值大好几倍。

在通常情况下,液压系统的管路并不长,所以沿程压力损失比较小,而阀等元件的局部压力损失却较大。因此管路总的压力损失一般以局部损失为主。

速度越高压力损失就越大,因此,为了减小管路系统中的压力损失,管道中液体的流速不宜过高,设计时应适当增大管径。另外,为了减小压力损失,应合理选用油液的粘度,尽量采用内壁光滑的管道,尽量避免管道内径的突然变化,少用弯头。

2.5 孔口和间隙的流量—压力特性

在液压元件中,普遍存在液体流经孔口或间隙的现象。液流通道上其通流截面有突然收缩处的流动称为节流,节流是液压技术中控制流量和压力的一种基本方法。能使流动成为节流的装置,称为节流装置。例如,液压阀的孔口是常用的节流装置,通常利用液体流经液压阀的孔口来控制压力或调节流量;而液体在液压元件的配合间隙中的流动,造成泄漏而影响效率。因此,研究液体流经各种孔口和间隙的规律,了解影响它们的因素,对于理解液压元件的工作原理、结构特点和性能是很重要的问题。

2.5.1 孔口的流量—压力特性

孔口是液压元件重要的组成因素之一,各种孔口形式是液压控制阀具有不同功能的主要原因。液压元件中的孔口按其长度 l 与直径 d 的比值分为 3 种类型:长径比 $l/d < 0.5$ 的小孔称为薄壁孔;长径比 $0.5 < l/d < 4$ 的小孔称为厚壁孔或短孔;长径比 $l/d > 4$ 的小孔称为细长孔。这些小孔的流量—压力特性有共性,但也不完全相同。

1. 薄壁孔

薄壁孔一般孔口边缘做成刃口形式,如图 2.34 所示。各种结构形式的阀口就是薄壁小孔的实际例子。液流经过薄壁孔时多为紊流,只有局部损失而几乎不产生沿程损失。

设薄壁孔直径为 d_0,在小孔前约 $d_0/2$ 处,液体质点被加速,并从四周流向小孔。由于流线不能转折,贴近管壁的液体不会直角转弯而是逐渐向管道轴线收缩,使通过小孔后的液体在出口以下约 $d_0/2$ 处形成最小收缩断面,然后再扩大充满整个管道,这一收缩和

扩大的过程便产生了局部能量损失。

设最小收缩断面面积为 A_e，小孔面积为 A_0，则最小收缩断面面积与孔口截面面积之比称为截面收缩系数 C_c，即

$$C_c = \frac{A_e}{A_0} \qquad (2-76)$$

收缩系数反映了通流截面的收缩程度，其主要影响因素有：雷诺数 Re、孔口及边缘形式、孔口直径 d_0 与管道直径 d 比值的大小等。研究表明，当 $d/d_0 \geqslant 7$ 时，流束的收缩不受孔前管道内壁的影响，这时称为完全收缩；当 $d/d_0 < 7$ 时，

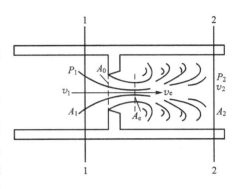

图 2.34　通过薄壁小孔的液流

由于小孔离管壁较近，孔前管道内壁对流束具有导流作用，因而影响其收缩，这时称液流为不完全收缩。

选择管道轴线为参考基准，对 1-1 截面和 2-2 截面列写伯努利方程，得

$$z_1 + \frac{p_1}{\rho g} + \frac{\alpha_2 v_1^2}{2g} = z_2 + \frac{p_2}{\rho g} + \frac{\alpha_2 v_2^2}{2g} + \sum h_\zeta$$

其中，$z_1 = z_2 = 0$，$v_1 = v_2$，$\alpha_1 = \alpha_2 = 1$，故有

$$\frac{p_1}{\rho g} = \frac{p_2}{\rho g} + \sum h_\zeta$$

式中　$\sum h_\zeta$ 为液体流过小孔时的总局部损失，包括两部分：一是通流截面突然缩小时的局部损失，二是通流截面突然扩大时的局部损失。

当最小收缩截面上的平均流速为 v_e 时，总局部损失可表示为

$$\sum h_\zeta = (\zeta_1 + \zeta_2) \frac{v_e^2}{2g}$$

令 $\Delta p = p_1 - p_2$，将上式代入上面简化的伯努利方程，整理得

$$v_e = \frac{1}{\sqrt{\zeta_1 + \zeta_2}} \sqrt{\frac{2}{\rho} \Delta p} = C_v \sqrt{\frac{2}{\rho} \Delta p}$$

式中　C_v——小孔速度系数；根据通流截面突然扩大时局部损失系数的理论计算式(2-73)，可知，$\zeta_2 = \left(1 - \frac{A_e}{A_2}\right)^2$，一般 $\frac{A_e}{A_2} \ll 1$，因此，$\zeta_2 \approx 1$。于是有

$$C_v = \frac{1}{\sqrt{\zeta_1 + 1}} \qquad (2-77)$$

Δp——小孔前后的压力差，$\Delta p = p_1 - p_2$。

根据流量连续性方程，由此得流经薄壁孔的流量为

$$q = A_e v_e = C_c C_v A_0 \sqrt{\frac{2}{\rho} \Delta p} = C_d A_0 \sqrt{\frac{2}{\rho} \Delta p} \qquad (2-78)$$

式中　C_d——流量系数，$C_d = C_c C_v$。

式(2-78)为薄壁孔的流量—压力特性公式，流量系数 C_d 的值由实验确定。在液流完全收缩的情况下，当 $Re \leqslant 10^5$ 时，流量系数 C_d、速度系数 C_v 和截面收缩系数 C_c 与雷诺数

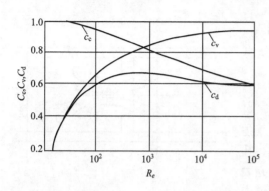

图 2.35 薄壁孔的 C_d、C_v 和 C_c 与 Re 的关系

Re 间的关系如图 2.35 所示，或按下式计算

$$C_d = 0.964 Re^{-0.05} \quad (Re = 800 \sim 5000) \tag{2-79}$$

当 $Re > 10^5$ 时，C_d 可以认为是不变的常数，计算时取平均值 $C_d = 0.60 \sim 0.61$。图 2.35 中的雷诺数按式（2-80）计算

$$Re = \frac{d_0}{v}\sqrt{\frac{2}{\rho}\Delta p} \tag{2-80}$$

当液流不完全收缩时，流量系数 C_d 可按经验公式或见表 2-9。由于这时小孔离管壁较近，管壁对液流进入小孔起导向作用，流量系数 C_d 可增大到 $0.7 \sim 0.8$。当小孔不是薄刃式而是带棱边或小倒角的孔时，C_d 值将更大。

表 2-9 不完全收缩时流量系数 C_d 的值

$\dfrac{A_0}{A}$	0.1	0.2	0.3	0.4	0.5	0.6	0.7
C_d	0.602	0.615	0.634	0.661	0.696	0.742	0.804

由式（2-78）可知，流经薄壁孔的流量 q 与小孔前后的压差 Δp 的平方根以及薄壁孔面积 A_0 成正比，而与粘度无直接关系。

若孔口不是图 2.34 中的圆孔而是矩形孔，且其孔口高度 b 远比管道高度 B 和孔口宽度 W 小得多时，则其流量公式为

$$q = \frac{\pi b^2 W}{32\mu}(p_1 - p_2) \tag{2-81}$$

小孔的壁很薄时，其沿程阻力损失非常小，通过小孔的流量对油液温度的变化，即对粘度的变化不敏感，因此在液压系统中，常采用一些与薄壁小孔流动特性相近的阀口作为可调节流孔口，如锥阀、滑阀、喷嘴挡板阀等。薄壁孔的加工困难，实际应用中多用厚壁孔代替。

厚壁孔的流量公式与薄壁孔相同，仍采用式（2-78），但流量系数 C_d 不同，C_d 应由图 2.36 查出，由图中可知，当 $dRe/l > 10^4$ 时，可取 $C_d = 0.82$。

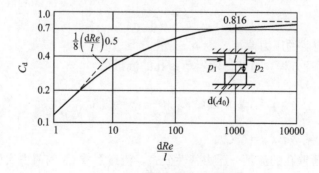

图 2.36 厚壁孔的流量系数

2. 厚壁孔

在厚壁孔处的能量损失中，有沿程损失，所以厚壁孔比薄壁孔处的能量损失大。但厚壁孔比薄壁孔更容易加工，所以常将厚壁孔用做固定节流器。

3. 细长孔

液压系统中的管道、某些阻尼孔、静压支承中的毛细管节流器等都是典型的细长孔。由于液体的粘性作用，液流流过细长孔时多呈层流，因此，通过细长孔的流量可以按前面导出的圆管层流流量公式计算。由式(2-63)可知，细长孔的流量—压力特性公式为

$$q = \frac{\pi d^4}{128\mu l}\Delta p = C_d A_0 \Delta p \tag{2-82}$$

式中 A_0——细长孔通流面积，$A_0 = \frac{1}{4}\pi d^2$；

C_d——细长孔流量系数，$C_d = \frac{d^2}{32\mu l}$。

从式(2-82)可以看出，油液流过细长孔的流量 q 与小孔前后的压力差 Δp 成正比，而和液体粘度 μ 成反比，流量受油液粘性影响大。因此油温变化引起粘度变化时，流过细长孔的流量将显著变化，这一点和薄壁孔的特性是明显不同的。另外，细长孔容易堵塞。细长孔在液压装置中常用做阻尼孔。

4. 滑阀阀口的流量—压力特性

图 2.37 为滑阀阀口的结构示意图。当阀芯相对阀体有相对移动时，阀芯台肩控制边与阀体沉割槽槽口边的距离 x_v 称为阀的开口量或开度。当 $x_v \leqslant 0$ 时，阀口处于关闭状态，液体不能经阀口流出或流入。

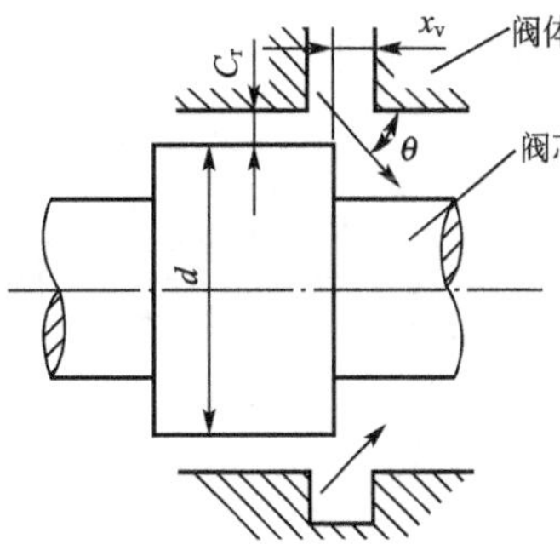

当阀口的开口量 x_v 较小时，液体在滑阀阀口的流动特性与薄壁孔相近，因此可利用薄壁孔的流量—压力特计算式(式(2-78))，来计算液体流经滑阀阀口的流量。不过式中的通流截面积 A_0 有所不同，应具体分析。

设阀芯的直径为 d，阀芯与阀体间的径向间隙为 C_r，则阀口的有效宽度为 $\sqrt{x_v^2 + C_r^2}$，如令 w 为阀口的周向长度(亦称面积梯度，它是阀口通流截面积相对于阀口开度的变化率)，则 $w = \pi d$，所以阀口的通流截面积 $A_0 = w\sqrt{x_v^2 + C_r^2}$，由此求得滑阀阀口的流量—压力特性公式为

$$q = C_d w \sqrt{x_v^2 + C_r^2}\sqrt{\frac{2}{\rho}\Delta p}$$

图 2.37 滑阀阀口

当 C_r 值很小，且 $x_v \gg C_r$ 时，可略去 C_r 不计，便有

$$q = C_d w x_v \sqrt{\frac{2}{\rho}\Delta p} \tag{2-83}$$

在液压技术中，滑阀阀口的流量—压力特性公式(式(2-83))是一个极其重要的公式，它是理解液压控制阀和液压伺服控制系统工作原理的理论基础。该式表明，通过阀口的

流量是阀口开口量和阀口前后压力差的函数，即 $q=f(x_v, \Delta p)$。当通过阀口的流量 q 不变时，可以通过改变阀口开口量来控制液流的压力，如减压阀；当阀口开口量能随通过阀口的流量变化时，则可以设法控制液流的压力基本恒定不变，如溢流阀；当控制阀口前后压力差恒定不变时，改变阀口开口量，则可调节流量的大小并使流量恒定不变，如调速阀。

2.5.2 液体流经间隙的流量

液压元件各零件之间为保证正常的相对运动，必须有一定的配合间隙。在许多情况下，相对运动零件之间的间隙还可以起到密封的作用，即所谓间隙密封，例如滑阀中的阀芯与阀体之间的间隙。此外，在相对运动的零件表面间形成油膜，以增加润滑、减轻摩擦和表面磨损，可以提高元件使用寿命。这些都需要计算间隙的泄漏量和了解间隙中的压力分布情况。

在液压传动中常见间隙形式有两种：一种是由两个平面形成的平面间隙，如柱塞泵的缸体与配流盘。另一种是由内、外圆柱表面形成的环状间隙，如柱塞泵的柱塞和柱塞孔。由于这些间隙一般都很小，因此液流经过这些间隙时摩擦阻力很大，能通过的流量很小，实际是泄漏问题。

通过间隙的泄漏流量主要由间隙的大小和压力差决定。泄漏分为内泄漏和外泄漏。泄漏的增加将使系统的效率降低。因此应尽量减小泄漏以提高系统的性能，保证系统正常工作。此外，外泄漏将污染环境。

间隙流动分两种情况：一是由间隙两端的压力差造成的，称为压差流动；二是由于形成间隙的两固体壁面间的相对运动造成的，称为剪切流动。在很多情况下，实际间隙流动是压差流动与剪切流动的组合。

1. 平行平板间隙

平行平板间隙是讨论其他形式间隙的基础。如图 2.38 所示，在两块平行平板所形成的间隙中充满了液体，间隙高度为 h，间隙宽度和长度分别为 b 和 l，且一般恒有 $b \gg h$ 和 $l \gg h$。由于间隙通道狭小，液流受固体壁面影响较大，液体流速低，因而间隙中的液流状态为层流。若间隙两端存在压差 $\Delta p = p_1 - p_2$，液体就会产生流动；即使没有压差 Δp 的作用，如果两块平板有相对运动，由于液体粘性的作用，液体也会被平板带着产生流动。

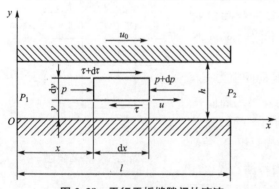

图 2.38 平行平板缝隙间的液流

下面分析液体在平行平板间隙中最一般的流动情况，既有压差流动，又有剪切流动的情况。在间隙液流中任取一个微元体 $dxdy$（为简单起见，宽度方向先取单位宽度，即 $b=1$），因 dx 较小，故作用在其左右两端面上的压力分别为 p 和 $p+dp$，上下两面所受到的切应力分别为 $\tau+d\tau$ 和 τ，因此，微元体的受力平衡方程为

$$pdy+(\tau+d\tau)dx=(p+dp)dy+\tau dx$$

由牛顿内摩擦定律，已知 $\tau = \mu \dfrac{du}{dy}$。

将 τ 的表达式代入上式，并经整理得

$$\frac{d u^2}{d y^2} = \frac{1}{\mu} \frac{d p}{d x}$$

对上式进行两次积分，得

$$u = \frac{1}{2\mu} \frac{dp}{dx} y^2 + C_1 y + C_2 \tag{2-84}$$

式中 C_1、C_2——积分常数，可利用边界条件求出：当平行平板间的相对运动速度为 u_0 时，在 $y=0$ 处，$u=0$，在 $y=h$ 处，$u=u_0$，则得

$$C_1 = \frac{u_0}{h} - \frac{1}{2\mu} \frac{dp}{dx} h \quad C_2 = 0$$

此外，液流作层流时，p 只是 x 的线性函数，即

$$\frac{dp}{dx} = \frac{p_2 - p_1}{l} = -\frac{\Delta p}{l}$$

把这些关系代入式(2-84)并整理后，得出间隙液流的速度分布规律，为

$$u = \frac{\Delta p}{2\mu l}(h-y)y \pm \frac{u_0}{h} y \tag{2-85}$$

由此得通过平行平板间隙的泄漏流量为

$$q = \int_0^h ub\,dy = \int_0^h \left[\frac{\Delta p}{2\mu l}(h-y)y \pm \frac{u_0}{h}y \right] b\,dy = \frac{bh^3}{12\mu l}\Delta p \pm \frac{bh}{2}u_0 \tag{2-86}$$

上式即为在压差和剪切同时作用下，液体通过平行平板间隙的流量。当 u_0 的方向与压差流动方向相反时，上式等号右边的第二项取负号。

当平行平板间没有相对运动，即 $u_0=0$ 时，通过的液流只有压差流动；当平行平板两端不存在压差，即 $p_1-p_2=0$ 时，通过的液流只有平板相对运动引起的剪切流动。

由此可知：通过间隙的流量与间隙值的 3 次方成正比，这说明元件间隙的大小对其泄漏量的影响是很大的。此外，泄漏所造成的功率损失可以写成

$$\Delta P = \Delta p q = \Delta p \left(\frac{bh^3}{12\mu l}\Delta p \pm \frac{1}{2}bhu_0 \right) \tag{2-87}$$

由此可以得出结论：间隙 h 愈小，泄漏功率损失也愈小。但是，h 的减小会使液压元件中的摩擦功率损失增大，因而间隙 h 有一个使这两种功率损失之和达到最小的最佳值，并不是愈小愈好。

2. 同心环形间隙

图 2.39 所示为液体在同心环形间隙的流动。图 2.39(a)中圆柱体直径为 d，间隙大小为 h，间隙长度为 l。当间隙 h 较小时，可将环形间隙沿圆周方向展开，把它近似地看作是平行平板间隙的流动，这样只要将 $b=\pi d$ 代入式(2-86)，就可得同心环形间隙的流量公式

$$q_0 = \frac{\pi d h^3}{12\mu l}\Delta p \pm \frac{\pi d h}{2} u_0 \tag{2-88}$$

当圆柱体移动方向与压差方向相反时，上式等号右边的第二项取负号。

当圆柱体和内孔之间没有相对运动，即 $u_0=0$ 时，则此时的同心圆环间隙流量公式为

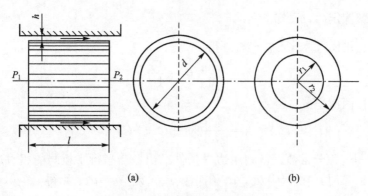

图 2.39 同心环间隙中的液流

$$q_0 = \frac{\pi d h^3}{12\mu l}\Delta p \qquad (2-89)$$

当间隙较大时(图 2.39(b)),必须精确计算,经推导,其流量公式为

$$q = \frac{\pi}{8\mu l}\left[(r_2^4 - r_1^4) - \frac{(r_2^2 - r_1^2)^2}{\ln(r_2/r_1)}\right]\Delta p \qquad (2-90)$$

式中符号意义如图 2.39(b)所示。

3. 偏心环形间隙

在液压系统中,各零件间的配合间隙大多数为圆环形间隙,如滑阀与阀套之间、活塞与缸筒之间等。在理想情况下为同心环形间隙,但实际上,一般多为偏心环形间隙。

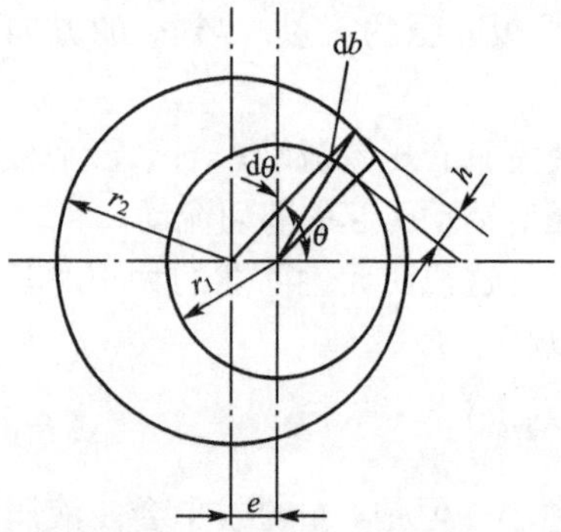

图 2.40 所示为液体在偏心环形间隙中的流动。设内外圆间的偏心量为 e,在任意角度 θ 处的缝隙为 h。因缝隙很小,$r_1 \approx r_2 \approx r$,可把微元圆弧 db 所对应的环形间隙中的流动近似地看作是平行平板间隙的流动。将 $db = rd\theta$ 代入式(2-86)得

$$dq = \frac{rh^3 d\theta}{12\mu l}\Delta p \pm \frac{rd\theta}{2}hu_0$$

图 2.40 偏心环形间隙中的液流

由图 2.40 的几何关系,可以得到

$$h \approx h_0 - e\cos\theta = h_0(1 - \varepsilon\cos\theta)$$

式中 h_0——内外圆同心时半径方向的间隙值;

ε——相对偏心率,$\varepsilon = e/h$。

将 h 值代入上式并积分后,便得偏心圆环间隙的流量公式为

$$q = (1 + 1.5\varepsilon^2)\frac{\pi d h_0^3}{12\mu l}\Delta p \pm \frac{\pi d h_0}{2}u_0 \qquad (2-91)$$

当内外圆之间没有偏心量,即 $\varepsilon = 0$ 时,它就是同心环形间隙的流量公式;当 $\varepsilon = 1$,即有最大偏心量时,其流量为同心环形间隙流量的 2.5 倍。因此在液压元件中,为了减小间隙泄漏量,应采取措施,如在阀芯上加工一些均压槽,尽量使配合件处于同心状态。

4. 圆环平面间隙

如图 2.41 所示为液体在圆环平面间隙中的流动。这里，圆环与平面之间无相对运动，液体自圆环中心向外辐射流出。设圆环的大、小半径分别为 r_2 和 r_1，它与平面之间的间隙值为 h，并令 $u_0=0$，则由式(2-85)可得在半径为 r、离下平面 z 处的径向速度为

$$u_r = -\frac{1}{2\mu}(h-z)z\frac{\mathrm{d}p}{\mathrm{d}r}$$

通过的流量为

$$q = \int_0^h u_r 2\pi r \mathrm{d}z = -\frac{\pi r h^3}{6\mu}\frac{\mathrm{d}p}{\mathrm{d}r}$$

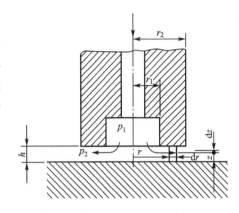

图 2.41 圆环平面间隙的液流

即

$$\frac{\mathrm{d}p}{\mathrm{d}r} = -\frac{6\mu}{\pi r h^3}q$$

对上式积分，有

$$p = -\frac{6\mu q}{\pi h^3}\ln r + C$$

当 $r=r_2$ 时，$p=p_2$，求出 C，代入上式得

$$p = \frac{6\mu q}{\pi h^3}\ln\frac{r_2}{r} + p_2$$

而当 $r=r_1$ 时，$p=p_1$，所以圆环平面间隙的流量公式为

$$q = \frac{\pi h^3}{6\mu \ln\frac{r_2}{r_1}}\Delta p \tag{2-92}$$

必须指出，计算间隙的泄漏量比较复杂，有时不一定准确。在实际工程中，通常用试验方法来测定泄漏量，并引入泄漏系数 C_e。在不考虑相对运动影响的情况下，通过各种间隙的泄漏量可按下式计算

$$q = C_e \Delta p \tag{2-93}$$

式中 C_e——由间隙形式决定的泄漏系数，一般由试验确定。

【例 2.7】 某锥阀如图 2.42(a)所示。已知锥阀半锥角 $\varphi=20°$，$r_1=2\times10^{-3}$m，$r_2=7\times10^{-3}$m，间隙 $h=1\times10^{-4}$m，阀的进出口压差 $\Delta p=1$MPa，$\mu=0.1$Pa·s。求流经锥阀间隙的流量。

解：由于阀座的长度 l 较长而间隙 h 很小，致使在锥阀间隙中的液流呈现层流状态，因此不能把它当作薄壁小孔来对待，而可以借鉴圆环平面间隙的流量公式(式(2-92))，并设想将圆锥间隙展开变成不完整的环形平面间隙，如图 2.42(b)所示。这样将式中的 π 代之以 $\pi\sin\varphi$，便可求得流经锥阀间隙的流量，即

$$q = \frac{\pi \sin\varphi h^3}{6\mu \ln\frac{r_2}{r_1}}\Delta p$$

将已知数据代入上式，有

$$q = \frac{\pi \times \sin 20° \times (1 \times 10^{-4})^3}{6 \times 0.1 \times \ln\left(\frac{7}{2}\right)} \times 1 \times 10^6 = 1.43 \times 10^{-6} \,(\text{m}^3/\text{s})$$

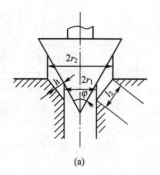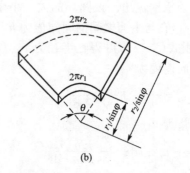

图 2.42 目标锥阀

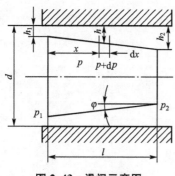

图 2.43 滑阀示意图

【例 2.8】 图 2.43 所示为一滑阀，阀芯与阀套同心，由于加工误差使阀芯带有一定锥度，造成阀芯与阀套的两端缝隙不同，$h_1 = 0.10 \times 10^{-3}$ m，$h_2 = 0.15 \times 10^{-3}$ m。已知阀套孔径 $d = 20 \times 10^{-3}$ m，阀芯长度 $l = 30 \times 10^{-3}$ m，滑阀两端的压差 $\Delta p = p_1 - p_2 = 10$ MPa，液体的动力粘度 $\mu = 0.1$ Pa·s。试求通过滑阀缝隙的流量。

解： 本题虽然因阀芯带有锥度，而使阀套与阀芯之间的间隙成为圆锥环形间隙，但仍可应用同心圆环间隙流量公式(式(2-89))来进行计算，不过式中的间隙 h 沿阀芯轴线方向有变化，须进行一些处理。

令阀芯圆锥半角为 φ，并设距阀芯左端面 x 距离处的缝隙为 h，压力为 p，则由图 2.43 可见，$h = h_1 + x\tan\varphi$，$-\Delta p/l = \mathrm{d}p/\mathrm{d}x$，将这些关系式代入式(2-89)可得

$$q = -\frac{\pi d (h_1 + x\tan\varphi)^3}{12\mu} \frac{\mathrm{d}p}{\mathrm{d}x}$$

因此

$$\mathrm{d}p = -\frac{12\mu q}{\pi d (h_1 + x\tan\varphi)^3} \mathrm{d}x \qquad ①$$

对式①进行积分，得

$$p = \frac{6\mu q}{\pi d \tan\varphi} \frac{1}{(h_1 + x\tan\varphi)^2} + C \qquad ②$$

积分常数 C 可利用边界条件求得：当 $x = 0$ 时，$p = p_1$，代入式②得

$$C = p_1 - \frac{6\mu q}{\pi d \tan\varphi}\left(\frac{1}{h_1^2}\right) \qquad ③$$

把式③及 $h = h_1 + x\tan\varphi$ 代入式②得

$$p = p_1 - \frac{6\mu q}{\pi d \tan\varphi}\left(\frac{1}{h_1^2} - \frac{1}{h^2}\right) \qquad ④$$

由图 2.43 可知：当 $x = l$ 时，$p = p_2$，并将 $\tan\varphi = (h_2 - h_1)/l$ 一起代入式④，得

$$p_2 = p_1 - \frac{6\mu q l}{\pi d}\left(\frac{h_1+h_2}{h_1^2 h_2^2}\right)$$

由此,求出液体流过圆锥环形缝隙的流量,为

$$q = \frac{\pi d (h_1 h_2)^2}{6\mu l(h_1+h_2)}\Delta p \tag{2-94}$$

把已知数据代入式(2-94),得出通过该滑阀的流量,为

$$q = \frac{\pi \times 20 \times 10^{-3} \times (0.1 \times 0.15 \times 10^{-6})^2}{6 \times 0.1 \times 30 \times 10^{-3} \times (0.10+0.15) \times 10^{-3}} \times 10 \times 10^6 = 31.4 \times 10^{-6} (\text{m}^3/\text{s})$$

2.6 液压冲击和气穴现象

在液压系统中,液压冲击和气穴现象影响系统的工作性能和液压元件的使用寿命,因此必须了解它们的物理本质、产生的原因及其危害,在设计液压系统时,应采取措施减小它们的危害或防止它们发生。

2.6.1 液压冲击

在液压系统的工作过程中,由于某种原因致使系统或系统中某处局部压力瞬时急剧上升,形成压力峰值的现象称为液压冲击。液压冲击产生的原因主要是流动的液体具有惯性,当液流通道迅速关闭或液流迅速换向时(或突然制动时),液流速度的大小或方向发生突然的变化,液体的惯性将导致液压冲击。此外,运动部件(负载)由液压驱动,当其突然制动或换向时,因运动部件具有惯性,也将导致系统发生液压冲击。出现液压冲击时,液体中的瞬时峰值压力往往比正常工作压力高好几倍,它不仅会损坏密封装置、管路和液压元件,而且还会引起振动和噪声;液压冲击有时使某些压力控制的液压元件产生误动作,造成事故。

1. 液压冲击的物理本质

如图 2.44 所示,有一液面恒定并能保持液面压力不变的容器,则 A 点的压力保持不变。液体沿长度为 l、管径为 d 的管道经阀门 B 以速度 v_0 流出。

若阀门突然关闭,则靠近阀门处 B 点的液体将首先立即停止运动,液体的动能将瞬间转换成压力能,B 点的压力升高 Δp(即冲击压力),接着后面相邻的液体逐层依次停止运动,动能也依次转换成压力能,压力升高形成压力波。这个压力波以速度 c 由 B 向 A 传递,称为压力升高波(第一波)。经过时间 $t=l/c$ 时,管中的液体全部停止流动。

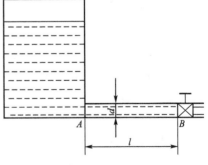

图 2.44 液流速度突变引起的液压冲击

由于管道入口处容器 A 点的压力保持不变,故压力波在 A 点被截住。此时,管道中受压缩的液体在压力差的作用下自管道入口端向左流动,压力开始恢复到其起始压力。这个压力恢复波以速度 c 从 A 向阀门 B 点传递,当 $t=2l/c=T_c$ 时,压力恢复波(第二波)传

到了阀门 B 点。

这时，管中的全部液体将具有起始压力及与起始流速方向相反、大小相同的流速，于是，管道中的液体具有离开阀门的趋势，使得紧靠阀门 B 点的压力下降，低于起始压力，直到此压力下降耗掉其动能，使贴近阀门 B 点的这段液流停止流动。液体的压力下降波，及跟随而来的液流停止流动，自 B 点向入口端 A 点传递，在 $t=3l/c$ 时，压力下降波（第三波）传递到了 A 点，管中的全部液流停止流动，全管均为降低了的压力。

因为 A 点的压力仍为起始压力，在 A 点的液体不能在此状态下保持平衡，在压力差的作用下，液体又从 A 点向 B 点流动，并使管中的流速及压力从 A 点开始恢复到初始状态，此压力恢复波（第四波）于 $t=2T_c=4l/c$ 时传递到了阀门 B 点，此时整个管道液体都恢复了起始压力及起始流速。

由于阀门仍关闭，于是在阀门 B 点又重复第一波产生的过程。假设在整个过程中能量并不逸散，则液压冲击波将周而复始地重复上述过程。实际上，由于油液的粘性作用，存在能量损失，压力冲击波呈衰减振荡。

由上述液压冲击物理过程的分析可知，液压冲击是一种非定常流动现象，它的瞬态过程相当复杂，液压冲击实质上是液流的动能瞬时被转变为压力能，而后压力能又瞬时被转变为动能而产生的液体的振动现象。当考虑管道的弹性变形时，液压冲击的物理过程变得更复杂。总而言之，液压冲击是多种能量瞬时相互转化而产生的一种振动，其根本原因在于液体的可压缩性和管道的弹性变形。

2. 最高冲击压力值的计算

1) 管内液流速度突变引起的液压冲击值

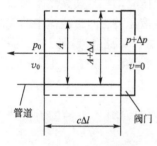

图 2.45 压力升高值

如图 2.45 所示，假如突然关闭管道阀门，那么经 dt 时间后，压力波应向左传递 cdt 一段距离。设管道的通流面积为 A，压力波传递速度 $c=l/t$，t 为第一波从产生到结束的时间。显然，在极短的时间间隔 dt 内，长度为 cdt 的微段液体将停止流动。根据牛顿第二定律 $Fdt=mdv$，若忽略摩擦，则有

$$\Delta pAdt=(\rho Acdt)\Delta v$$

即

$$\Delta p=\rho c\Delta v$$

上式表示由于流速瞬时变化 Δv 与由此而引起的压力变化 Δp 之间的关系。在阀门突然完全关闭的情况下，cdt 微段液体的流速从 v_0 减小为 0，即 $\Delta v=v_0$，Δp 表示由于阀门突然关闭而引起的压力冲击值。所以，液压冲击时压力升高值为

$$\Delta p_{rmax}=\rho cv_0 \tag{2-95}$$

式中 Δp_{rmax}——液压冲击时压力的升高值；

c——压力冲击波在液体中的传播速度，$c=\sqrt{\dfrac{K_m}{\rho}}$，其中 K_m 为管壁弹性变形后的液体等效体积模量。

计算压力升高值 Δp_{rmax} 时，需要先知道 c 值的大小。如图 2.45 所示，设在 dt 内，长度为 cdt 的管段受 Δp 的作用，其容积增大了 $cdtdA$，同时此管段内的液体的体积被压缩了

$dV_0 = \dfrac{V_0}{K}\Delta p$。由于管段容积增大和液体体积压缩，会空出部分空间，于是在 dt 时间内，将有体积为 $v_0 A dt$ 的液体补入这个空间，根据连续性原理，补入的液体体积与空出的空间应相等，即

$$v_0 c \Delta t = c \Delta t \Delta A + \dfrac{V_0}{K}\Delta p$$

已知 $V_0 = c \Delta t A$，则

$$V_0 = c\left(\dfrac{\Delta A}{A} + \dfrac{\Delta p}{K}\right)$$

根据材料力学薄壁筒应力公式，有

$$\dfrac{\Delta A}{A} = \dfrac{d\Delta p}{\delta E}$$

因此，可以得到压力波在液体中的传递速度为

$$c = \sqrt{\dfrac{K_m}{\rho}} = \dfrac{\sqrt{\dfrac{K}{\rho}}}{\sqrt{1 + \dfrac{d}{\delta}\dfrac{K}{E}}} \tag{2-96}$$

式中　K——液体的体积模量；
　　　d——管道的内径；
　　　δ——管道的壁厚；
　　　E——管道材料的弹性模量。

对于液压传动系统中的管道来说，c 值一般在 890～1250m/s 之间。

如果阀门不是全部关闭而是部分关闭，使液体的流速从 v_0 降到 v_1，则只要在式(2-95)中以 (v_0-v_1) 代替 v_0，就可求得此时的压力升高值，即

$$\Delta p_r = \rho c(v_0 - v_1) = \rho c \Delta v \tag{2-97}$$

一般地，按阀门关闭时间常把液压冲击分为以下两种。

当阀门关闭时间 $t < T_c = 2l/c$ 时，称为直接液压冲击(或称完全冲击)。

当阀门关闭时间 $t > T_c = 2l/c$ 时，称为间接液压冲击(或称不完全冲击)。此时阀门开始关闭时产生的压力冲击波被反射回阀门的第二波将部分抵消阀门继续关闭时产生的压力冲击波，故 Δp 值将低于直接液压冲击产生的压力升高值。Δp 可近似地按下式计算

$$\Delta p'_{rmax} = \rho c v \dfrac{T_c}{t} \tag{2-98}$$

各种情况下，关闭液流通道时管内液压冲击的压力升高值见表 2-10。

表 2-10　关闭液流通道时管内液压冲击的压力升高值

阀门关闭情况	液压冲击的压力升高值 Δp
瞬时全部关闭液流 $(t \leqslant T_c)(v_1 = 0)$	$\Delta p_{rmax} = \rho c v_0$
瞬时部分关闭液流 $(t \leqslant T_c)(v_1 \neq 0)$	$\Delta p_r = \rho c(v_0 - v_1)$
逐渐全部关闭液流 $(t > T_c)(v_1 = 0)$	$\Delta p'_{rmax} = \rho c v \dfrac{T_c}{t}$
逐渐部分关闭液流 $(t < T_c)(v_1 \neq 0)$	$\Delta p'_r = \rho c(v - \acute{v})\dfrac{t_c}{t}$

不论是哪一种情况，知道了液压冲击的压力升高值 Δp 后，便可求得出现液压冲击时管道中的最高压力

$$p_{rmax} = p + \Delta p \tag{2-99}$$

式中　p——正常工作压力。

2) 运动部件制动引起的液压冲击

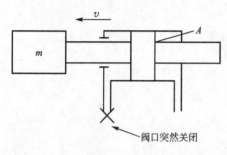

图 2.46　运动部件制动引起的液压冲击

如图 2.46 所示，活塞以速度 v_0 驱动负载 m 向左运动，活塞和负载的总质量为 $\sum m$。当突然关闭出口通道时，液体被封闭在左腔中。由于运动部件的惯性而使左腔中的液体受压，引起液体压力急剧上升。运动部件则因受到左腔内液体压力产生的阻力而制动。

设运动部件在制动时的减速时间为 Δt，速度的减小值为 Δv，则根据动量定律，可近似地求得左腔内的冲击压力 Δp，由于

$$\Delta p A \Delta t = \sum m \Delta v$$

故有

$$\Delta p = \frac{\sum m \Delta v}{A \Delta t} \tag{2-100}$$

式中　$\sum m$——运动部件(包括活塞和负载)的总质量；
　　　A——液压缸的有效工作面积；
　　　Δv——运动部件速度的变化值，$\Delta v = v_0 - v_1$；
　　　Δt——运动部件制动时间；
　　　v_0——运动部件制动前的速度；
　　　v_1——运动部件经过 Δt 时间后的速度。

上式的计算忽略了阻尼、泄漏等因素，其值比实际的要大些，因而是比较安全的。

3. 减小液压冲击的措施

针对上述各式中影响冲击压力 Δp 的因素，可采用以下措施来减小液压冲击。

(1) 适当加大管径，限制管道流速 v，一般在液压系统中把 v 控制在 4.5m/s 以内，使 Δp_{max} 不超过 5MPa 就可以认为是安全的。

(2) 正确设计阀口或设置制动装置，使运动部件制动时速度变化比较均匀。

(3) 延长阀门关闭和运动部件制动换向的时间，可采用换向时间可调的换向阀。

(4) 尽可能缩短管长，以减小压力冲击波的传播时间，变直接冲击为间接冲击。

(5) 在容易发生液压冲击的部位采用橡胶软管或设置蓄能器，以吸收冲击压力；也可以在这些部位设置安全阀，以限制压力升高。

【例 2.9】　已知图 2.43 装置中管道的内径为 $d = 20 \times 10^{-3}$m，管壁厚 $\delta = 2 \times 10^{-3}$m，管长 $l = 0.8$m，管壁材料的弹性模量 $E = 2 \times 10^5$MPa，液体的体积模量 $K = 1.4 \times 10^3$MPa，液体的密度 $\rho = 900$kg/m³，液体在管道中初始流速 $v = 4$m/s，压力 $p = 2$MPa。试求当阀门关闭时间 $t = 1 \times 10^{-3}$s 时，管内的最大压力 p_{max}。

解：先计算压力冲击波的传播速度，由式(2-96)可得

$$c=\frac{\sqrt{\dfrac{K}{\rho}}}{\sqrt{1+\dfrac{dK}{\delta E}}}=\frac{\sqrt{\dfrac{1.4\times 10^9}{900}}}{\sqrt{1+\dfrac{20\times 10^{-3}\times 1.4\times 10^9}{2\times 10^{-3}\times 2\times 10^{11}}}}=1205.7(\text{m/s})$$

再算出 T_c

$$T_c=2l/c=2\times 0.8/1205.7=1.33\times 10^{-3}(\text{s})$$

由于 $t=1\times 10^{-3}\text{s}$，所以 $t<T_c$，属于直接冲击，根据式(2-95)，有

$$\Delta p_{\text{max}}=\rho cv=900\times 1205.7\times 4=4.34\times 10^6(\text{Pa})=4.34(\text{MPa})$$

因此，管内的最大压力

$$p_{\text{max}}=p+\Delta p_{\text{max}}=2+4.34=6.34(\text{MPa})$$

2.6.2 气穴现象

在液压系统中，当流动液体某处的压力低于空气分离压时，原先溶解在液体中的空气就会游离出来，使液体中产生大量气泡，这种现象称为气穴现象。气穴现象使液压装置产生噪声和振动，使金属表面受到腐蚀。

为了说明气穴现象的机理，首先介绍一下液体的空气分离压和饱和蒸汽压。

1. 空气分离压和饱和蒸汽压

液体中不可避免地会混入和溶入一定量的空气。空气可溶解在液体中，也可以以气泡的形式混合在液体之中。液体中所含空气体积的百分数称为它的含气量。空气在液体中的溶解度与液体的绝对压力成正比，如图 2.47(a)所示。在常温常压下，石油型液压油的空气溶解度为 6%～12%。溶解在液体中的空气对液体的体积模量没有影响，但当液体的压力降低时，这些气体就会从液体中分离出来，如图 2.47(b)所示。

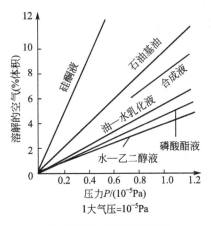

(a) 溶解度与压力之间的关系

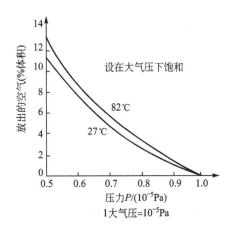

(b) 油液中放出气体体积与压力之间的关系

图 2.47 气体溶解度以及从油液中放出的气体体积与压力之间的关系

在一定温度下，当液体压力低于某值时，溶解在液体中的空气将会突然地迅速从液体中分离出来，产生大量气泡，这个压力称为液体在该温度下的空气分离压，用 p_g 表示。有气泡的液体其体积模量将明显减小。气泡越多，液体的体积模量越小。

当液体在某一温度下其压力继续下降而低于一定数值时，液体本身便迅速气化，产生大量蒸汽，这时的压力称为液体在该温度下的饱和蒸汽压，用 p_v 表示。一般情况下，液体的饱和蒸汽压 p_v 比空气分离压 p_g 要小得多。几种液体的饱和蒸汽压的数值见表 2-11。而饱和蒸汽压与温度的关系如图 2.48 所示。

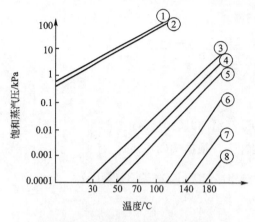

图 2.48 饱和蒸汽压与温度的关系

表 2-11 几种液体的饱和蒸汽压

种类	水		HL-32		HL-46	
温度/℃	20	50	20	50	20	50
饱和蒸汽压/Pa	2338.4	12398.9	1.799	0.013	0.384	0.011

2. 产生气穴现象的机理

如图 2.49 所示，当液体流到节流口的喉部位置时，由于流速很高，根据能量方程，该处的压力会很低。当压力降低到一定值后，以混入油液中的微细气泡为核心，它们的体积膨胀并相互聚合而形成有相当体积的气泡，这种气穴现象称为轻微气穴；如那里的压力低于液体工作温度下的空气分离压 p_g，除混入油液中的气泡膨胀聚合外，溶解于油液中的空气将突然从油液中分离而产生大量气泡，这种气穴现象称为严重气穴；如压力降低到液体工作温度下的饱和蒸汽压 p_v 以下，除溶解于油液中的空气析出会形成气泡外，油液自身将气化沸腾产生大量气泡，这种气穴现象称为强烈气穴。

在液压泵的吸油过程中，如果泵的吸油管太细、阻力太大，滤网堵塞，或泵安装位置过高、转速过快等，就会使其吸油腔的压力低于工作温度下的空气分离压，从而产生气穴。

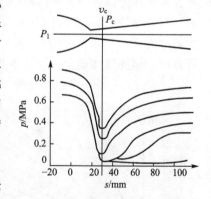

图 2.49 节流口的气穴现象

当液压系统出现气穴现象时，大量的气泡使液流的流动特性变坏，造成流量不稳，噪声骤增。特别是当带有气泡的液流进入下游高压区时，气泡受到周围高压的压缩，迅速破灭，这一过程发生于瞬间，从而使局部产生非常高的温度和冲击压力。例如，在 38℃ 温度下工作的液压泵，当泵的输出压力分别为 6.8MPa、13.6MPa 和 20.4MPa 时，气泡破灭处的局部温度可分别高达 766℃、993℃ 和 1149℃，冲击压力会达到几百兆帕。这样的局部高温和冲击压力，一方面会使金属表面疲劳，另一方面还会使工作介质变质，对金属产生化学腐蚀作用，从而使液压元件表面受到侵蚀、剥落，甚至出现海绵状的小洞穴。这种因气穴而对金属表面产生腐蚀的现象称为气蚀。气蚀会严重损伤元件表面质量，大大缩短其使用寿命，因而必须加以防范。在液压泵的吸油口、液压缸内壁等处，常可发现这种气蚀痕迹。

人们常用气穴系数 σ 来描述气穴的严重程度，气穴系数定义为

$$\sigma=\frac{\Delta p/\rho g}{v_c^2/2g}=\frac{p_c-p_v}{\rho\dfrac{v_c^2}{2}} \tag{2-101}$$

式中 p_c——节流口收缩截面处的压力，实验证明，$p_c \approx p_2$（节流口的出口压力）；

p_v——饱和蒸汽压，p_v 可用空气分离压 p_g 来代替，因为系统中局部地区的压力低于 p_g 时，产生严重气穴，工程上已经不能允许；

v_c——节流口收缩截面处的流速。

气穴系数实际上是液流在该处压力能与动能的比值。

在图 2.49 中，$v_1 \ll v_c$，故 $v_1 \approx 0$，按伯努利方程，有

$$p_1 - p_c = \frac{1}{2}\rho v_c^2$$

气穴系数 σ 的定义式可写成

$$\sigma = \frac{p_1 - p_v}{p_1 - p_c}$$

当压力采用绝对压力表示时，$p_v \approx 0$，则上式可简化为

$$\sigma = \frac{p_1}{p_1 - p_c}$$

注意到 $p_c \approx p_2$，由此得节流口进出压力比为

$$\frac{p_1}{p_2} = 1 + \frac{1}{\sigma} \tag{2-102}$$

将刚刚发生不允许的气穴现象时的气穴系数称为临界气穴系数，用 σ_c 表示。实验证明，对于孔口及锥阀来说，刚发生气穴时，有 $\sigma_c = 0.4$，因此得临界压力比为 3.5。当节流前后的压力比超过 3.5 时，就要发生气穴现象。

3. 减小气穴的措施

在液压系统中，压力低于空气分离压之处，就会产生气穴现象。为了防止气穴现象的发生，最重要的一点就是避免液压系统中的压力过分降低，具体措施如下。

(1) 减小阀孔口前后的压差，一般希望其压力比 $p_1/p_2 < 3.5$。

(2) 正确设计和使用液压泵站。

(3) 液压系统各元件的连接处要密封可靠，严防空气侵入。

(4) 液压元件材料采用抗腐蚀能力强的金属材料，提高零件的机械强度，减小零件表

面粗糙度。

习题

1. 液压油有哪几种类型？液压油的牌号与粘度有什么关系？如何选用液压油？
2. 已知某液压油的运动粘度为 $32\text{mm}^2/\text{s}$，密度为 900kg/m^3，问：其动力粘度和恩氏粘度各为多少？
3. 已知某液压油在 20℃时的恩氏粘度为°$E_{20}=10$，在 80℃时为°$E_{80}=3.5$，试求温度为 60℃时的运动粘度。
4. 什么是压力？压力有哪几种表示方法？液压系统的工作压力与外界负载有什么关系？
5. 解释如下概念：恒定流动，非恒定流动，通流截面，流量，平均流速。
6. 伯努利方程的物理意义是什么？该方程的理论式和实际式有什么区别？
7. 管路中的压力损失有哪几种？其值与哪些因素有关？
8. 在图 2.50 所示的液压缸装置中，$d_1=20\text{mm}$，$d_2=40\text{mm}$，$D_1=75\text{mm}$，$D_2=125\text{mm}$，$q_1=25\text{L/min}$。求 v_1、v_2 和 q_2 各为多少？
9. 油在钢管中流动。已知管道直径为 50mm，油的运动粘度为 $40\text{mm}^2/\text{s}$。如果油液处于层流状态，那么可以通过的最大流量不超过多少？
10. 如图 2.51 所示，油管水平放置，截面 1-1、2-2 处的内径分别为 $d_1=5\text{mm}$，$d_2=20\text{mm}$，在管内流动的油液密度 $\rho=900\text{kg/m}^3$，运动粘度 $\nu=20\text{mm}^2/\text{s}$。若不计油液流动的能量损失，试问：

(1) 截面 1-1 和 2-2 哪一处压力较高？为什么？
(2) 若管内通过的流量 $q=30\text{L/min}$，求两截面间的压力差 Δp。

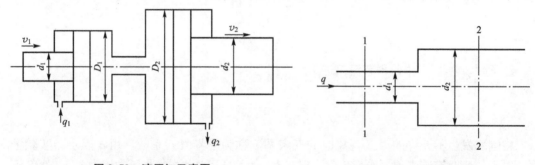

图 2.50　液压缸示意图　　　　　　图 2.51　油管示意图

11. 液压泵安装如图 2.52 所示，已知泵的输出流量 $q=25\text{L/min}$，吸油管直径 $d=25\text{mm}$，泵的吸油口距油箱液面的高度 $H=0.4\text{m}$。设油的运动粘度 $\nu=20\text{mm}^2/\text{s}$，密度为 $\rho=900\text{kg/m}^3$。若仅考虑吸油管中的沿程损失，试计算液压泵吸油口处的真空度。

12. 图 2.53 所示为液压泵的流量 $q=60\text{L/min}$，吸油管的直径 $d=25\text{mm}$，管长 $l=2\text{m}$，滤油器的压力降 $\Delta p_\zeta=0.01\text{MPa}$（不计其他局部损失）。液压油在室温时的运动粘度 $\nu=142\text{mm}^2/\text{s}$，密度 $\rho=900\text{kg/m}^3$，空气分离压 $p_\text{d}=0.04\text{MPa}$。求泵的最大安装高度 $H_{\max}$。

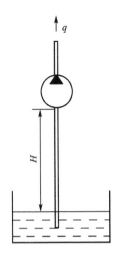

图 2.52 液压泵安装图一

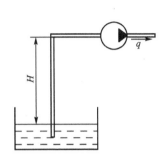

图 2.53 液压泵安装图二

13. 水平放置的光滑圆管由两段组成,如图 2.54 所示,直径分别为 $d_1=10\text{mm}$ 和 $d_0=6\text{mm}$,每段长度 $l=3\text{m}$。液体密度 $\rho=900\text{kg/m}^3$,运动粘度 $\nu=0.2\times10^{-4}\text{m}^2/\text{s}$,通过流量 $q=18\text{L/min}$,管道突然缩小处的局部阻力系数 $\zeta=0.35$。试求管内的总压力损失及两端的压力差(注:局部损失按断面突变后的流速计算)。

14. 如图 2.55 所示,油的喷管中的流动速度 $v_1=6\text{m/s}$,喷管直径 $d_1=5\text{mm}$,油的密度 $\rho=900\text{kg/m}^3$,喷管前端置一挡板,问在下列情况下管口射流对挡板壁面的作用力 F 是多少?

(1) 当壁面与射流垂直时(图 2.55(a));
(2) 当壁面与射流成 60°角时(图 2.55(b))。

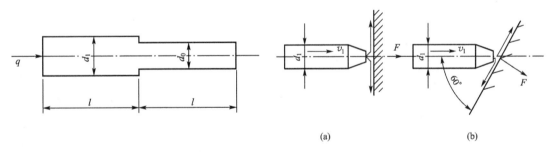

图 2.54 管道示意图 　　图 2.55 喷油管示意图

15. 内径 $d=1\text{mm}$ 的阻尼管内有 $q=0.3\text{L/min}$ 的流量流过,液压油的密度 $\rho=900\text{kg/m}^3$,运动粘度 $\nu=20\text{mm}^2/\text{s}$,欲使管的两端保持 1MPa 的压差,试计算阻尼管的理论长度。

16. 由液流的连续性方程知,通过某断面的流量与压力无关;而通过小孔的流量却与压差有关。这是为什么?

17. 液压泵输出流量可手动调节,当 $q_1=25\text{L/min}$ 时,测得阻尼孔 R(图 2.56)前的压力为 $p_1=0.05\text{MPa}$;若泵的流量增加到 $q_2=50\text{L/min}$,阻尼孔前的压力 p_2 将是多大(阻尼孔 R 分别按细长孔和薄壁孔两种情况考虑)?

18. 图 2.57 所示的柱塞受 $F=100\text{N}$ 的固定力作用而下落,缸中油液经缝隙泄出。设

缝隙厚度 $\delta=0.05\text{mm}$，缝隙长度 $L=70\text{mm}$，柱塞直径 $d=20\text{mm}$，油的动力粘度 $\mu=50\times 10^{-3}\text{Pa}\cdot\text{s}$。试计算：

(1) 当柱塞和缸孔同心时，下落 0.1m 所需时间是多少？

(2) 当柱塞和缸孔完全偏心时，下落 0.1m 所需时间又是多少？

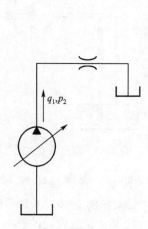

图 2.56　度量液压泵示意图

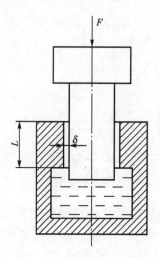

图 2.57　柱塞液压缸示意图

第3章 液压泵与液压马达

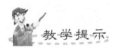 教学提示

在液压系统中，液压泵是把原动机提供的机械能转换成压力能的动力元件，其功用是给液压系统提供足够的液体压力能以驱动系统工作，因此，液压泵的输入参量为机械参量（转矩 T 和转速 n），输出参量为液压参量（压力 p 和流量 q）。而液压马达是将输入的液体压力能转换成工作机构所需要的机械能，直接或间接驱动负载连续回转而做功的执行元件，因此，液压马达的输入参量为液压参量（压力 p 和流量 q），输出参量为机械参量（转矩 T 和转速 n）。

本章介绍几种典型液压泵及液压马达的工作原理、结构特点、性能参数以及应用。

教学要求

本章要求掌握液压泵和液压马达的工作原理、主要性能参数、液压泵和液压马达的分类。了解齿轮泵的工作原理、结构特点。了解单作用、双作用叶片泵工作原理、结构特点，掌握限压式变量泵的工作原理和流量—压力特性曲线及有关计算方法，了解轴向柱塞泵和径向柱塞泵的工作原理、结构特点，掌握其流量计算方法。了解液压泵的选用，了解液压马达的工作原理，掌握其转速、转矩和功率计算方法。

液压泵与液压马达是液压系统中的能量转换装置。液压泵将原动机输出的机械能转换成压力能,属于动力元件,其功用是给液压系统提供足够的压力油以驱动系统工作,因此,液压泵的输入参量为机械参量(转矩 T 和转速 n),输出参量为液压参量(压力 p 和流量 q)。而液压马达将输入的液体压力能转换成工作机构所需要的机械能,属于执行元件,常置于液压系统的输出端,直接或间接驱动负载连续回转而做功。因此,液压马达的输入参量为液压参量(压力 p 和流量 q),输出参量为机械参量(转矩 T 和转速 n)。

本章介绍几种典型液压泵与液压马达的工作原理、结构特点、性能参数以及应用。

3.1 液压泵与液压马达概述

液压泵与液压马达属于容积式液压机械,它们都是利用密封油腔容积的大小变化来工作的。因此,抓住密封油腔容积是如何构成及如何变化的问题,是理解液压泵和液压马达的工作原理与结构特点的关键。

3.1.1 液压泵的工作原理

图 3.1 所示为一单柱塞液压泵的工作原理,图 3.1 中柱塞 2 装在缸体 3 中形成一密封油腔容积 a,柱塞在弹簧 4 的作用下始终压紧在偏心轮 1 上。当马达驱动偏心轮旋转时,柱塞便在缸体中作往复运动,使得密封油腔 a 的容积大小随之发生周期性的变化。当柱塞外伸,密封油腔 a 由小变大,局部形成真空,油箱中的油液在大气压的作用下,经吸油管顶开吸油单向阀 6 进入 a 腔而实现吸油,此时单向阀 5 在系统管道油液压力作用下关闭;反之,当柱塞被偏心轮压进缸体时,密封油腔 a 由大变小时, a 腔中吸满的油液将顶开压油单向阀 5 流入系统而实现压油,此时吸油单向阀 6 关闭。原动机驱动偏心轮不断旋转,液压泵就不断地吸油和压油。

液压泵排出油液的压力取决于油液流动需要克服的阻力,排出油液的流量取决于密封腔容积变化的大小和速率。

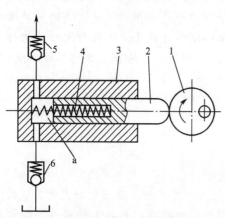

图 3.1 单柱塞容积式泵的工作原理
1—偏心轮 2—柱塞 3—缸体
4—弹簧 5—压油单向阀
6—吸油单向阀 a—密封油腔

由此可见,容积式液压泵靠密封油腔容积的变化实现吸油和压油,从而将原动机输入的机械功率 ωT(T 为输入的转矩,ω 为输入的角速度)转换成液压功率 pq(p 为输出压力,q 为输出流量);单向阀 5、6 组成配流机构(这里称为阀配流),使吸油和压油过程相互隔开,从而使系统能随负载建立起相应的压力。

这种单柱塞泵是靠密封油腔的容积变化进行工作的,称为容积式泵。构成容积式液压泵必须具备如下的 3 个条件。

(1) 容积式泵必定具有一个或若干个密封油腔。

(2) 密封油腔的容积能产生由小到大和由大到小的变化，以形成吸油和压油过程。

(3) 具有相应的配流机构以使吸油和压油过程能各自独立完成。液压泵和液压马达实现进油、压油的方式称为配流。

本节所述的各种液压泵虽然组成密封腔的零件结构各异，配流机构形式也各不相同，但它们都满足上述3个条件，都属于容积式液压泵。

从原理和能量转换的角度来说，液压泵和液压马达是可逆工作的液压元件，即向液压泵输入工作液体便可使其变成液压马达而带动负载工作，因此，液压马达同样需要满足液压泵的上述3个条件，液压马达的工作原理在此不再赘述。

必须指出，由于液压泵和液压马达的工作条件不同，对各自的性能要求也不一样，因此，同类型的液压泵和液压马达尽管结构很相似，但仍存在不少差异，所以实际使用中大部分液压泵和液压马达不能互相代用(注明可逆的除外)。

3.1.2 液压泵的主要性能参数

液压泵的性能参数主要有压力、转速、排量、流量、功率和效率。

1. 液压泵的压力(常用单位为MPa)

1) 额定压力 p_n

在正常工作条件下，按试验标准规定连续运转所允许的最高压力。额定压力值与液压泵的结构形式及其零部件的强度、工作寿命和容积效率有关。在液压系统中，安全阀的调定压力要小于液压泵的额定压力。铭牌标注的就是此压力。

2) 最高允许压力 p_{max}

p_{max}是指泵短时间内所允许超载使用的极限压力，它受泵本身密封性能和零件强度等因素的限制。

3) 工作压力 p

液压泵在实际工作时的输出压力，亦即液压泵出口的压力，泵的输出压力由负载决定。负载增加，输出压力就增大；负载减小，输出压力就降低。

4) 吸入压力

吸入压力液压泵进口处的压力。自吸式泵的吸入压力低于大气压力，一般用吸入高度衡量。当液压泵的安装高度太高或吸油阻力过大时，液压泵的进口压力将因低于极限吸入压力而导致吸油不充分，而在吸油腔产生气穴或气蚀。吸入压力的大小与液压泵的结构形式有关。

2. 液压泵的转速(常用单位为r/min)

(1) 额定转速 n。在额定压力下，根据试验结果推荐能长时间连续运行并保持较高运行效率的转速。

(2) 最高转速 n_{max}。在额定压力下，为保证使用寿命和性能所允许的短暂运行的最高转速。其值主要与液压泵的结构形式及自吸能力有关。

(3) 最低转速 n_{min}。为保证液压泵可靠工作或运行效率不致过低所允许的最低转速。

3. 液压泵的排量及流量

1) 排量 V(m^3/r，常用单位为mL/r)

在不考虑泄漏的情况下，液压泵主轴每转一周，所排出的液体的体积称为排量，又称为理论排量、几何排量。

2) 理论流量 q_t（m^3/s，常用单位为 L/min）

在不考虑泄漏的情况下，液压泵在单位时间内所排出的液体的体积称为理论流量；工程上又称空载流量。

$$q_t = nV \quad (3-1)$$

式中　n——液压泵转速（r/min）；
　　　V——液压泵排量。

3) 实际流量 q

指实际运行时，在不同压力下液压泵所排出的流量。实际流量低于理论流量，其差值 $q_l = q_t - q$ 为液压泵的泄漏量。

4) 额定流量 q_n

在额定压力、额定转速下，按试验标准规定必须保证的输出流量。

5) 瞬时理论流量 q_{tsh}

由于运动学机理，液压泵的流量往往具有脉动性，液压泵某一瞬间所排的理论流量称为瞬时理论流量。

6) 流量不均匀系数 δ_q

在液压泵的转速一定时，因流量脉动造成的流量不均匀程度。

$$\delta_q = \frac{(q_{tsh})_{max} - (q_{tsh})_{min}}{q_t} \quad (3-2)$$

4. 液压泵的功率

液压泵的输入功率为机械功率，以泵轴上的转矩 T 和角速度 ω 的乘积来表示；液压泵的输出功率为液压功率，以压力 p 和流量 q 的乘积来表示。

1) 输入功率 P_i

液压泵的输入功率是原动机的输出功率，亦即实际驱动泵轴所需的机械功率

$$P_i = \omega T = 2\pi nT \quad (3-3)$$

2) 输出功率 P_o

液压泵的输出功率（kW）用其实际流量 q 和出口压力 p 的乘积表示

$$P_o = pq \quad (3-4)$$

式中　q——液压泵的实际流量（m^3/s）；
　　　p——液压泵的出口压力（Pa）。

3) 理论功率 P_t

如果液压泵在能量转换过程中没有能量损失，则输入功率与输出功率相等，即为理论功率，用 P_t 表示

$$P_t = pq_t = 2\pi nT_t \quad (3-5)$$

式中　T_t——液压泵的理论转矩。

5. 液压泵的效率

实际上，液压泵在能量转换过程中是有损失的，因此输出功率小于输入功率，两者之

差即为功率损失。液压泵的功率损失有机械损失和容积损失,因摩擦而产生的损失是机械损失,因泄漏而产生的损失是容积损失。功率损失用效率来描述。

1) 机械效率 η_m

液体在泵内流动时,液体粘性会引起转矩损失,泵内零件相对运动时,机械摩擦也会引起转矩损失。机械效率 η_m 是泵所需要的理论转矩 T_t 与实际转矩 T 之比,即

$$\eta_m = \frac{T_t}{T} \tag{3-6}$$

2) 容积效率 η_V

在转速一定的条件下,液压泵的实际流量与理论流量之比定义为泵的容积效率,即

$$\eta_V = \frac{q}{q_t} = 1 - \frac{q_1}{q_t} = 1 - \frac{q_1}{nV} \tag{3-7}$$

式中 q_1——液压泵的泄漏量。

在液压泵结构形式、几何尺寸确定后,泄漏量 q_1 的大小主要取决于泵的出口压力,与液压泵的转速(对定量泵)或排量(对变量泵)无多大关系。因此液压泵在低转速或小排量下工作时,其容积效率将会很低,以致无法正常工作。

由于泵内相对运动零件之间间隙很小,泄漏油液的流态是层流,所以泄漏量 q_1 和泵的工作压力 p 是线性关系,即

$$q_1 = k_1 p \tag{3-8}$$

式中 k_1——泵的泄漏系数。

因此

$$\eta_V = 1 - \frac{k_1 p}{Vn} \tag{3-9}$$

3) 总效率 η

液压泵的输出功率与输入功率之比。

$$\eta = \frac{P_o}{P_i} = \frac{pq}{2\pi nT} = \frac{pq_t \eta_V}{2\pi nT_t/\eta_m} = \frac{pq_t}{2\pi nT_t} \eta_V \eta_m = \eta_V \eta_m \tag{3-10}$$

液压泵的总效率 η 在数值上等于容积效率和机械效率的乘积。液压泵的总效率、容积效率和机械效率可以通过实验测得。

液压泵的容积效率 η_{PV}、机械效率 η_{Pm}、总效率 η_P、理论流量 q_t、实际流量 q 和实际输入功率 P_i 与工作压力 p 的关系曲线如图3.2所示。它是液压泵在特定的介质、转速和油温等条件下通过实验得出的。

由图3.2可知,液压泵在零压时的流量即为 q_t。由于泵的泄漏量随压力升高而增大,所以泵的容积效率 η_{PV} 及实际流量 q 随泵的工作压力的升高而降低,压力为零时的容积效率 $\eta_{PV} = 100\%$,这时的实际流量 q 可以视为理论流量 q_t。总效率 η_P 开始随压力 p 的增大很快上升,接近液压泵的额定压力时总效率 η_P 最大,达到最大值后,又逐步降低。由容积

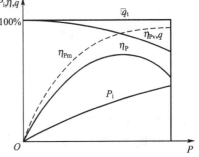

图 3.2 液压泵的性能曲线

效率和总效率这两条曲线的变化，可以看出机械效率的变化情况：泵在低压时，机械摩擦损失在总损失中所占的比重较大，其机械效率 η_{Pm} 很低。随着工作压力的提高，机械效率很快上升。在达到某一值后，机械效率大致保持不变，从而表现出总效率曲线几乎和容积效率曲线平行下降的变化规律。

6. 液压泵的噪声

液压泵的噪声通常用分贝(dB)衡量，液压泵的噪声产生的原因主要包括：流量脉动、液流冲击、零部件的振动和摩擦，以及液压冲击等。

【例 3.1】 已知中高压齿轮泵 CBG 2040 的排量为 40.6mL/r，该泵在 1450r/min 转速、10MPa 压力工况下工作，泵的容积效率 $\eta_{PV}=0.95$，总效率 $\eta_P=0.9$，求驱动该泵所需电动机的功率 P_{Pi} 和泵的输出功率 P_{Po}？

解：(1) 求泵的输出功率 P_{Po}

液压泵的实际输出流量 q_P

$$q_P = q_t \eta_{PV} = V_P n_P \eta_{PV} = 40.6 \times 10^{-3} \times 1450 \times 0.95 \text{L/min} = 55.927 \text{L/min}$$

则液压泵的输出功率为

$$P_{Po} = p_P q_P = \frac{10 \times 10^6 \times 55.927 \times 10^{-3}}{60 \times 10^3} = \frac{55.927}{6} = 9.321 \text{(kW)}$$

(2) 求电动机的功率 P_{Pi}

电动机功率即泵的输入功率为

$$P_{Pi} = \frac{P_{Po}}{\eta_P} = \frac{9.321}{0.9} = 10.357 \text{(kW)}$$

查电动机手册，应选配功率为 11kW 的电动机。

3.1.3 液压马达的主要性能参数

1. 液压马达的压力

液压马达的额定压力、最高压力、工作压力的定义同液压泵。其差别是指液压马达的进口压力，而液压马达的出口压力则称为背压。为保证液压马达运转的平稳性，一般取液压马达的背压为 (0.5~1)MPa。

2. 液压马达的排量、流量

液压马达的排量、理论流量、实际流量、额定流量及泄漏量的定义与液压泵类似，所不同的是进入液压马达的液体体积，且实际流量 q_M 大于理论流量 q_{Mt}，即 $q_M - q_{Mt} = q_l$。

3. 液压马达的转速和容积效率

液压马达在其排量一定时，其理论转速 n_t 取决于进入马达的流量 q_M，即

$$n_t = \frac{q_M}{V_M} \tag{3-11}$$

由于马达实际工作时存在泄漏，并不是所有进入液压马达的液体都推动液压马达做功，一小部分液体因泄漏损失掉了，所以计算实际转速时必须考虑马达的容积效率 η_{MV}。当液压马达的泄漏流量为 q_l 时，则输入马达的实际流量为 $q_M = q_t + q_l$。液压马达的容积效率定义为理论流量 q_{Mt} 与实际流量 q_M 之比，即

$$\eta_{MV}=\frac{q_{Mt}}{q_M}=\frac{q_M-q_l}{q_M}=1-\frac{q_l}{q_M} \qquad (3-12)$$

则马达实际输出转速为

$$n_M=\frac{q_M-q_l}{V_M}=\frac{q_M}{V_M}\eta_{MV} \qquad (3-13)$$

4. 液压马达的转矩和机械效率

设马达的进、出口压力差为 Δp，排量为 V_M，不考虑功率损失，则液压马达输入液压功率等于输出机械功率，即

$$\Delta p q_t = T_t \omega_t$$

因为 $q_t=V_M n_t$，$\omega_t=2\pi n_t$，所以马达的理论转矩 T_t 为

$$T_t=\frac{\Delta p V_M}{2\pi} \qquad (3-14)$$

式(3-14)称为液压转矩公式。显然，根据液压马达排量 V_M 的大小可以计算在给定压力下马达的理论转矩的大小，也可以计算在给定负载转矩下马达的工作压力的大小。

由于马达实际工作时存在机械摩擦损失，计算实际输出转矩 T 时，必须考虑马达的机械效率 η_{Mm}。当液压马达的转矩损失为 ΔT 时，则马达的实际输出转矩为 $T=T_t-\Delta T$。液压马达的机械效率定义为实际输出转矩 T 与理论转矩 T_t 之比，即

$$\eta_{Mm}=\frac{T}{T_t}=\frac{T_t-\Delta T}{T_t}=1-\frac{\Delta T}{T_t} \qquad (3-15)$$

5. 液压马达的功率与总效率

1) 输入功率 P_{Mi}

液压马达的输入功率为液压功率，即进入液压马达的流量 q_M 与液压马达进口压力 p_M 的乘积。

$$P_{Mi}=p_M q_M \qquad (3-16)$$

2) 输出功率 P_{Mo}

液压马达的输出功率等于液压马达的实际输出转矩 T_M 与输出角速度 ω_M 的乘积。

$$P_{Mo}=T_M \omega_M \qquad (3-17)$$

3) 液压马达的总效率

液压马达的总效率 η_M 为

$$\eta_M=\frac{P_{Mo}}{P_{Mi}}=\frac{2\pi n_M T_M}{p_M q_M}=\eta_{Mm}\eta_{MV} \qquad (3-18)$$

由上式可知，液压马达的总效率等于机械效率与容积效率的乘积，这一点与液压泵相同。但必须注意，液压马达的机械效率、容积效率的定义与液压泵的机械效率、容积效率的定义是有区别的。

6. 液压马达的启动性能

液压马达的启动性能主要由启动转矩和启动机械效率来描述。启动转矩是指液压马达由静止状态启动时液压马达轴上所能输出的转矩。启动转矩通常小于同一工作压差，但处于运行状态下所输出的转矩。

启动机械效率是指液压马达由静止状态启动时，液压马达实际输出的转矩与它在同一

工作压差时的理论转矩之比。

启动转矩和启动机械效率的大小，除与摩擦转矩有关外，还受转矩脉动性的影响，当输出轴处于不同相位时，其启动转矩的大小稍有差别。

7. 液压马达的最低稳定转速

最低稳定转速 $n_{\min}$ 是指液压马达在额定负载下，不出现爬行现象的最低转速。液压马达的最低稳定转速除与结构形式、排量大小、加工装配质量有关外，还与泄漏量的稳定性及工作压差有关。一般希望最低稳定转速越小越好，这样可以扩大液压马达的变速范围。

8. 液压马达的制动性能

当液压马达用来起吊重物或驱动车轮时，为了防止在停车时重物下落或车轮在斜坡上自行下滑，对其制动性要有一定的要求。

制动性能一般用额定转矩下，切断液压马达的进出油口后，因负载转矩变为主动转矩使液压马达变成泵工况，出口油液转为高压，油液由此向外泄漏导致马达缓慢转动的滑转值予以评定。

9. 液压马达的工作平稳性及噪声

液压马达的工作平稳性用理论转矩的不均匀系数 $\delta_M = (T_{tmax} - T_{tmin})/T_t$ 评价。不均匀系数除与液压马达的结构形式有关外，还取决于马达的工作条件和负载的性质。与液压泵相同，液压马达的噪声亦分为机械噪声和液压噪声。为降低噪声，除设计时要注意外，使用时亦要重视。

【例 3.2】 某液压马达的排量 $V_M = 250 \text{mL/r}$，入口压力为 9.8MPa，出口压力为 0.49MPa，其总效率 $\eta_M = 0.9$，容积效率 $\eta_{MV} = 0.92$。当输入流量为 22L/min 时，求液压马达输出转矩和转速各为多少？

解：

（1）液压马达的理论流量 q_{tM} 为
$$q_{tM} = q_M \eta_{MV} = 22 \times 0.92 \text{L/min} = 20.24 \text{L/min}$$

（2）液压马达的实际转速
$$n_M = \frac{q_{tM}}{V_M} = \frac{20.24 \times 10^3}{250} \text{r/min} = 80.96 \text{r/min}$$

（3）液压马达的输出转矩
$$T_M = \frac{\Delta p_M V_M}{2\pi} \times \frac{\eta_M}{\eta_{VM}} = \frac{(9.8 - 0.49) \times 10^6 \times 250 \times 10^{-6} \times 0.9}{2\pi \times 0.92} = 362.56 (\text{N} \cdot \text{m})$$

或者
$$T_M = \frac{\Delta p_M q_M}{2\pi n_M} \eta_M = \frac{9.31 \times 10^6 \times 22 \times 10^{-3}}{2\pi \times 80.96} \times 0.9 = 362.56 (\text{N} \cdot \text{m})$$

3.1.4 液压泵和液压马达的分类

液压泵和液压马达的类型很多。液压泵按主要运动构件的形状和运动方式分为齿轮泵、叶片泵、柱塞泵和螺杆泵 4 大类，按排量能否改变可分为定量泵和变量泵。

液压马达按结构可分为齿轮马达、叶片马达、柱塞马达和螺杆马达；按排量能否改变可分为定量马达、变量马达;按其工作特性可分为高速液压马达和低速液压马达。把额定转速在 500r/min 以上的马达称为高速小扭矩马达,这类马达有齿轮马达、螺杆马达、叶片马达、柱塞马达等。高速马达的特点是:转速较高,转动惯量小,便于启动和制动,调节和换向灵敏度高,但输出扭矩不大,仅几十牛米到几百牛米。额定转速在 500r/min 以下的马达称为低速大扭矩液压马达,这类马达有单作用连杆型径向柱塞马达和多作用内曲线径向柱塞马达等。低速马达的特点是:排量大、体积大、转速低,有的可低到每分钟几转甚至不到一转,因此可直接与工作机构连接,不需要减速装置,使传动机构大大简化。通常低速液压马达的输出扭矩较大,可达几千牛米到几万牛米。

液压泵和液压马达也可以按压力来分类,见表 3-1。

表 3-1 压力分级

压力分级	低压	中压	中高低	高压	超高压
压力/MPa	≤2.5	>2.5~8	>8~16	>16~32	>32

液压泵和液压马达一般图形符号如图 3.3 所示。

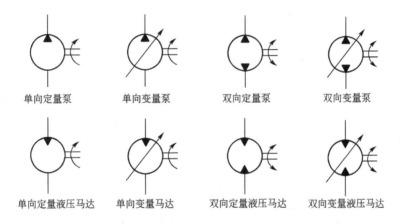

图 3.3 液压泵和液压马达的图形符号

3.2 齿 轮 泵

齿轮泵的主要特点是结构简单、体积小、重量轻、转速高且范围大、自吸性能好、对油液污染不敏感、工作可靠、维护方便和价格低廉等,在一般液压传动系统,特别是工程机械上应用较为广泛。其主要缺点是流量脉动和压力脉动较大、泄漏损失大、容积效率较低、噪声较严重、容易发热、排量不可调节,只能作定量泵,故适用范围受到一定限制。

齿轮泵按齿轮啮合形式的不同分为外啮合和内啮合两种;按齿形曲线的不同分为渐开线齿形和非渐开线齿形两种。

3.2.1 齿轮泵的工作原理

图 3.4 为外啮合渐开线齿轮泵的结构简图。外啮合渐开线齿轮泵主要由一对几何参数

完全相同的主动齿轮4和从动齿轮8、传动轴6、泵体3、前泵盖5、后泵盖1等零件组成。

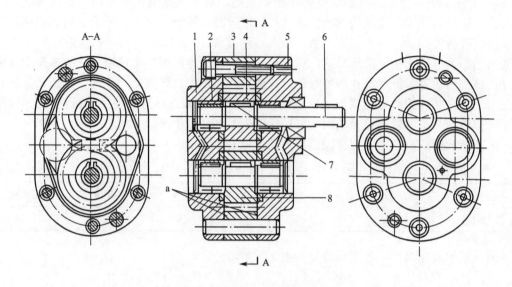

图3.4 CB-B型齿轮泵结构图
1—后泵盖 2—滚针轴承 3—泵体 4—主动齿轮
5—前泵盖 6—传动轴 7—键 8—从动齿轮

图3.5为其工作原理图。由于齿轮两端面与泵盖的间隙以及齿轮的齿顶与泵体内表面的间隙都很小,因此,一对啮合的轮齿,将泵体、前后泵盖和齿轮包围的密封容积分隔成左、右两个密封工作腔。当原动机带动齿轮如图3.5的方向旋转时,右侧的轮齿不断退出啮合,而左侧的轮齿不断进入啮合,因啮合点的啮合半径小于齿顶圆半径,右侧退出啮合的轮齿露出齿间,其密封工作腔容积逐渐增大,形成局部真空,油箱中的油液在大气压力的作用下经泵的吸油口进入这个密封油腔——吸油腔。随着齿轮的转动,吸入的油液被齿间转移到左侧的密封工作腔。左侧进入啮合的轮齿使密封油腔——压油腔容积逐渐减小,把齿间油液挤出,从压油口输出,压入液压系统。这就是齿轮泵的吸油和压油过程。齿轮连续旋转,泵连续不断地吸油和压油。

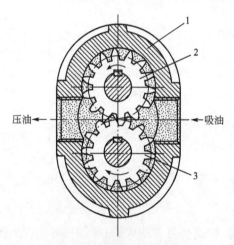

图3.5 齿轮泵的工作原理图
1—壳体 2—主动齿轮 3—从动齿轮

齿轮啮合点处的齿面接触线将吸油腔和压油腔分开,起到了配油(配流)作用,因此不需要单独设置配油装置,这种配油方式称为直接配油。

3.2.2 齿轮泵的排量和流量计算

外啮合齿轮泵的排量是这两个轮齿的齿间槽容积的总和。如果近似地认为齿间槽的容积等于轮齿的体积,那么外啮合齿轮泵的排量计算式为

$$V=\pi DhB=2\pi zm^2 B \tag{3-19}$$

式中 D——齿轮节圆直径；
  h——齿轮扣除顶隙部分的有效齿高，$h=2zm$；
  B——齿轮齿宽；
  Z——齿轮齿数；
  M——齿轮模数。

实际上齿间槽的容积要比轮齿的体积稍大，而且齿数越少其差值越大，考虑到这一因素，在实际计算时，常用经验数据 6.66 来替代 2π。

由排量公式可以看出，齿轮泵的排量与模数的平方成正比，与齿数成正比，而决定齿轮分度圆直径是模数与齿数的乘积，它与模数、齿数成正比，可见要增大泵的排量，增大模数比增大齿数更有利。换句话说，要使排量不变，而体积减小，则应增大模数并减少齿数。因此，齿轮泵的齿数 z 一般较小，为防止根切，一般需采用正移距变位齿轮，所移距离为一个模数 (m)，即节圆直径 $D=m(z+1)$。齿轮泵的实际流量 q 为

$$q=Vn\eta_V=6.66zm^2 Bn\eta_V \tag{3-20}$$

式中 n——齿轮泵的转速；
  η_V——齿轮泵的容积效率。

上式中的 q 是齿轮泵的平均流量。根据齿轮啮合原理可知，齿轮在啮合过程中，啮合点是沿啮合线不断变化的，造成吸、压油腔的容积变化率也是变化的，因此齿轮泵的瞬时流量是脉动的。设 (q_{shmax}) 和 (q_{shmin}) 分别表示齿轮泵的最大和最小瞬时流量，则其流量的脉动率 δ_q 为

$$\delta_q=\frac{(q_{shmax})-(q_{shmin})}{q}\times 100\% \tag{3-21}$$

研究表明，其脉动周期为 $2\pi/z$，齿数越少，脉动率 δ_q 越大。例如，$z=6$ 时，δ_q 值高达 34.7%，而 $z=12$ 时，δ_q 值为 17.8%。在相同情况下，内啮合齿轮泵的流量脉动率要小得多。根据能量方程，流量脉动会引起压力脉动，使液压系统产生振动和噪声，直接影响系统的工作平稳性。

3.2.3 齿轮泵的结构特点分析

1. 泄漏问题

液压泵中构成密封工作容积的零件要作相对运动，因此存在间隙。由于泵吸、压油腔之间存在压力差，其间隙必然产生泄漏，泄漏影响液压泵的性能。外啮合齿轮泵压油腔的压力油主要通过 3 条途径泄漏到低压腔。

1) 泵体的内圆和齿顶径向间隙的泄漏

由于齿轮转动方向与泄漏方向相反，且压油腔到吸油腔通道较长，所以其泄漏量相对较小，约占总泄漏量的 10%～15%。

2) 齿面啮合处间隙的泄漏

由于齿形误差会造成沿齿宽方向接触不好而产生间隙，使压油腔与吸油腔之间造成泄漏，这部分泄漏量很少。

3) 齿轮端面间隙的泄漏

齿轮端面与前后盖之间的端面间隙较大，此端面间隙封油长度又短，所以泄漏量最大，占总泄漏量的 70%～75%。

由此可知，齿轮泵由于泄漏量较大，其额定工作压力不高，要想提高齿轮泵的额定压力并保证较高的容积效率，首先要解决沿端面间隙的泄漏问题。

2. 困油现象

为了保证齿轮传动的平稳性，保证吸压油腔严格地隔离以及齿轮泵供油的连续性，根据齿轮啮合原理，就要求齿轮的重叠系数 ε 大于 1(ε 一般取 1.05～1.3)，这样在齿轮啮合中，在前一对轮齿退出啮合之前，后一对轮齿已经进入啮合。在两对轮齿同时啮合的时段内，就有一部分油液困在两对轮齿所形成的封闭油腔内，既不与吸油腔相通也不与压油腔相通。这个封闭油腔的容积，开始时随齿轮的旋转逐渐减少，以后又逐渐增大(图 3.6)，封闭油腔容积减小时，困在油腔中的油液受到挤压，并从缝隙中挤出而产生很高的压力，使油液发热，轴承负荷增大；而封闭油腔容积增大时，又会造成局部真空，产生气穴现象。这些都将使齿轮泵产生强烈的振动和噪声，这就是困油现象。

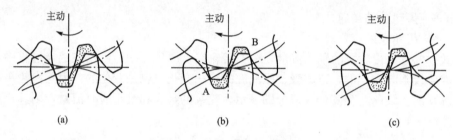

图 3.6 齿轮泵的困油现象

消除困油现象的措施是在齿轮端面两侧板上开卸荷槽。困油区油腔容积增大时，通过卸荷槽与吸油区相连，反之与压油区相连。卸荷槽的形式有各种各样，有对称开口的，有不对称开口的，有开圆形盲孔卸荷槽的，如 CB-G 泵。

3. 不平衡的径向力

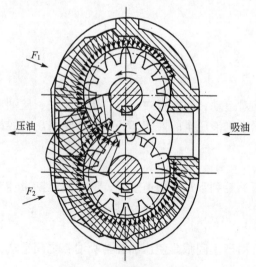

图 3.7 齿轮泵径向受力图

在齿轮泵中，作用在齿轮外圆上的压力是不相等的，如图 3.7 所示。齿轮周围压力不一致，使齿轮轴受力不平衡。压油腔压力愈高，这个力愈大。从泵的进油口沿齿顶圆圆周到出油口齿和齿之间的油的压力，从压油口到吸油口按递减规律分布，这些力的合力构成了一个不平衡的径向力。其带来的危害是加重了轴承的负荷，并加速了齿顶与泵体之间磨损，影响泵的寿命。可以采用减小压油口的尺寸、加大齿轮轴和轴承的承载能力、开压力平衡槽、适当增大径向间隙等办法来解决。

3.2.4 提高齿轮泵压力的措施

要提高齿轮泵的工作压力,必须减小端面泄漏,可以采用浮动轴套或浮动侧板,使轴向间隙能自动补偿。图 3.8 所示是采用浮动轴套的结构。利用特制的通道,把压力油引入右腔,在油压的作用下浮动轴套以一定的压紧力压向齿轮,压力愈高、压得愈紧,轴向间隙就愈小,因而减少了泄漏。当泵在较低压力下工作时,压紧力随之减小,泄漏也不会增加。采用了浮动轴套结构以后,浮动轴套在压力油作用下可以自动补偿端面间隙的增大,从而限制了泄漏,提高了压力,同时具有较高的容积效率与较长的使用寿命,因此在高压齿轮泵中应用十分普遍。

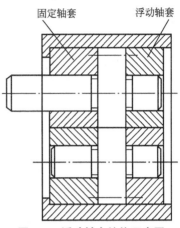

图 3.8 浮动轴套结构示意图

3.2.5 内啮合齿轮泵

内啮合齿轮泵有渐开线齿轮泵和摆线齿轮泵两种,如图 3.9 所示。一对相互啮合的小齿轮和内齿轮与侧板所围成的密闭油腔被轮齿啮合线和月牙板分隔成两部分,如图 3.9(a)所示。图 3.9(b)为不设隔板的摆线齿轮泵。当传动轴带动小齿轮按图示方向旋转时,图中左侧轮齿逐渐脱开啮合,密闭油腔容积增大,为吸油腔;右侧轮齿逐渐进入啮合,密闭油腔容积减小,为压油腔。

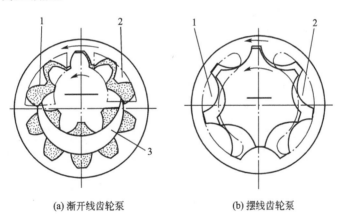

(a) 渐开线齿轮泵　　　　　　(b) 摆线齿轮泵

图 3.9 内啮合齿轮泵
1—吸油腔　2—压油腔　3—隔板

内啮合齿轮泵的最大优点是:无困油现象,流量脉动较外啮合齿轮泵小,噪声低。当采用轴向和径向间隙补偿措施后,泵的额定压力可达 30MPa,容积效率和总效率均较高。缺点是:齿形复杂,加工精度要求高,价格较贵。

3.2.6 螺杆泵

螺杆泵中由于主动螺杆 3 和从动螺杆 1 的螺旋面在垂直于螺杆轴线的横截面上是一对共轭摆线齿轮,故又称为摆线螺杆泵。螺杆泵的工作机构是由互相啮合且装于定子内的三根螺杆组成，中间一根为主动螺杆，由电机带动，旁边两根为从动螺杆，另外还有前、后端盖等主要零件组成，如图3.10所示。螺杆的啮合线把主动螺杆和从动螺杆的螺旋槽分隔成多个相互隔离的密封腔。随着螺杆的旋转，这些密封工作腔一个接一个地在左端形成，不断地从左到右移动。主动螺杆每转一周，每个密封工作腔便移动一个螺旋导程。因此，在左端吸油腔，密封油腔容积逐渐增大，进行吸油，而在右端压油腔，密封油腔容积逐渐减小，进行压油。由此可知，螺杆直径愈大，螺旋槽愈深，泵的排量就愈大；螺杆愈长，吸油口2和压油口4之间密封层次愈多，泵的额定压力就愈高。

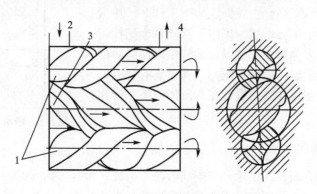

图3.10 螺杆泵
1—从动螺杆 2—吸油腔 3—主动螺杆 4—压油腔

螺杆泵优点是：结构简单紧凑、体积小、动作平稳、噪声小、流量和压力脉动小、螺杆转动惯量小、快速运动性能好。因此已较多地应用于精密机床的液压系统中。其缺点是：由于螺杆形状复杂，加工比较困难。

3.3 叶 片 泵

叶片泵分单作用式和双作用式。单作用式叶片泵转子旋转一周进行一次吸油、压油，并且流量可调节，故称变量泵。双作用叶片泵转子旋转一周，进行二次吸油、压油，并且流量不可调节，故称定量泵。

3.3.1 单作用叶片泵

1. 单作用叶片泵的工作原理

如图3.11所示，单作用叶片泵是由转子1、定子2、叶片3和配流盘等组成。

定子的工作表面是一个圆柱表面，定子与转子不同心安装，有一偏心距 e。叶片装在转子槽内可灵活滑动。转子回转时，叶片在离心力和叶片根部压力油的作用下，叶片顶部贴紧在定子内表面上。在定子、转子每两个叶片和两侧配流盘之间就形成了一个个密封腔。当转子按图示方向转动时，图3.11中右边的叶片逐渐伸出，密封腔容积逐渐增大，产生局部真空，于是油箱中的油液在大气压力作用下，由吸油口经配流盘的吸油窗口（图3.11中虚线的形槽），进入这些密封腔，这就是吸油过程。反之，图3.11中左面的叶片被定子内表面推入转子的槽内,密封腔容积逐渐减小,腔内的油液受到压缩,经配流盘的压油窗口排到泵外,这就是压油过程。在吸油腔和压油腔之间有一段封油区,将吸油腔和压油腔隔开。泵转一周,叶片在槽中滑动一次,进行一次吸油、压油,故又称单作用式叶片泵。

2. 单作用叶片泵的流量

根据定义,叶片泵的排量 V 应由油泵中密封腔数目 Z 和每个密封腔在压油时容积变化量 ΔV 的乘积来决定(图 3.12)。单作用叶片泵每个密封腔在转子转一周中的容积变化量 $\Delta V = V_1 - V_2$。设定子内半径为 R,定子宽度为 B,两叶片之间夹角为 β。两个叶片形成一个工作容积 ΔV 近似等于扇形体积 V_1 和 V_2 之差,即

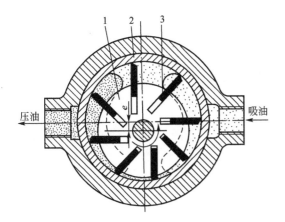

图 3.11 单作用叶片泵的工作原理
1—转子 2—定子 3—叶片

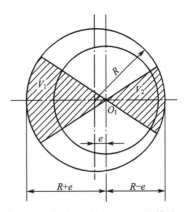

图 3.12 单作用叶片泵排量计算简图

$$\Delta V = V_1 - V_2 = \frac{1}{2}\beta B \left[(R+e)^2 - (R-e)^2\right]$$

$$= \frac{4\pi}{Z} ReB$$

式中 β——两相邻叶片间的夹角 $\beta = \frac{2\pi}{Z}$;

Z——叶片的数目。

因此,单作用叶片泵的排量为

$$V = Z\Delta V = 4\pi ReB$$

若泵的转速为 n,容积效率为 η_V,单作用叶片泵的理论流量和实际流量分别为

$$q_t = Vn = 4\pi ReBn$$

$$q = q_t \eta_V = 4\pi ReBn\eta_V$$

单作用叶片泵的流量是有脉动的,理论分析表明,泵内的叶片数愈多,流量脉动率愈小,此外,奇数叶片泵的脉动率比偶数叶片泵的脉动率小。

另外,由于单作用叶片泵转子和定子之间存在偏心距 e,所以使泵的流量可调节,改变偏心距 e 便可改变 q,故又称变量泵。但由于吸、压油腔压力不平衡,使轴承受到较大

的载荷,因此又称非卸荷式的叶片泵。

3.3.2 双作用式叶片泵

1. 双作用式叶片泵的工作原理

如图 3.13 所示,双作用式叶片泵的组成同单作用式叶片泵。它分别有两个吸油口和两个压油口。定子1和转子2的中心重合,定子内表面近似于长径为 R,短径为 r 的椭圆形,并有两对均布的配油窗口。两个相对的窗口连通后分别接进出油口构成两个吸油口和两个压油口。转子每转一周,每个密封腔完成两次吸油和压油,所以又称双作用式叶片泵。

2. 双作用式叶片泵的流量

双作用式叶片泵的流量推导过程如图 3.14 所示,同单作用式叶片泵。在不考虑叶片的厚度和倾角影响时双作用式叶片泵的排量为

$$V=2Z\frac{\beta}{2}(R^2-r^2)B=2\pi B(R^2-r^2)$$

式中 R——定子大圆弧半径;
r——定子小圆弧半径;
B——叶片宽度。

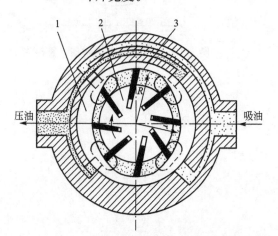

图 3.13 双作用叶片泵的工作原理
1—定子 2—转子 3—叶片

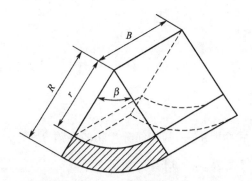

图 3.14 双作用叶片泵排量计算简图

泵的输出流量

$$q=V n\eta_V=2\pi B(R^2-r^2)n\eta_V$$

实际上叶片是有一定厚度的,叶片所占的工作空间,并不起输油作用,故若叶片厚度为 b,叶片倾角为 θ,则转子每转因叶片所占体积而造成的排量损失

$$V'=\frac{2B(R-r)}{\cos\theta}bZ$$

因此,考虑上述影响后泵的实际流量为

$$q=(V-V')n\eta_V=2B\left[\pi(R^2-r^2)-\frac{(R-r)bZ}{\cos\theta}\right]n\eta_V$$

式中 B——叶片宽度；
　　　b——叶片厚度；
　　　Z——叶片数目；
　　　θ——叶片倾角。

从双作用叶片泵的结构可看出，两个吸油口和两个压油口对称分布，径向压力平衡，轴承上不受附加载荷，所以又称卸荷式，同时排量不可变，因此又称为定量叶片泵。

有的双作用式叶片泵，叶片根部槽与该叶片所处的工作区相通，叶片处在吸油区时，叶片根部与吸油区相通，叶片处在压油区时，叶片根部槽与压油区相通，这样，叶片在槽中往复运动时，根部槽也相应地吸油和压油，这一部分输出的油液，正好补偿了由于叶片厚度所造成的排量损失，这种泵的排量就应按前式计算。

3.3.3 限压式变量叶片泵

如上所述，单作用叶片泵是由于转子相对定子有一个偏心距 e，使泵轴在旋转时，密封工作油腔的容积产生变化，密封油腔的容积变化量即为泵的排量，如果改变 e 的大小，就会改变泵的排量，这就是变量叶片泵的工作原理。

限压式变量叶片泵按改变偏心方式分手动调节变量和自动调节变量，自动调节变量中又分限压式、稳流量式、恒压式等。

1. 限压式变量叶片泵的工作原理

限压式变量叶片泵的流量随负载大小自动调节，按照控制方式分内反馈和外反馈两种形式。

图 3.15 所示为外反馈限压式变量叶片泵的工作原理：转子的中心 O 是固定不变的，定子（其中心 O_1）可以水平左右移动，它在限压弹簧的作用下被推向右端，使定子和转子的中心保持一个偏心距 $e_{\max}$。当泵的转子按逆时针旋转时，转子上部为压油区，压力油的

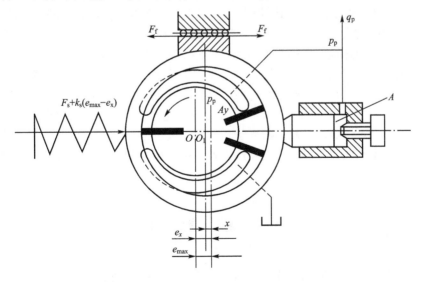

图 3.15　外反馈限压式变量叶片泵的工作原理

合力把定子向上压在滑块滚针支承上。定子右边有一个反馈柱塞,它的油腔与泵的压油腔相通。设反馈柱塞面积为 A,则作用在定子上的反馈力为 pA,当液压力小于弹簧力时,弹簧把定子推向最右边,此时偏心距为最大值 e_{max},$q = q_{max}$。当泵的压力增大,$pA > F_s$ 时,反馈力克服弹簧力,把定子向左推移,偏心距减小,流量降低,当压力大到泵内偏心距所产生的流量全部用于补偿泄漏时,泵的输出流量为零,不管外载再怎样加大,泵的输出压力不会再升高,这就是此泵被称为限压式变量叶片泵的由来。至于外反馈的意义则表示反馈力是通过柱塞从外面加到定子上的。

2. 限压式变量叶片泵的特性曲线

当 $p < p_c$ 时,油压的作用力还不能克服弹簧的预压紧力,这时定子的偏心距不变,泵的理论流量不变,但由于供油压力增大时,泄漏量增大,实际流量减小,所以流量曲线为 AB 段;当 $p = p_c$ 时,B 为特性曲线的转折点;当 $p > p_c$ 时,弹簧受压缩,定子偏心距减小,使流量降低,如图 3.16 的曲线 BC 所示。随着泵工作压力的增大,偏心距减小,理论流量减小,泄漏量增大,当泵的理论流量全部用于补偿泄漏量时,泵实际向外输出的流量等于零,这时定子和转子间维持一个很小的偏心量,这个偏心量不会再继续减小,泵的压力也不会继续升高。这样,泵输出压力也就被限制到最大值 p_{max}。液压系统采用这种变量泵,可以省略溢流阀,并可减少油液发热,从而减小油箱的尺寸,使液压系统比较紧凑。

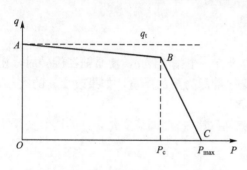

图 3.16 限压式变量叶片泵的特性曲线

3. 特性曲线的调节

由前面的工作原理可知:改变反馈柱塞的初始位置,可以改变初始偏心距 e_{max} 的大小,从而改变了泵的最大输出流量,即使曲线 AB 段上下平移;改变压力弹簧的预紧力 F_s 的大小,可以改变 P_c 的大小,使曲线拐点 B 左右平移;改变压力弹簧的刚度,可以改变 BC 的斜率,弹簧刚度增大,BC 段的斜率变小,曲线 BC 段趋于平缓。掌握了限压式变量泵的上述特性,可以很好地为实际工作服务。例如,在执行元件的空行程、非工作阶段,可使限压式变量泵工作在曲线的 AB 段,这时泵输出流量最大,系统速度最高,从而提高了系统的效率;在执行元件的工作行程,可使泵工作在曲线的 BC 段,这时泵输出较高压力并根据负载大小的变化自动调节输出流量的大小,以适应负载速度的要求。又如调节反馈柱塞的初始位置,可以满足液压系统对流量大小不同的需要;调节压力弹簧的预紧力,可以适应负载大小不同的需要等。若把调压弹簧拆掉,换上刚性挡块,限压式变量泵就可以作定量泵使用。

3.4 柱 塞 泵

柱塞泵按柱塞排列和运动方式的不同分为轴向柱塞泵和径向柱塞泵。轴向柱塞泵是柱塞的轴线和传动轴的轴线平行,径向柱塞泵是柱塞的轴线和传动轴的轴线垂直。柱塞泵按其结构不同可分为斜盘式和斜轴式两大类,目前我国生产的3个基本系列为 CY14-1 型、ZB 型、Z*B 型,并且结构上容易实现无级变量等优点,所以在国防工业、民用工业都得到广泛应用,一般在液压系统若需高压时,均用它来发挥作用,如龙门刨床、拉床、液压机、起重机械等设备的液压系统。

3.4.1 径向柱塞泵

1. 径向柱塞泵的工作原理

径向柱塞泵的工作原理如图 3.17 所示。它是由柱塞 1、缸体 2(又称转子)、衬套(传动轴)3、定子 4 和配油轴 5 等组成。转子的中心与定子中心之间有一偏心距 e,柱塞径向排列安装在缸体中,缸体由原动机带动连同柱塞一起旋转,柱塞在离心力(或低压油)作用下抵紧定子内壁,当转子连同柱塞按图示方向旋转时,右半周的柱塞往外滑动,柱塞底部的密封工作腔容积增大,于是通过配流轴轴向孔吸油;左半周的柱塞往里滑动,柱塞孔内的密封工作腔容积减小,于是通过配流轴轴向孔压油。转子每转一周,柱塞在缸孔内吸油、压油各一次。

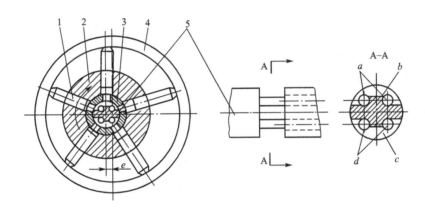

图 3.17 径向柱塞泵的工作原理
1—柱塞 2—转子 3—衬套 4—定子 5—配流轴

当移动定子改变偏心距 e 的大小时,泵的排量就得到改变;当移动定子使偏心距从正值变为负值时,泵的吸、压油腔就互换。因此径向柱塞泵可以制成单向或双向变量泵。径向柱塞泵径向尺寸大,转动惯量大,自吸能力差,且配流轴受到径向不平衡液压力的作用,易于磨损,这些都限制了其转速与压力的提高,故应用范围较小。常用于拉床、压力机或船舶等大功率系统。

2. 排量和流量计算

当径向柱塞泵的定子和转子间的偏心距为 e 时,柱塞在缸体孔内的运动行程为 $2e$,若柱塞数为 Z,柱塞直径为 d,则泵的排量为

$$V = \frac{\pi}{4} d^2 \cdot 2eZ$$

若泵的转速为 n,容积效率为 η_V,则泵的流量为

$$q=\frac{\pi}{4}d^2 \cdot 2eZn\eta_V$$

由于柱塞在缸体中移动的速度是变化的,各个柱塞在缸中移动的速度也不相同,所以径向柱塞泵的瞬时流量是脉动的。柱塞数为奇数要比柱塞数为偶数时的瞬时流量脉动小得多,因此,径向柱塞泵的柱塞数为奇数。

3.4.2 轴向柱塞泵

轴向柱塞泵的缸体直接安装在传动轴上,通过斜盘使柱塞相对缸体往复运动。压力和功率较小者,以柱塞的球端直接与斜盘做点接触;压力和功率较大者,柱塞通常是通过滑履与斜盘接触。

1. 直轴式轴向柱塞泵的工作原理

柱塞泵是依靠柱塞在缸体内作往复运动的,使得密封油腔容积变化而实现吸油和压油,如图 3.18 所示。斜盘式轴向柱塞泵是由缸体4(转子)、柱塞3、倾斜盘2、配油盘5、传动轴1等主要部件组成。柱塞和配油盘形成若干个密封工作油腔,斜盘倾角(斜盘工作表面与垂直于轴线方向的夹角)为 γ。油缸体内均布着几个柱塞孔,柱塞在柱塞孔里滑动。当传动轴带着缸体和柱塞一起旋转时(图 3.18 逆时针),柱塞在缸体内作往复运动,在自下而上回转的半周内,柱塞逐渐向外伸出,使缸体内密封油腔容积增加,形成局部真空,于是油液就通过配油盘的吸油窗口 a 进入缸体中。在自上而下的半周内,柱塞被斜盘推着逐渐向里缩回,使密封油腔容积减小,将液体从配油窗口 b 排出去。这样,缸体每转动一周,完成一次吸油和一次压油。

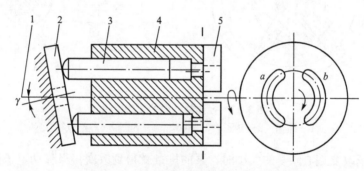

图 3.18 直轴式轴向柱塞泵的工作原理
1—传动轴 2—斜盘 3—柱塞 4—缸体 5—配流盘

2. 轴向柱塞泵的流量

在图 3.18 中,柱塞的直径为 d,柱塞分布圆直径为 D,斜盘倾角为 γ 时,柱塞的行程为

$$S=D\mathrm{tg}\gamma$$

当柱塞数为 Z 时,柱塞泵的排量为

$$V=\frac{\pi}{4}d^2DZ\mathrm{tg}\gamma$$

若泵的转速为 n,容积效率为 η_V,则泵的实际输出流量为

$$q=\frac{\pi}{4}d^2DZn\eta_V\mathrm{tg}\gamma$$

实际上泵的输出流量是脉动的,从表 3-2 中可看到,当柱塞数为奇数时,脉动较小;当柱塞数愈多,则脉动率 σ_q 愈小。所以在结构和强度计算允许的情况下,尽可能使柱塞数多,明显对输出流量有利,通常采用 5、7、9、11,而轴向柱塞泵从结构上采用 7 个柱塞时布置较为合理,也是最适用的。

表 3-2 轴向柱塞泵 Z 和 σ_q 的关系

Z	5	6	7	8	9	10	11	12
$\sigma_q/\%$	4.98	13.9	2.53	7.8	1.53	5.0	1.02	3.53

从工作原理得知,由于斜盘和缸体呈一个倾斜角,才引起柱塞在缸体内往复运动。因此,当泵的结构和转速一定时,泵的流量就取决于柱塞往复行程的长度,即倾角的大小。故改变倾角就可以改变输出流量,若改变斜盘的方向就使泵的进出口变换,成为双向变量泵。

3. 轴向柱塞泵的结构特点

(1) 柱塞和柱塞孔的加工、装配精度高。柱塞上开设均压槽,以保证轴孔的最小间隙和良好的同心度,使泄漏流量减小。

(2) 缸体端面间隙的自动补偿。由图 3.18 可见,使缸体紧压配流盘端面的作用力,除机械装置或弹簧的推力外,还有柱塞孔底部台阶面上所受的液压力,此液压力比弹簧力大很多,而且随泵的工作压力增大而增大。由于缸体始终受力紧贴着配油盘,就使端面间隙得到了补偿。

(3) 滑履结构。在斜盘式轴向柱塞泵中,如果各柱塞球形头部直接接触斜盘而滑动,即为点接触式,这种形式的液压泵,因接触应力大极易磨损,故只能用在 $p<10\mathrm{MPa}$ 的场合,当工作压力增大时,通常都在柱塞头部装一滑履(图 3.19)。滑履按静压原理设计,缸体中的压力油经柱塞球头中间小孔流入滑履油室,致使滑履和斜盘间形成液体润滑,因此改善了接触应力。使用这种结构的轴向柱塞泵压力可达 32MPa 以上,流量也可以很大。

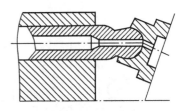

图 3.19 滑履结构

(4) 轴向柱塞泵没有自吸能力。靠加设辅助设备,采用回程盘或在每个柱塞后加返回弹簧,也可在柱塞泵前安装一个辅助泵提供低压油液强行将柱塞推出,以便吸油充分。

(5) 变量机构。变量轴向柱塞泵中的主体部分大致相同,其变量机构有各种结构形式,有手动、手动伺服、恒功率、恒流量、恒压变量等。图 3.20 所示的是手动伺服变量机构简图。该机构由缸筒 1、活塞 2 和伺服阀组成。活塞 2 的内腔构成了伺服阀的阀体,并有 c、d 和 e 共 3 个孔道分别沟通缸筒 1 的下腔 a 上腔 b 和油箱。主体部分的斜盘 4 或缸体通过适当的机构与活塞 2 下端相连,利用活塞 2 的上下移动来改变倾角。当用手柄操纵伺服阀阀芯 3 向下移动时,上面的阀口打开,a 腔中压力油经孔道 c 通向 b 腔,活塞因上腔面积大于下腔的面积而向下移动,活塞 2 移动时又使伺服阀上的阀口关闭,最终使活塞

2停止运动。同理，当阀芯向上移动时，下面的阀口打开，b腔经孔道d和e接通油箱，活塞在a腔压力油的作用下向上移动，并在该阀口关闭时自行停止运动。变量机构就是这样依照伺服阀的动作来实现其控制的。

4. 典型轴向柱塞泵的结构举例

图3.21为SCY14-1型手动变量直轴式轴向柱塞泵的结构简图。它由主体部分和变量部分组成。图3.21中的中间泵体1和前泵体5为主体部分，左部为变量部分。泵轴6通过花键带动缸体3旋转，使轴向均匀分布在缸体上的7个柱塞7绕泵轴轴线旋转。每个柱塞的头部都装有滑履9，滑履与柱塞采用球面副连接，可以任意转动。弹簧2的作用力通过钢球和回程盘10将滑履压在斜盘11的斜面上。当缸体转动时，该作用力使柱塞完成回程吸油动作。柱塞的压油行程则是由斜盘斜面通过滑履推动来完成的。圆柱滚子轴承8用以承受缸体的径向力，缸体的轴向力由配流盘4承受，配流盘上开有吸、压油窗口，分别与前泵体上的吸、压油口相通。

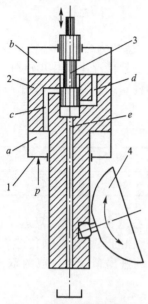

图 3.20 手动伺服变量机构
1—缸筒　2—活塞
3—伺服阀阀芯　4—斜盘

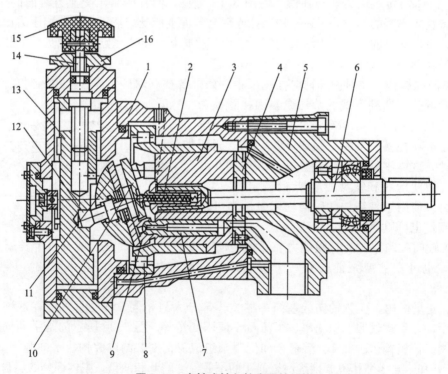

图 3.21 直轴式轴向柱塞泵的结构
1—中间泵体　2—弹簧　3—缸体　4—配流盘　5—前泵体　6—泵轴
7—柱塞　8—圆柱滚子轴承　9—滑履　10—回程盘　11—斜盘　12—销轴
13—变量活塞　14—螺杆　15—手轮　16—锁紧螺母

左边的变量机构，用来改变斜盘倾角的大小，以调节泵的流量。调节流量时，先松开锁紧螺母 16，然后转动手轮 15，螺杆 14 随之转动，从而推动变量活塞 13 上下移动，斜盘倾角 γ 随之改变。γ 的变化范围为 $0°\sim20°$。流量调定后旋转锁紧螺母 16 将螺杆锁紧，以防止松动。这种变量机构结构简单，但手动操纵力大，通常只能在停机或泵压较低的情况下才能实现变量。

3.5 液压泵的选用

液压泵是液压系统的动力元件，其作用是供给系统一定流量和压力的油液，因此也是液压系统的核心元件。合理地选择液压泵对于降低液压系统的能耗、提高系统的效率、降低噪声、改善工作性能和保证系统的可靠工作都十分重要。

选择液压泵的原则：应根据主机工况、功率大小和系统对工作性能的要求，首先确定液压泵的结构类型，然后按系统所要求的压力、流量大小确定其规格型号。表 3-3 给出了各类液压泵的性能特点、比较及应用。

表 3-3 各类液压泵性能比较

性能参数 \ 类型	齿轮泵	叶片泵		柱塞泵	
		单作用式(变量)	双作用式	轴向柱塞式	径向柱塞式
压力范围/MPa	2~21	2.5~6.3	6.3~21	21~40	10~20
排量范围/(mL/r)	0.3~650	1~320	0.5~480	0.2~3600	20~720
转速范围/(r/min)	300~7000	500~2000	500~4000	600~6000	700~1800
容积效率/(%)	70~95	85~92	80~94	88~93	80~90
总效率/(%)	63~87	71~85	65~82	81~88	81~83
流量脉动/(%)	1~27	—	—	1~5	<2
功率质量比/(kW/kg)	中	小	中	中大	小
噪声	稍高	中	中	大	中
耐污能力	中等	中	中	中	中
价格	最低	中	中低	高	高
应用	一般常用于机床液压系统及低压大流量的一些系统或控制系统。中等高压齿轮泵常用于工程机械、航空、造船等方面	在中、低压液压系统中用得较多，常用于精密机床及一些功率较大的设备上，如高精度平磨、塑料机械等，组合机床液压系统中用得很多	在各类机床设备中得到广泛应用，在注塑机、运输装卸机械、液压机和工程机械得到广泛应用	在各类高压系统中应用非常广泛，如冶金、锻压、矿山、起重机械、工程机械、造船等方面	多用于10MPa以上的各类液压系统中，由于体积大，重量大，耐冲击性好，故常用于固定设备如拉床、压力机或船舶等方面

一般来说，各种类型的液压泵由于其结构原理、运转方式和性能特点各不相同，因此应根据不同的使用场合选择合适的液压泵。一般在负载小、功率小的机械设备中，选择齿轮泵、双作用叶片泵；精度较高的机械设备（如磨床）选择螺杆泵、双作用叶片泵；在负载较大，并有快速和慢速工作的机械设备（如组合机床）选择限压式变量叶片泵；在负载大、功率大的设备（如龙门刨、拉床等）选择柱塞泵；一般不太重要的液压系统（机床辅助装置中的送料、夹紧等）选择齿轮泵。

3.6 液压马达

液压马达是把液压能转变为机械能的一种能量转变装置。从能量互相转换的观点看，泵和马达是统一体矛盾的两个方面，它们可以依一定条件而变化。当电动机带动其转动时，即为泵，输出压力油（流量和压力）；当向其通入压力油时，即为马达，输出机械能（扭矩和转速）。从工作原理上讲，它们是可逆的，但由于用途不同，故在结构上各有其特点。因此，在实际工作中大部分泵和马达是不可逆的。

3.6.1 叶片马达

1. 叶片马达的工作原理

叶片马达的工作原理如图 3.22 所示，当压力油经过配油窗口进入叶片 1 和叶片 3（或叶片 5 和叶片 7）之间时，叶片 1 和叶片 3 一侧作用高压油，另一侧作用低压油，同时由于叶片 3 伸出的面积大于叶片 1 伸出的面积，因此使转子产生逆时针转动的力矩。同时叶片 5 和叶片 7 的压力油作用面积之差也使转子产生逆时针转矩。两者之和即为液压马达产生的转矩。在供油量一定的情况下，液压马达将以确定的转速旋转。位于压油腔叶片 2 和叶片 6 两面同时受压力油作用，受力平衡对转子不产生转矩。

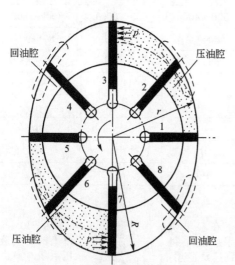

图 3.22 叶片式液压马达工作原理

2. 叶片马达的结构特点

叶片马达与叶片泵相比较，在结构上有如下特点。

（1）转子的两侧面开有环形槽，槽内放有燕式弹簧，使叶片始终压向定子内表面，以保证启动时叶片与定子内表面密封，并有足够的启动力矩。

（2）马达需要正反转，因此叶片沿转子径向放置，叶片的倾角等于零。

（3）为获得较高的容积效率，工作时叶片底部始终要与压油腔连通。这样吸压油腔互换时，必须在油路上采取措施，在马达正反转时都有压力油通入叶片底部。只要在叶片底部通过两个并联单向阀，分别与吸压油腔相通，就能达到上述要求。

3.6.2 轴向柱塞马达

如前所述，轴向柱塞泵通入高压液体就可以做马达使用。本节简单介绍一下液压马达的工作原理及结构特点。

1. 轴向柱塞式液压马达的工作原理

图 3.23 所示为斜盘式轴向柱塞马达工作原理图。图 3.23 中斜盘和配油盘固定不动，柱塞轴向安置在缸体中，缸体和马达轴相连一起旋转，斜盘倾角 γ。当液压泵高压油进入马达的压油腔之后，滑履在液压力的作用下压向斜盘，其反作用力为 F_N。F_N 分解成两个分力，轴向分力 F 沿柱塞轴线向右，与柱塞所受液压力平衡；径向分力 F_T 与柱塞轴线垂直向下，使得压油区的柱塞都对转子中心产生一个转矩，驱动液压马达逆时针旋转做功。单个柱塞产生的转矩为

$$T_Z = F_T \cdot l = \frac{\pi}{4} d^2 \Delta p \tan\gamma \cdot R\sin\varphi_i$$

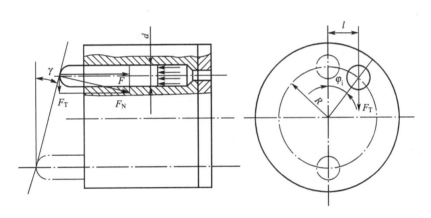

图 3.23 轴向柱塞式液压马达工作原理

液压马达产生的转矩的总和，为压油区的柱塞产生的转矩和。瞬时驱动力矩的大小随柱塞所在位置的变化而变化，平均力矩的大小为

$$T = \frac{1}{2\pi} \Delta p V \eta_m = \frac{1}{2\pi} \Delta p \cdot \frac{\pi}{4} d^2 DZ \tan\gamma \cdot \eta_m = \frac{1}{8} \Delta p d^2 DZ \tan\gamma \cdot \eta_m$$

需要指出的是，液压马达是用来驱动外负载做功的，只有当外负载扭矩存在时，液压泵进入液压马达的压力油才能建立起压力，液压马达才能产生相当的扭矩去克服它。所以液压马达的扭矩是随外负载扭矩而变化的。

2. ZM 型轴向点接触柱塞式液压马达的结构特点

图 3.24 所示为 ZM 型轴向点接触柱塞式液压马达的结构，它由传动轴 1、斜盘 2、鼓轮 4、缸体 7、柱塞 9、配流盘 8 等主要零件组成。主要有如下特点。

（1）采用鼓轮结构。转子分成两半，左半段为鼓轮，右半段为缸体，鼓轮上有可以轴向滑动的推杆 10，推杆在柱塞的作用下，顶在斜盘上，获得转矩，并通过鼓轮、键带动传动轴旋转。缸体由传动销 6 拨动与传动轴一起旋转。由于缸体本身不传递转矩，斜盘对推

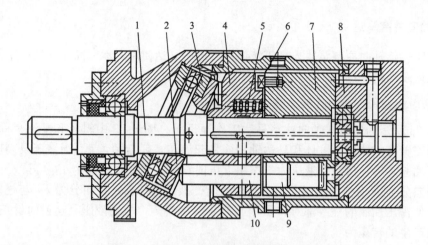

图 3.24 轴向点接触柱塞式液压马达结构
1—传动轴 2—斜盘 3—轴承 4—鼓轮 5—弹簧
6—传动销 7—缸体 8—配流盘 9—柱塞 10—推杆

杆的反作用力所产生的颠覆力矩不会作用在缸体表面上,缸体和柱塞只受轴向力,有效地减轻了柱塞和缸孔的磨损。

(2) 缸体和传动轴之间的配合面很窄,使缸体具有一定的自位作用,使缸体表面能很好地与配流盘表面贴合,既保证了密封,又能自动补偿磨损。

(3) 斜盘由推力轴承支承,目的是为了减轻推杆头部与斜盘表面的磨损,提高液压马达的机械效率。

(4) 该马达的斜盘倾角固定不变,排量不可调节,因而是定量马达,其转速只能通过改变流量来调节。

习 题

1. 什么是容积式液压泵?它是怎样工作的?这种泵的工作压力和输出油量的大小各取决于什么?

2. 液压泵和液压马达有哪些主要性能参数?都是如何定义的?

3. 齿轮泵的困油现象是怎样产生的?采用什么措施加以解决?齿轮泵的泄漏途径有哪些?

4. 轴向柱塞泵的柱塞数为何是奇数?为什么柱塞式轴向变量泵倾斜盘倾角小时容积效率低?

5. 已知 CB-B 100 齿轮泵的额定流量 $q=100$ L/min,额定压力 $p=25\times10^5$ Pa,泵的转速 $n_1=1450$ r/min、泵的机械效率 $\eta_m=0.9$。由实验测得:当泵的出口压力 $p=0$ 时,其流量 $q_1=106$ L/min;当 $p=25\times10^5$ Pa 时,其流量 $q_2=100.7$ L/min。

(1) 求该泵的容积效率 η_V;

(2) 如泵的转速降至 600r/min,在额定压力下工作时,估算此时泵的流量 q' 为多少?该转速下泵的容积效率 η'_V 为多少?

6. 某变量叶片泵的转子外径 $d=83$ mm,定子内径 $D=89$ mm,叶片宽度 $B=30$ mm。

并设定子和转子之间的最小间隙为 0.5mm，求：

(1) 当排量 $V=16\text{mL/r}$，其偏心量 $e=$？

(2) 该泵最大排量 $V_{max}=$？

7. 一变量轴向柱塞泵，共 9 个柱塞，其柱塞分布圆直径 $D=125\text{mm}$，柱塞直径 $d=16\text{mm}$，若泵以 3000r/min 转速旋转，其输出流量 $q=50\text{L/min}$，问斜盘角度为多少？（忽略泄漏流量的影响）

8. 已知某液压马达的排量 $V=250\text{ml/r}$，液压马达入口压力 $p_1=10.5\text{MPa}$，出口压力 $p_2=1.0\text{MPa}$，其总效率 $\eta=0.9$，容积效率 $\eta_V=0.92$，当输入流量 $q=22\text{L/min}$ 时，试求液压马达的实际转速 n 和液压马达的输出转矩 T。

9. 要求设计输出转矩 $T=52.5\text{N·m}$，转速 $n=30\text{r/min}$ 的液压马达。设液压马达的排量 $V=105\text{cm}^3/\text{r}$，求所需要的流量和压力各为多少？（液压马达的机械效率、容积效率均为 0.9）。

10. 已知轴向柱塞泵的额定压力为 $p=16\text{MPa}$，额定流量 $q=330\text{L/min}$，设液压泵的总效率为 $\eta=0.9$，机械效率为 $\eta_m=0.93$。求：

(1) 驱动泵所需的额定功率；

(2) 计算泵的泄漏流量。

11. 直轴式轴向柱塞泵斜盘倾角 $\gamma=20°$，柱塞直径 $d=22\text{mm}$，柱塞分布圆直径 $D_0=68\text{mm}$，柱塞数 $Z=7$，机械效率 $\eta_m=0.90$，容积效率 $\eta_V=0.97$，泵转速 $n=1450\text{r/min}$，输出压力 $p_s=28\text{MPa}$。试计算：

(1) 平均理论流量；

(2) 实际输出的平均流量；

(3) 泵的输入功率。

第4章 液压缸

教学提示

液压缸是液压系统的执行元件,它能将液体的压力能转换成工作机构的机械能,用来实现直线往复运动或小于360°的摆动。液压缸结构简单、配制灵活、设计、制造比较容易、使用维护方便,所以得到了广泛的应用。本章主要介绍常用液压缸的类型、特点和计算方法,液压缸的典型结构,液压缸的组成,液压缸的设计计算等。

教学要求

本章要求学生熟悉液压缸的类型和特点,掌握活塞式、柱塞式液压缸的推力、速度计算方法,掌握摆动式液压缸的推力及转矩计算方法。熟悉典型液压缸的结构及组成。掌握液压缸的设计计算方法。

液压缸是液压系统的执行元件,它能将液体的压力能转换成工作机构的机械能,用来实现直线往复运动或小于360°的摆动。液压缸结构简单、配制灵活、设计、制造比较容易、使用维护方便,所以得到了广泛的应用。

4.1 液压缸的类型、特点和基本参数计算

液压缸在工程实际中应用广泛,分类方法也有所不同,一般说来,液压缸的类型见表4-1。按照结构特点,可分为活塞式、柱塞式和摆动式三大类。按照作用方式可分为单作用式和双作用式两种。

表4-1 液压缸的类型及图形

名称		图示	说明
活塞式液压缸	单杆 单作用	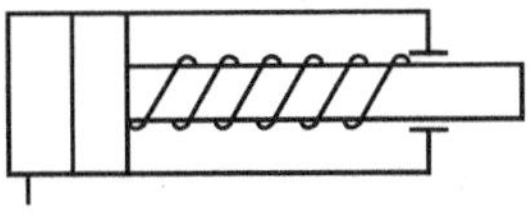	活塞单向作用,依靠弹簧使活塞复位
	单杆 双作用	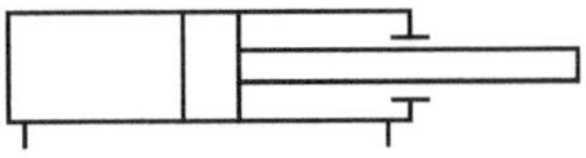	活塞双向作用,左、右移动速度不等,差动连接时,可提高运动速度
	双杆	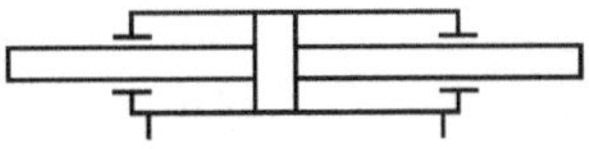	活塞左、右运动速度相等
柱塞式液压缸	单柱塞	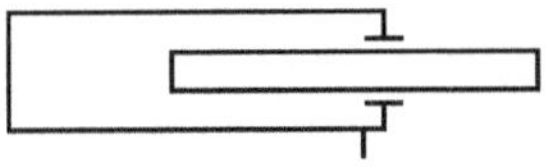	柱塞单向作用,依靠外力使柱塞复位
	双柱塞	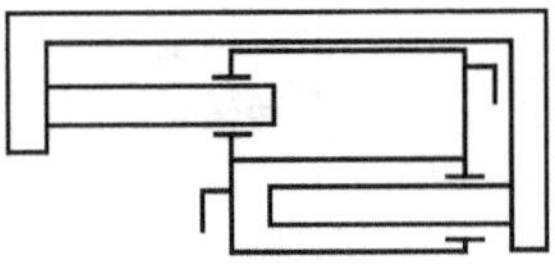	双柱塞双向作用
摆动式液压缸	单叶片	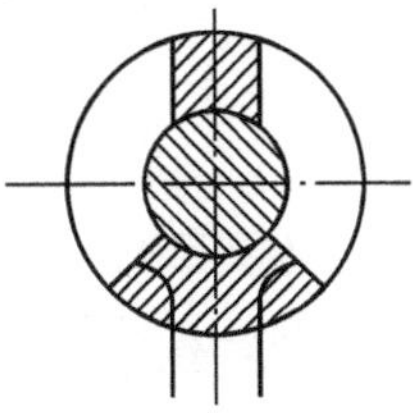	输出转轴摆动角度小于300°
	双叶片	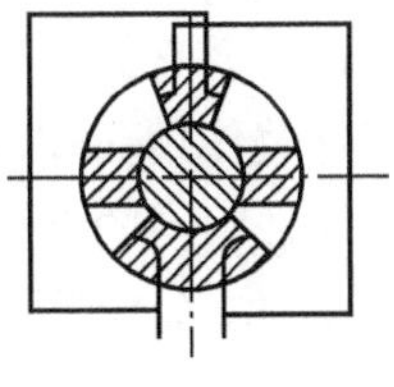	输出转轴摆动角度小于150°

(续)

名称	图示	说明
增力液压缸	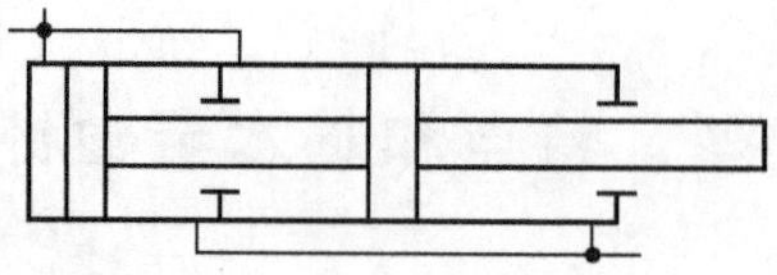	当液压缸直径受到限制而长度不受限制时,可获得大的推力
增压液压缸	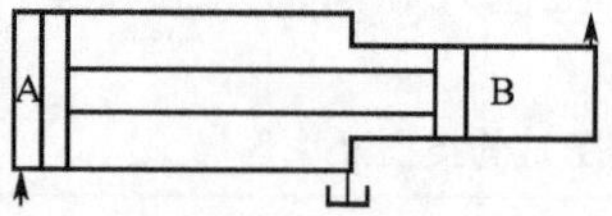	由两种不同直径的液压缸组成,可提高 B 腔中的液压力
伸缩液压缸	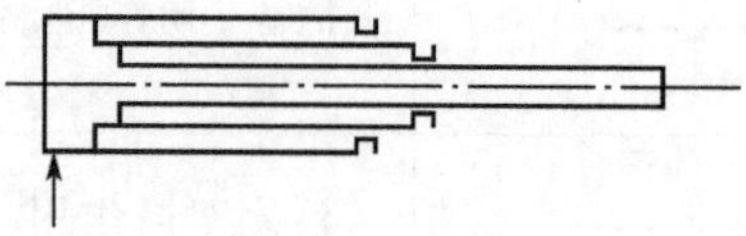	由两层或多层液压缸组成,可增加活塞行程
多位液压缸	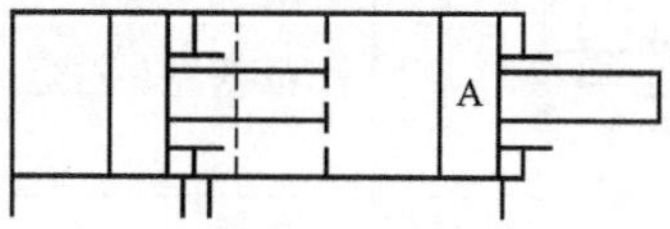	活塞 A 有 3 个确定的位置
齿条液压缸	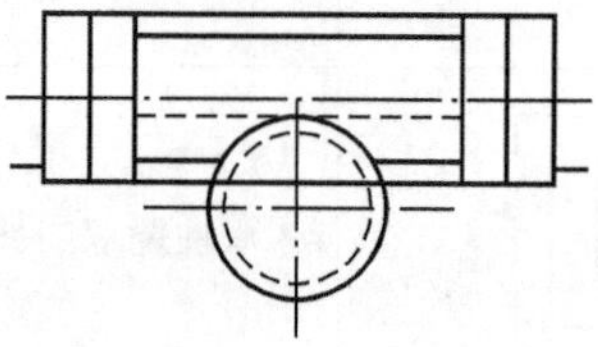	活塞经齿条带动小齿轮,使它产生旋转运动

(左侧合并列:其他液压缸)

4.1.1 活塞式液压缸

活塞式液压缸由缸筒、活塞和活塞杆、端盖等主要部件组成。通常有单杆和双杆两种形式,又有缸筒固定、活塞移动与活塞杆固定、缸筒移动两种运动方式。

1. 单杆活塞式液压缸

单杆液压缸有缸体固定和活塞杆固定两种形式,但它们的工作台移动范围都是活塞运动行程的两倍。由于单杆液压缸左右两腔的活塞有效作用面积 A_1 和 A_2 不相等,所以,这种液压缸具有 3 种连接方式,如图 4.1 所示。在 3 种不同的连接方式中,即使输入液压缸油液的压力和流量相同,其输出的推力和速度大小也各不相同。活塞杆推出的作用力较大,速度较慢;而活塞杆拉入时,作用力较小,速度较快。

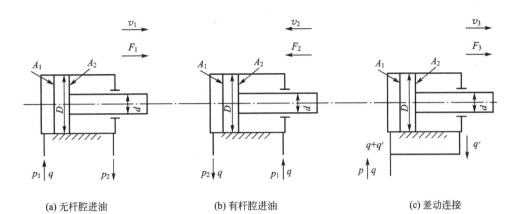

图 4.1 单杆活塞式液压缸

(1) 当无杆腔进油、有杆腔回油时

$$F_1 = p_1 A_1 - p_2 A_2 = p_1 \frac{\pi}{4} D^2 - p_2 \frac{\pi}{4}(D^2 - d^2) \tag{4-1}$$

$$v_1 = \frac{q}{A_1} = \frac{4q}{\pi D^2} \tag{4-2}$$

式中　F_1——推力；

　　　v_1——运动速度；

　　　p_1——进油压力；

　　　p_2——回油压力。

若回油腔直接接油箱，$p_2 \approx 0$，则

$$F_1 = p_1 A_1 = p_1 \frac{\pi}{4} D^2 \tag{4-3}$$

(2) 当有杆腔进油、无杆腔回油时

$$F_2 = p_1 A_2 - p_2 A_1 = p_1 \frac{\pi}{4}(D^2 - d^2) - p_2 \frac{\pi}{4} D^2 \tag{4-4}$$

$$v_2 = \frac{q}{A_2} = \frac{4q}{\pi(D^2 - d^2)} \tag{4-5}$$

式中　F_2——推力；

　　　v_2——运动速度；

　　　p_1——进油压力；

　　　p_2——回油压力。

若回油腔直接接油箱，$p_2 \approx 0$，则

$$F_2 = p_1 A_2 = p_1 \frac{\pi}{4}(D^2 - d^2) \tag{4-6}$$

v_2 与 v_1 之比称为液压缸的速度比 λ_v，即

$$\lambda_v = \frac{v_2}{v_1} = \frac{1}{1 - \left(\dfrac{d}{D}\right)^2} \tag{4-7}$$

(3) 液压缸左右两腔同时进入压力油,即差动连接。

在差动连接时,液压缸左右两腔同时进入压力油,但因为两腔的有效作用面积不等,故活塞向右运动。有杆腔排出的流量 $q'=v_3A_2$ 也进入无杆腔,加大了左腔的流量 $(q+q')$ 从而加快了活塞移动的速度,若不考虑损失,则差动缸活塞推力 F_3 和运动速度 v_3 为

$$F_3 = p_1(A_1 - A_2) = p_1 \frac{\pi}{4} d^2 \tag{4-8}$$

$$v_3 = \frac{q+q'}{A_1} = \frac{q + \frac{\pi}{4}(D^2 - d^2)v_3}{\frac{\pi}{4}D^2}$$

整理得

$$v_3 = \frac{4q}{\pi d^2} \tag{4-9}$$

由上述可知,差动连接比非差动连接时的推力小而运动速度快,所以,这种连接形式是以减小推力为代价而获得快速运动的。

单杆液压缸是广泛应用的一种执行元件,适用于推出时承受工作载荷、退回时为空载或载荷较小的液压装置。

2. 双杆活塞式液压缸

双杆活塞式液压缸如图 4.2 所示,图 4.2(a)为缸筒固定式,它的进、出油口布置在缸筒两端,活塞通过活塞杆带动工作台移动,当活塞的有效行程为 l 时,整个工作台的运动范围为 $3l$,因此占地面积大,适用于小型机床。图 4.2(b)为活塞杆固定形式,这种安装连接是缸体与工作台相连,活塞杆通过支架固定在机床上,动力由缸体传出,因此工作台移动范围等于两倍的有效行程 l,节省了占地面积,适用于行程较长的机床。

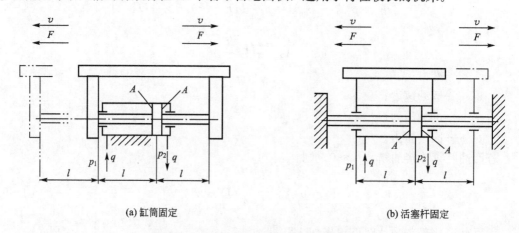

图 4.2 双杆活塞式液压缸及其安装形式

双杆活塞式液压缸,活塞两侧都装有活塞杆,由于两腔的有效面积相等,故活塞往返的作用力和运动速度都相等,即

$$F=A(p_1-p_2)=\frac{\pi}{4}(D^2-d^2)(p_1-p_2)$$

$$v=\frac{q}{A}=\frac{4q}{\pi(D^2-d^2)}$$

此种形式的液压缸在机床中常用。

4.1.2 柱塞式液压缸

活塞式液压缸的内壁要求精加工,当液压缸较长时加工就显得比较困难,因此在行程较长时多采用柱塞缸。柱塞缸的内壁不需要精加工,只需要对柱塞杆进行精加工,它结构简单,制造方便,成本低。

图 4.3 为柱塞缸的结构。它由缸体、柱塞、导套、密封圈、压盖等零件组成。

柱塞缸只能在压力油作用下产生单向运功,它的回程借助于运动件的自重或外力的作用(垂直放置或弹簧力等)。为了得到双向运动,柱塞缸常成对使用如图 4.3(b)所示。为减轻重量,防止柱塞水平放置时因自重而下垂,常把柱塞做成空心的。

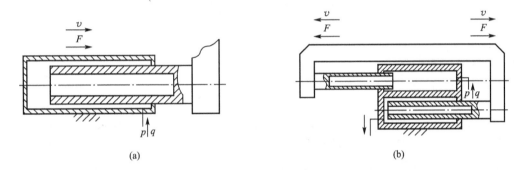

图 4.3 柱塞缸

4.1.3 摆动式液压缸

摆动式液压缸又称为摆动液压马达或回转液压缸,它把油液的压力能转变为摆动运动的机械能。常用的摆动式液压缸有单叶片和双叶片两种。

图 4.4(a) 所示为单叶片摆动式液压缸。隔板 1 用螺钉和圆柱销固定在缸体 4 上。当压力油进入油腔时,推动转轴 1 作逆时针旋转,另一腔的油排回油箱。当压力油反向进入油腔时,转轴作顺时针转动。它的摆动范围一般在 300°以下。设摆动缸进出油口压力分别为 p_1 和 p_2,输入的流量为 q,若不考虑泄漏和摩擦损失,它的输出转矩 T 和角速度 ω 分别为

$$T=b\int_r^R(p_1-p_2)rdr=\frac{b}{2}(R^2-r^2)(p_1-p_2)$$

$$\omega=2\pi n=\frac{2q}{b(R^2-r^2)}$$

式中 b——叶片宽度;

r、R——叶片底端、顶端回转半径。

图 4.4(b)所示为双叶片摆动式液压缸。当按图示方向输入压力油时,叶片和输出轴顺时针转动;反之,叶片和输出轴逆时针转动。双叶片摆动式液压缸的摆动范围一般不超过 150°。

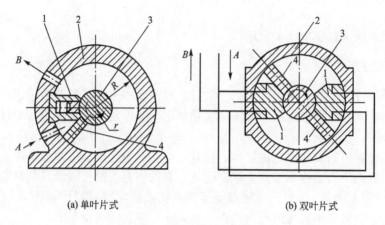

(a) 单叶片式　　　　　　　　　　(b) 双叶片式

图 4.4　摆动液压缸示意图
1—隔板　2—缸体　3—转动轴　4—叶片

4.1.4　其他液压缸

1. 增力缸

图 4.5 所示为由两个单杆活塞缸串联在一起的增力缸,当压力油通入两缸左腔时,串联活塞向右运动,两缸右腔的油液同时排出,这种油缸的推力等于两缸推力的总和。由于增加了活塞的有效面积,因而使活塞杆上的推力或拉力得到增加。设进油压力为 p,活塞直径为 D,活塞杆直径为 d,不考虑摩擦损失,增力缸的推力为

$$F=p\frac{\pi}{4}D^2+p\frac{\pi}{4}(D^2-d^2)=p\frac{\pi}{4}(2D^2-d^2)$$

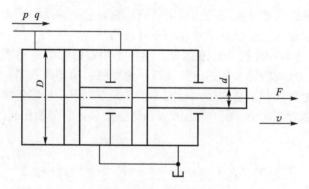

图 4.5　增力缸示意图

当单个液压缸推力不足,缸径因空间限制不能加大,但轴向长度允许增加时,可采用这种增力缸。增力缸另一个用途是作多缸的同步装置,这时常称它为等量分配缸或等量缸。

2. 增压缸

图 4.6 所示为由活塞缸和柱塞缸组合而成的增压缸，用以使液压系统中的局部区域获得高压。在这里活塞缸中活塞的有效工作面积大于柱塞的有效工作面积，所以向活塞缸无杆腔送入低压油时，可以在柱塞缸那里得到高压油，它们之间的关系为

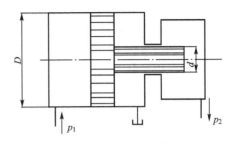

图 4.6 增压缸示意图

$$\frac{\pi}{4}D^2 p_1 = \frac{\pi}{4}d^2 p_2$$

$$p_2 = \left(\frac{D}{d}\right)^2 p_1 = K p_1$$

式中　p_1、p_2——增压缸的输入压力(低压)、输出压力(高压)；
　　　D、d——活塞、柱塞的直径；
　　　K——增压比 $K = D^2/d^2$。

由上式可知，当 $D=2d$ 时，$p_2=4p_1$，即压力增大 4 倍。单作用增压缸只能单方向间歇增压，若要连续增压就需采用双作用式增压缸。

3. 伸缩式液压缸

图 4.7 所示为伸缩式液压缸的结构图，它由两套活塞缸套装而成，件 1 对缸体 3 是活塞，对活塞 2 是缸体。当压力油从 A 口通入，活塞 1 先伸出，然后活塞 2 伸出。当压力油从 B 口通入，活塞 2 先缩入，然后活塞 1 缩入。总之，按活塞的有效工作面积大小依次动作，有效面积大的先动，小的后动。伸出时的推力和速度是分级变化的，活塞 1 有效面积大，伸出时推力大速度低，第二级活塞 2 伸出时推力小速度高。这种液压缸的特点是：在各级活塞依次伸出时可以获得较长的行程，而在收缩后轴向尺寸很小。常用于翻斗汽车、起重机和挖掘机等工程机械上。

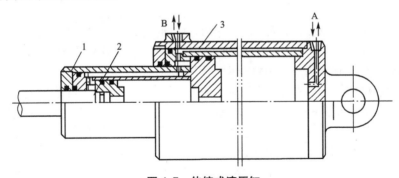

图 4.7 伸缩式液压缸
1—活塞　2—活塞　3—缸体

4.2　液压缸的典型结构

图 4.8 所示为单杆液压缸的结构图，它主要由缸筒 4、活塞 6、活塞杆 7、前后端盖

8、1、密封件5等主要部件组成。缸筒与端盖用螺栓连接，活塞与缸筒，活塞杆与端盖之间有两种密封形式，即为橡塑组合密封与唇形密封；该液压缸具有双向缓冲功能，工作时压力油经进油口，单向阀进入工作腔，推动活塞运动，当活塞临近终点时，缓冲套切断油路，回油只能经节流阀排出，起节流缓冲作用。

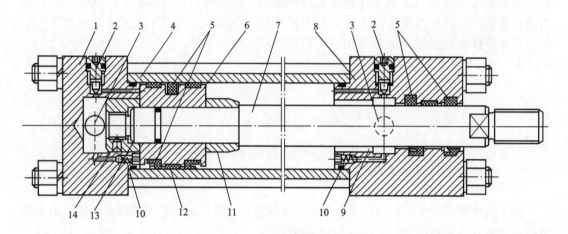

图 4.8 单杆液压缸结构
1—后端盖　2—缓冲节流阀　3—进出油口　4—缸筒　5—密封件
6—活塞　7—活塞杆　8—前端盖　9—导向套　10—单向阀
11—缓冲套　12—导向环　13—无杆端缓冲套　14—螺栓

从上面所述的液压缸典型结构中看出，液压缸的结构基本上可以分为缸体组件、活塞组件、密封装置、缓冲装置和排气装置5个部分。

4.2.1　缸体组件

缸体组件与活塞组件构成密封的容腔，承受油压。因此缸体组件要有足够的强度、较高的表面精度和可靠的密封性。缸体组件指的是缸筒与缸盖，其使用材料、连接方式与工作压力有关，当工作压力 $p<10\text{MPa}$ 时使用铸铁缸筒，当工作压力 $10\text{MPa}\leqslant p<20\text{MPa}$ 时使用无缝钢管，当工作压力 $p\geqslant 20\text{MPa}$ 时使用铸钢或锻钢。

采用法兰连接(图 4.9(a))，结构简单、加工方便、连接可靠，但要求缸筒端部有足够的壁厚，用以安装螺栓或旋入螺钉。缸筒端部一般用铸造、镦粗或焊接方式制成粗大的外径。

采用半环连接(图 4.9(b))，工艺性好、连接可靠、结构紧凑，但削弱了缸筒强度。这种连接常用于无缝钢管缸筒与缸盖的连接中。

采用螺纹连接(图 4.9(c))，特点体积小、重量轻、结构紧凑，但缸筒端部结构复杂。常用于无缝钢管或铸钢的缸筒上。

拉杆连接结构简单、工艺性好、通用性强，但端盖的体积和重量较大，拉杆受力后会变形，影响密封效果，适用于长度较小的中低压缸。

焊接式连接强度高，制造简单，但焊接时易引起缸筒变形，且无法拆卸。

4.2.2　活塞组件

活塞组件由活塞、活塞杆和连接件等组成。活塞一般用耐磨铸铁制造，活塞杆不论空

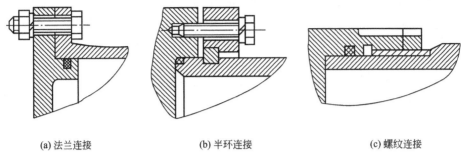

(a) 法兰连接　　　　　　(b) 半环连接　　　　　　(c) 螺纹连接

图 4.9　缸筒和端盖结构

心的和实心的，大多用钢料制造。活塞和活塞杆的连接方式很多，但无论采用哪种连接方式，都必须保证连接可靠。整体式和焊接式活塞结构简单，轴向尺寸紧凑，但损坏后需整体更换。锥销式连接加工容易，装配简单，但承载能力小，且需要有必要的防止脱落措施。螺纹式连接如图 4.10(a)所示，结构简单，装拆方便，但需备有螺母防松装置。半环式连接如图 4.10(b)所示，强度高，但结构复杂，装拆不便。

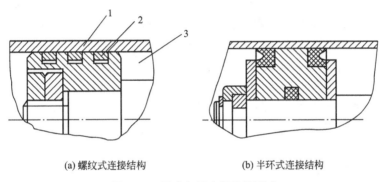

(a) 螺纹式连接结构　　　　　　(b) 半环式连接结构

图 4.10　活塞与活塞杆连接形式

1—缸筒　2—活塞环　3—活塞

4.2.3　密封装置

密封装置的作用是用来阻止有压工作介质的泄漏；防止外界空气、灰尘、污垢与异物的侵入。其中起密封作用的元件称密封件。通常在液压系统或元件中，存在工作介质的内泄漏和外泄漏，内泄漏会降低系统的容积效率，恶化设备的性能指标，甚至使其无法正常工作。外泄漏导致流量减少，不仅污染环境，有可能引起火灾，严重时可能引起设备故障和人身事故。系统中若侵入空气，就会降低工作介质的弹性模量，产生气穴，有可能引起振动和噪声。灰尘和异物既会堵塞小孔和缝隙，又会增加液压缸中相互运动件之间的摩擦磨损，降低使用寿命，并且加速了内、外泄漏。所以为了保证液压设备工作的可靠性及提高工作寿命，密封装置与密封件不容忽视。液压缸的密封主要指活塞、活塞杆处的动密封和缸盖等处的静密封。常用的密封方法有以下几种。

1. 间隙密封

这是依靠两运动件配合面之间保持一很小的间隙，使其产生液体摩擦阻力来防止泄漏的一种方法。用该方法密封，只适用于直径较小、压力较低的液压缸与活塞间密封。间隙

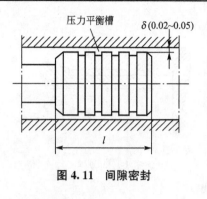

图 4.11 间隙密封

密封属于非接触式密封,它是靠相对运动件配合面之间的微小间隙来防止泄漏,实现密封,如图 4.11 所示,常用于柱塞式液压泵(马达)中柱塞和缸体配合、圆柱滑阀的摩擦副的配合中。通常在阀芯的外表面开几条等距离的均压槽,其作用是对中性好,减小液压卡紧力,增大密封能力,减轻磨损。匀压槽宽度为(0.3~0.5mm),深(0.5~1mm),其间隙值可取(0.02~0.05mm)。这种密封摩擦阻力小、结构简单,但磨损后不能自动补偿。

2. 密封圈密封

1) O 形密封圈

O 形密封圈是由耐油橡胶制成的截面为圆形的圆环,它具有良好的密封性能,且结构紧凑,运动件的摩擦阻力小、装卸方便、容易制造、价格便宜,故在液压系统中广泛应用。

图 4.12(a)所示为其外形图;图 4.12(b)所示为装入密封沟槽的情况,δ_1、δ_2 是 O 形圈装配后的预压缩量,通常用压缩率 β 表示,即 $\beta=[(d_0-h)/d_0]\times100\%$,对于固定密封、往复运动密封和回转运动的密封,应分别达到(15%~20%)、(10%~20%)和(5%~10%),才能取得满意的密封效果。当油液工作压力大于 10MPa 时,O 形圈在往复运动中容易被油液压力挤入间隙而过早损坏,如图 4.12(c)所示,为此需在 O 形圈低压侧设置聚四氟乙烯或尼龙制成的挡圈,如图 4.12(d)所示,其厚度为 1.25~2.5mm。双向受压时,两侧都要加挡圈,如图 4.12(e)所示。

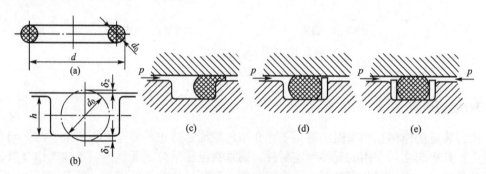

图 4.12 O 形密封圈

2) V 形密封圈

V 形密封圈的形状如图 4.13 所示,它由纯耐油橡胶或多层夹织物橡胶压制而成,通常由支承环(图 4.13(a))、密封环(图 4.13(b))和压环(图 4.13(c))组成。当压环压紧密封环时,支撑环使密封环产生变形而起密封作用。当工作压力高于 10MPa 时,可增加密封环的数量,提高密封效果。安装时,密封环的开口应面向压力高的一侧。V 形圈密封性能良好,耐高压、寿命长。通过调节压紧力,可获得最佳的密封效果,但 V 形密封装置的摩擦阻力及结构尺寸较大,主要用于活塞组件的往复运动。它适宜在工作压力为 $p<50$MPa、温度为 $-40\sim80$℃的条件下工作。

3) Y 形密封圈

Y 形密封圈属唇形密封圈，其截面为 Y 形，主要用于往复运动的密封。是一种密封性、稳定性和耐压性较好、摩擦阻力小、寿命较长的密封圈，故应用也很普遍。Y 形圈的密封作用依赖于它的唇边对偶合面的紧密接触，并在压力油作用下产生较大的接触应力，达到密封目的(图 4.14)。当液压力升高时，唇边与偶合面贴得更紧，接触压力更高，密封性能更好。Y 形圈根据截面长宽比例不同分宽断面和窄断面两种形式。一般适用于工作压力 $p \leqslant 20\text{MPa}$、工作温度 $-30 \sim 100^\circ\text{C}$、速度 $v \leqslant 0.5\text{m/s}$ 的场合。

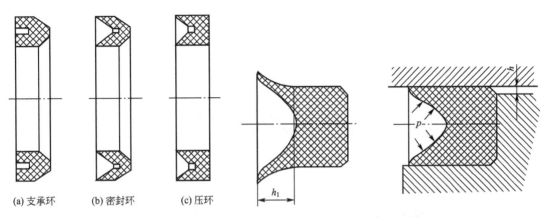

图 4.13　V 形密封圈　　　　　　　图 4.14　Y 形密封圈的工作原理

目前液压缸中普遍使用窄断面小 Y 形密封圈，它是宽断面的改型产品，截面的长宽比在 2 倍以上，因而不易翻转，稳定性好，它有等高唇 Y 形圈和不等高唇 Y 形圈两种，后者又有轴用密封圈(图 4.15(a))和孔用密封圈(图 4.15(b))。其短唇与密封面接触，滑动摩擦阻力小，耐磨性好，寿命长；长唇与非运动表面有较大的预压缩量，摩擦阻力大，工作时不窜动。一般适用于工作压力为 $p \leqslant 32\text{MPa}$、使用温度为 $-30 \sim 100^\circ\text{C}$ 的条件下工作。

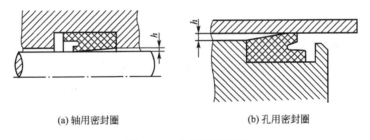

(a) 轴用密封圈　　　　　　　(b) 孔用密封圈

图 4.15　小 Y 形密封圈

液压缸高压腔中的油液向低压腔泄漏称内泄漏，液压缸中的油液向外部泄漏称外泄漏。由于存在内泄漏和外泄漏，使液压缸的容积效率降低，从而影响其工作性能，严重时使系统压力上不去，甚至无法工作；且外泄漏还会污染环境，因此为了防止泄漏，液压缸中需要密封的地方必须采取相应的密封装置。

4.2.4　缓冲装置

当运动件的质量较大，运动速度较高($v > 0.2\text{m/s}$)时，由于惯性力较大，具有很大的动量。在这种情况下，活塞运动到缸筒的终端时，会与端盖发生机械碰撞，产生很大的冲击和噪声，严重影响运动精度，甚至会引起事故，所以在大型、高速或高精度的液压设备中，常设有缓冲装置。

缓冲装置的工作原理：利用活塞或缸筒在其走向行程终端时，在活塞和缸盖之间封住一部分油液，强迫它从小孔或缝隙中挤出，以产生很大的阻力，使工作部件受到制动逐渐减慢运动速度，达到避免活塞和缸盖相互撞击的目的。

1) 固定节流缓冲

图 4.16(a)是缝隙节流，当活塞移动到其端部，活塞上的凸台进入缸盖的凹腔，将封闭在回油腔中的油液从凸台和凹腔之间的环状缝隙 δ 中挤压出去，从而造成背压，迫使运动活塞降速制动，实现缓冲。这种缓冲装置结构简单，缓冲效果好，但冲击压力较大。

2) 可变节流缓冲

可变节流缓冲油缸有多种形式，有在缓冲柱塞上开三角槽，有多油孔，还有其他一些可变节流缓冲油缸，其特点在缓冲过程中，节流口面积随着缓冲行程的增大而逐渐减小，缓冲腔中的压力几乎保持不变。图 4.16(b)在活塞上开有横截面为三角形的轴向斜槽，当活塞移近液压缸缸盖时，活塞与缸盖间的油液需经三角槽流出，从而在回油腔中形成背压，达到缓冲的目的。

3) 可调节流缓冲

图 4.16(c)在缸盖中装有针形节流阀 1 和单向阀 2。当活塞移近缸盖时，凸台进入凹腔，由于它们之间间隙较小，所以回油腔中的油液只能经节流阀流出，从而在回油腔中形成背压，达到缓冲的目的。调节节流阀的开口大小，就能调节制动速度。

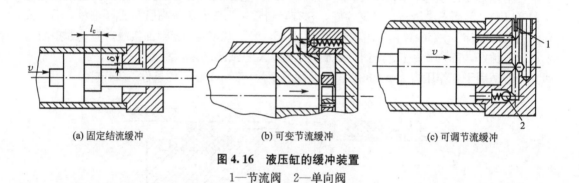

(a) 固定结流缓冲　　(b) 可变节流缓冲　　(c) 可调节流缓冲

图 4.16　液压缸的缓冲装置

1—节流阀　2—单向阀

4.2.5　排气装置

1. 气体的来源

液压系统在安装过程中或长时间停止工作之后会渗入空气，另外，密封不好会有空气进去，况且油液中也含有气体(无论何种油液，本身总是溶解有 3%～10% 的空气)。

2. 液压缸中的气体对液压系统的影响

空气积聚使得液压缸运动不平稳，低速时产生爬行。由于气体有很大的可压缩性，会使执行元件产生爬行。压力增大时还会产生绝热压缩而造成局部高温，有可能烧坏密封件。启动时引起振动和噪声，换向时降低精度。因此在设计液压缸时，要保证及时排除积留在缸中的气体。

3. 气体的排除方法

一般利用空气比重较油轻的特点,在液压缸内腔的最高部位设置排气孔或专门的排气装置。

图 4.17 采用排气塞和排气阀:当松开排气阀螺钉时,带着空气的油液便通过锥面间隙经小孔溢出,待系统内气体排完后,便拧紧螺钉,将锥面密封,也可在缸盖的最高部位处开排气孔,用长管道向远处排气阀排气。所有的排气装置都是按此基本原理工作的。

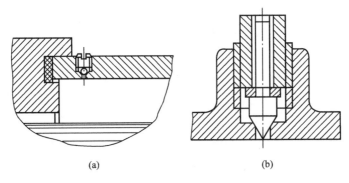

图 4.17 排气装置

4.3 液压缸的设计计算

液压缸是液压传动的执行元件,它与主机的工作机构有着直接的联系,对于不同的结构,液压缸同样具有不同的用途和要求,因此作为设计者在设计前应作调查研究,准备好必要的原始资料和设计依据,然后根据设计步骤,综合考虑,反复验算,才能获得较满意的效果。

4.3.1 液压缸的主要尺寸计算

液压缸的主要尺寸包括缸的内径 D、活塞杆直径 d、液压缸的长度和活塞杆的长度等。

液压缸的内径和活塞杆的直径的确定方法与使用的液压缸设备类型有关,通常根据液压缸的推力(牵引力)和液压缸的有效工作压力来决定。

液压缸由于用途广泛,其结构形式和结构尺寸多种多样。一般情况下采用标准件,但有时也需要自行设计,结构设计可参考 4.2 节,本节主要介绍液压缸的主要尺寸的计算及结构强度、刚度的验算方法。

液压缸内径 D 和活塞杆直径 d 可根据液压系统中的最大总负载和选取的工作压力来确定。对于单杆的液压缸而言,无杆腔进油并且不考虑机械效率时,由式(4-1)可得

$$D=\sqrt{\frac{4F_1}{\pi(p_1-p_2)}-\frac{d^2 p_2}{p_1-p_2}} \qquad ①$$

有杆腔进油并且不考虑机械效率时，由式(4-4)可得

$$D=\sqrt{\frac{4F_2}{\pi(p_1-p_2)}+\frac{d^2 p_1}{p_1-p_2}} \quad ②$$

式中一般选取回油背压 $p_2=0$，于是式①和式②便可简化，即无杆腔、有杆腔进油时分别为

$$D=\sqrt{\frac{4F_1}{\pi p_1}} \quad 或 \quad D=\sqrt{\frac{4F_2}{\pi p_1}+d^2}$$

上式中的活塞杆直径 d 可根据工作压力或设备类型选取，也可查机械设计手册或见表 4-2。

表 4-2 液压缸工作压力与活塞杆直径

液压缸工作压力 p/MPa	≤5	5～7	>7
推荐活塞杆直径 d/mm	$(0.5\sim0.55)D$	$(0.6\sim0.7)D$	$0.7D$

当液压缸往复运动速度比有一定要求时，由式(4-7)可得杆径 d 为

$$d=D\sqrt{\frac{\lambda_v-1}{\lambda_v}}$$

液压缸速度比 λ_v 见表 4-3。计算所得的液压缸内径 D 和活塞杆直径 d 应查液压设计手册将其圆整到标准系列值，见表 4-4 和表 4-5。

表 4-3 液压缸往复速度比 λ_v 推荐值

工作压力 p/MPa	≤10	12.5～20	>20
往复速度比 λ_v	1.33	1.46，2	2

表 4-4 液压缸内径系列

20	25	32	40	50	55	63	(65)	70	(75)
80	(85)	90	(95)	100	(105)	110	125	(130)	140
50)	160	180	200	(220)	250	(280)	320	(360)	400
(450)	500	(560)	630	(710)	820	(900)	1000		

注：括号中尺寸尽量不用。

表 4-5 活塞杆直径系列

10	12	14	16	18	20	22	25	28	(30)
32	35	40	45	50	55	(60)	63	(65)	70
(75)	80	(85)	90	(95)	100	(105)	110	(120)	125
(130)	140	(150)	160	180	200	220	250	(260)	280
320	360	(380)	400	(420)	450	500	(520)	560	(580)

注：括号中尺寸尽量不用。

液压缸缸筒长度由活塞最大行程 L、活塞长度、活塞杆导向套长度 H 和特殊要求的其他长度确定(图 4.18)。其中活塞长度 $B=(0.6\sim1.0)D$；导向套长度 $A=(0.6\sim1.5)D$；必要时可在导向套和活塞之间装一隔套 K，隔套的长度为 $C=H-\frac{1}{2}(A+B)$。为了减少加工难度，一般液压缸的缸筒长度不应大于内径的 20～30 倍。

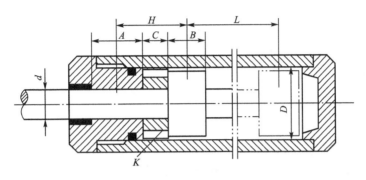

图 4.18　导向套长度

4.3.2　液压缸的校核

1. 缸筒壁厚 δ 的校核

在液压传动系统，中、高压液压缸一般用无缝钢管制作缸筒，大多属薄壁筒，即 $\delta/D \leqslant 0.08$ 时，按材料力学薄壁圆筒公式验算壁厚，即

$$\delta \geqslant \frac{p_{max} D}{2[\sigma]}$$

式中　p_{max}——缸筒内最高工作压力(指试验压力)，考虑到液压缸可能承受冲击，试验压力要远大于工作压力；

　　　D——缸筒内径；

　　　$[\sigma]$——缸筒材料的许用应力，$[\sigma]=\sigma_b/n$，σ_b 为材料抗拉强度，n 为安全系数，一般取 $n=3.5\sim5$。

当液压缸采用铸造缸筒时，壁厚由铸造工艺确定，这时应按厚壁圆筒公式验算壁厚。当 $\delta/D=0.08\sim0.3$ 时，可用下式进行验算，即

$$\delta \geqslant \frac{p_{max} D}{2.3[\sigma]-3p_{max}}$$

当 $\delta/D \geqslant 0.3$ 时，或可用下式计算

$$\delta=\frac{D}{2}\left(\sqrt{\frac{[\sigma]+0.4p_{max}}{[\sigma]-1.3p_{max}}}-1\right)$$

2. 液压缸活塞杆稳定性验算

只有当液压缸活塞杆计算长度 $L \geqslant 10d$ 时，才进行其纵向稳定性的验算。验算可按材料力学有关公式进行，此处不再赘述。

3. 液压缸缸盖固定螺栓直径校核

液压缸缸盖固定螺栓在工作过程中，同时承受拉应力和剪切应力，其螺栓直径可按下

式校核

$$d_s \geqslant \sqrt{\frac{5.2kF}{\pi Z[\sigma]}}$$

式中　d_s——螺栓螺纹的底径；
　　　k——螺纹拧紧系数，一般取 $k=1.2\sim1.5$；
　　　F——液压缸最大作用力；
　　　Z——螺栓个数；
　　　$[\sigma]$——螺栓材料的许用应力，$[\sigma]=\sigma_s/n$，σ_s 为螺栓材料的屈服极限，n 为安全系数，一般取 $n=1.2\sim2.5$。

1. 液压缸主要有哪几种类型？各有什么特点？各适用于什么场合？
2. 液压缸为什么要有缓冲装置？缓冲装置的基本工作原理是什么？常见的缓冲装置有哪几种？
3. 如图 4.19 所示，两个结构相同相互串联的液压缸，无杆腔的面积 $A_1=100\text{cm}^2$，有杆腔的面积 $A_2=80\text{cm}^2$，缸 1 输入压力 $p_1=0.9\text{MPa}$，输入流量 $q_1=12\text{L/min}$，不计损失和泄漏，求：
(1) 两缸承受相同负载时（$F_1=F_2$），该负载的数值及两缸的运动速度？
(2) 缸 2 的输入压力是缸 1 的一半时（$p_2=p_1/2$），两缸各能承受多少负载？
(3) 缸 1 不受负载时（$F_1=0$），缸 2 能承受多大的负载？

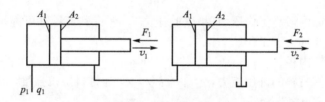

图 4.19　串联液压缸

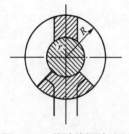

图 4.20　单叶片摆动油缸

4. 如图 4.20 所示，有一单叶片摆动油缸。油泵供油压力 $p_1=10\text{MPa}$，供油流量 $q=25\text{L/min}$，回油压力 $p_2=0.5\text{MPa}$，若输出轴的角速度 $\omega=0.7\text{rad/s}$，$R=100\text{mm}$，$r=40\text{mm}$。求摆动油缸叶片宽度 b 和输出扭矩 T 各为多少？

5. 某单杆液压缸，快进时采用差动连接，快退时高压油输入油缸的有杆腔，如活塞快进和快退速度均为 6m/min，工进时活塞杆受压力，推力为 25000N，当输入流量为 25L/min，背压力为 0.2MPa 时，求：
(1) 活塞直径 D 和活塞杆直径 d 各为多少？
(2) 如油缸材料用 45 钢（许用应力 $[\tau]=1200\text{kg/cm}^2$）时，缸筒壁厚 δ 为多少？
(3) 如液压缸活塞杆为铰接，缸筒固定，其安装长度 $l=1.5\text{m}$，试校核活塞杆的纵向稳定性。

6. 图 4.21 所示的两液压缸中，缸内径 D，活塞杆直径 d 均相同，若输入缸中的流量都是 q，压力为 p，出口处的油直接通油箱，且不计一切摩擦损失，比较它们的推力、运动速度和运动方向。

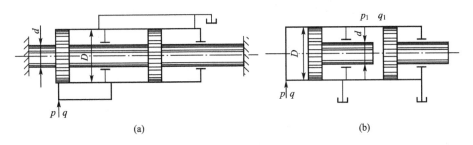

图 4.21 液压缸原理示意图

7. 图 4.22 所示的两个单柱塞缸中，缸内径 D，柱塞直径 d，其中一个柱塞缸固定，柱塞克服负载而移动，另一个柱塞固定，缸筒克服负载而运动。如果在这两个柱塞缸中输入同样流量和压力的油液，它们产生的速度和推力是否相等？为什么？

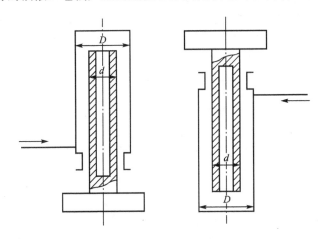

图 4.22 单柱塞液压缸

8. 图 4.23 所示的液压缸中，节流阀装在进油路上，设缸内径 $D=125$mm，活塞杆直径 $d=90$mm，节流阀流量调节范围为 $0.05 \sim 10$L/min，进油压力 $p_1=4$MPa，回油压力 $p_2=1$MPa，求活塞最大、最小运动速度和推力。

9. 缸径 $D=63$mm，活塞杆径 $d=28$mm，采用节流口可调式缓冲装置，环形缓冲腔小径 $d_c=35$mm，求缓冲行程 $l_c=25$mm，运动部件质量 $m=2000$kg，运动速度 $v_0=0.3$m/s，摩擦力 $F_f=950$N，工作腔压力 $p_p=70 \times 10^5$Pa 时的最大缓冲压力。若缸筒强度不够时该怎么办？

10. 设计一差动连接的液压缸，泵的流量为 $q=25$L/min，压力为 6.3MPa，工作台快进、快

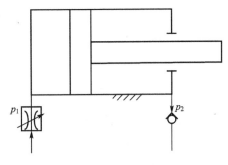

图 4.23 液压缸示意图

退速度为 5m/min，试计算液压缸的内径 D 和活塞杆的直径 d。当外载为 25×10^3N 时，溢流阀的调定压力为多少？

11. 设计一单杆活塞液压缸，已知外载 $F=2\times10^4$N，活塞和活塞杆处的摩擦力 $F_f=12\times10^2$N，进入液压缸的油液压力为 5MPa，计算缸的内径，若活塞最大速度 $v_{max}=4$cm/s，系统的泄漏损失为 10%，应选多大流量的泵？若泵的总效率为 0.85，电动机的驱动功率应多大？

12. 一单杆液压缸快进时采用差动连接，快退时油液输入缸的有杆腔，设缸快进、快退时的速度均为 0.1m/s，工进时杆受压，推力为 25000N。已知输入流量 $q=25$L/min，背压 $p_2=2\times10^5$Pa，求：

(1) 缸和活塞杆直径 D、d；

(2) 缸筒材料为 45 钢缸筒的壁厚；

(3) 如活塞杆铰接，缸筒固定，安装长度为 1.5m，校核活塞杆的纵向稳定性。

13. 若双出杆活塞缸两侧的杆径不等，当两腔同时通入压力油，活塞能否运动？如左右侧杆径为 d_1、d_2($d_1>d_2$)，且杆固定，当输入压力油为 p，流量为 q 时，问缸向哪个方向走？速度、推力各为多少？

14. 单杆缸差动连接时，由于有杆腔的油液流出，产生背压，所以无杆腔和有杆腔的压力并不一样大，有杆腔的压力比无杆腔的大，在此情况下能实现差动连接吗？如果外负载为零，差动连接时，有杆腔和无杆腔的压力间有什么关系？

第5章 液压控制阀

液压控制阀是液压系统中的控制元件,用来控制液压系统中流体的压力、流量及流动方向,以满足液压缸、液压马达等执行元件不同的动作要求,它是直接影响液压系统工作过程和工作特性的重要元器件。

本章要求学生熟悉液压阀的类型和性能要求。掌握常用的各种液压阀的工作原理、结构特点、职能符号及应用,掌握溢流阀和节流阀的流量特性,了解各种阀在结构和原理上的异同点及选用原则,了解二通插装阀和数字阀的特点及应用。

液压控制阀(简称液压阀)是液压系统中的控制元件,用来控制液压系统中流体的压力、流量及流动方向,以满足液压缸、液压马达等执行元件不同的动作要求,它是直接影响液压系统工作过程和工作特性的重要元器件。

5.1 液压阀概述

1. 液压阀的基本结构及工作原理

液压阀的基本结构主要包括阀芯、阀体和驱动阀芯在阀体内作相对运动的操纵装置。阀芯的主要形式有滑阀、锥阀和球阀;阀体上除有与阀芯配合的阀体孔或阀座孔外,还有外接油管的进、出油口和泄油口;驱动阀芯在阀体内作相对运动的装置可以是手调机构,也可以是弹簧或电磁铁,有些场合还采用液压力驱动。

在工作原理上,液压阀是利用阀芯在阀体内的相对运动来控制阀口的通断及开口的大小,以实现压力、流量和方向控制。液压阀工作时,所有阀的阀口大小、阀进、出油口间的压差以及通过阀的流量之间的关系都符合孔口流量公式($q=KA \cdot \Delta p^m$),只是各种阀控制的参数各不相同而已。

2. 液压阀的分类

液压阀的分类方法很多,以至于同一种阀在不同的场合,因其着眼点不同而有不同的名称。下面介绍几种不同的分类方法。

(1) 根据在液压系统中的功用可分为方向控制阀、压力控制阀和流量控制阀。

(2) 根据液压阀的控制方式分为定值或开关控制阀、电液比例阀、伺服控制阀和数字控制阀。

(3) 根据阀芯的结构形式分为滑阀(或转阀)类、锥阀类、球阀类。此外,还有喷嘴挡板阀类和射流管阀,这两类阀将在第 10 章中介绍。

(4) 根据连接和安装形式不同分为管式阀、板式阀、叠加式阀和插装式阀。

3. 液压阀的性能参数

各种不同的液压阀有不同的性能参数,其共同的性能参数如下。

1) 公称通径

公称通径代表阀的通流能力的大小,对应于阀的额定流量。与阀进、出油口相连接的油管规格应与阀的通径相一致。阀工作时的实际流量应小于或等于其额定流量,最大不得大于额定流量的 1.1 倍。

2) 额定压力

额定压力是液压阀长期工作所允许的最高工作压力。对于压力控制阀,实际最高工作压力有时还与阀的调压范围有关;对于换向阀,实际最高工作压力还可能受其功率极限的限制。

4. 对液压阀的基本要求

液压系统对液压阀的基本要求如下。

(1) 动作灵敏、使用可靠，工作时冲击和振动小、噪声小、使用寿命长。
(2) 流体通过液压阀时，压力损失小；阀口关闭时，密封性能好，内泄漏小，无外泄漏。
(3) 所控制的参量(压力或流量)稳定，受外部干扰时变化量小。
(4) 结构紧凑，安装、调整、使用、维护方便，通用性好。

5.2 方向控制阀

方向控制阀是用来使液压系统中的油路通断或改变油液的流动方向，从而控制液压执行元件的启动或停止，改变其运动方向的阀类，如单向阀、换向阀、压力表开关等。

5.2.1 单向阀

单向阀有普通单向阀和液控单向阀两类。

1. 普通单向阀(简称单向阀)

单向阀又称止回阀，它只允许液流沿一个方向通过，而反向液流被截止。对单向阀的主要性能要求是：正向液流通过时压力损失要小；反向截止时密封性要好；动作灵敏，工作时撞击和噪声小。

按进、出口流道的布置形式，单向阀可分为直通式和直角式两种。直通式单向阀进口和出口流道在同一轴线上；而直角式单向阀进、出口流道则成直角布置。图 5.1(a)、(b) 所示为管式连接的钢球式直通单向阀和锥阀式直通单向阀。液流从 p_1 流入，克服弹簧力而将阀芯顶开，再从 p_2 流出。当液流反向流入时，由于阀芯被压紧在阀座密封面上，所以液流被截止。

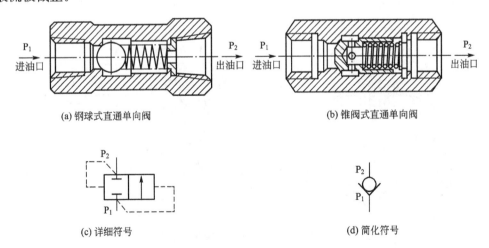

图 5.1 直通式单向阀

钢球式单向阀的结构简单，但密封性不如锥阀式，并且由于钢球没有导向部分，工作时容易产生振动，一般用在流量较小的场合。锥阀式应用最多，虽然结构比钢球式复杂一些，但其导向性好，密封可靠。

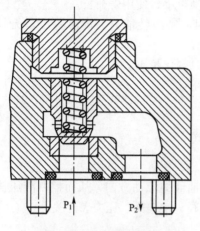

图 5.2 直角式单向阀

图 5.2 为板式连接的直角式单向阀。在该阀中,液流从 p_1 口流入,顶开阀芯后,直接经阀体的铸造流道从 p_2 口流出,压力损失小,而且只要打开端部螺塞即可对内部进行维修,十分方便。

单向阀中的弹簧,主要用来克服摩擦力、阀芯的重力和惯性力,使阀芯在反向流动时能迅速关闭,所以单向阀中的弹簧较软。单向阀的开启压力一般为 0.03～0.05MPa,并可根据需要更换弹簧。如将单向阀中的软弹簧更换成合适的硬弹簧,就成为背压阀,这种阀通常安装在液压系统的回油路上,用以产生 0.3～0.5MPa 的背压。

所谓背压是在液压回路的回油侧或压力作用面的相反方向所作用的压力。

单向阀常被安装在泵的出口,一方面防止系统的压力冲击影响泵的正常工作;另一方面在泵不工作时防止系统的油液倒流经泵回油箱。单向阀还被用来分隔油路以防止干扰,并与其他阀并联组成复合阀,如单向顺序阀、单向节流阀等。

2. 液控单向阀

液控单向阀是可以用来实现逆向流动的单向阀。液控单向阀有不带卸荷阀芯的简式液控单向阀和带卸荷阀芯的卸载式液控单向阀两种结构形式,如图 5.3 所示。

图 5.3(a) 所示为简式液控单向阀的结构。当控制口 K 无压力油时,其工作原理与普通单向阀一样,压力油只能从进油口 p_1 流向出油口 p_2,反向流动被截止。当控制口 K 有控制压力 p_c 作用时,在液压力作用下,控制活塞 1 向上移动,顶开阀芯 2,使油口 p_2 和 p_1 相通,油液就可以从 p_2 口流向 p_1 口。在图示形式的液控单向阀中,控制压力 p_c 最小须为主油路压力的 30%～50%。

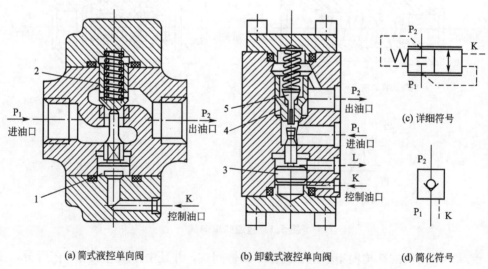

图 5.3 液控单向阀

1、3—控制活塞 2、4—阀芯 5—卸荷阀芯

图 5.3(b)所示为带卸荷阀芯的卸载式液控单向阀。当控制油口通入压力油 p_c,控制活塞 3 上移,先顶开卸荷阀芯 5,使主油路卸压,然后再顶开单向阀芯 4。这样可大大减小控制压力,使其控制压力约为主油路工作压力的 5%,因此可用于压力较高的场合。同时可避免简式液控单向阀中当控制活塞推开单向阀芯时,高压封闭回路内油液的压力突然释放,从而产生较大的冲击和噪声。

上述两种结构形式的液控单向阀,按其控制活塞处的泄油方式又均有内泄式和外泄式之分。图 5.3(a)为内泄式,其控制活塞的背压腔与进油口 p_1 相通。图 5.3(b)为外泄式,其控制活塞的背压腔直接通油箱,这样反向开启时就可减小 p_1 腔压力对控制压力的影响,从而可减小控制压力。故一般在液控单向阀反向工作时,如出油口压力 p_1 较低,可采用内泄式,高压系统则采用外泄式。

液控单向阀具有良好的单向密封性能,常用于执行元件需要较长时间保压、锁紧等情况,也用于防止立式液压缸停止时自动下滑及速度换接等回路中。图 5.4 所示为采用两个液控单向阀(又称双向液压锁)的锁紧回路。当换向阀左位接通时,压力油经换向阀打开液控单向阀 1(此时单向阀 1 的控制油口通油箱,其性能与普通单向阀相同)进入液压缸的左腔,与此同时,压力油进入液控单向阀 2 的控制油口,将阀 2 的阀芯顶开。液压缸右腔的油液经液控单向阀 2、换向阀与油箱连通。此时,活塞在压力油的作用下向右运动,反之亦然。当换向阀处于中位时,液压缸处于自锁状态。

图 5.5 是采用液控单向阀的锁紧回路。在垂直设置的液压缸下腔管路上安装有一液控单向阀,可将液压缸(即负载)较长时间锁定在任意位置上,并可防止由于换向阀的内部泄漏引起带有负载的活塞杆落下。

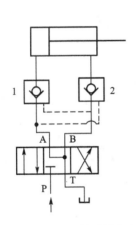

图 5.4 双向液压锁的锁紧回路
1、2—液控单向阀

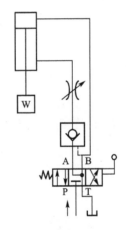

图 5.5 采用液控单向阀的锁紧回路

5.2.2 换向阀

换向阀是利用阀芯和阀体间相对位置的不同来变换阀体上各主油口的通断关系,实现各油路连通、切断或改变液流方向的阀类。换向阀的分类如下。

按照换向阀的结构形式,可分为滑阀式、转阀式、球阀式和锥阀式。

按照换向阀的操纵方式,可分为手动、机动、电磁控制、液动、电液动和气动。

按照换向阀的工作位置和控制的通道数,可分为二位二通、二位三通、二位四通、三位四通、三位五通等。

按照换向阀的阀芯在阀体中的定位方式,又可分为钢球定位、弹簧复位、弹簧对中等。

1. 滑阀式换向阀

滑阀式换向阀是液压系统中用量最大,品种、名称最复杂的一类阀。它主要由阀体、阀芯以及操纵和定位机构组成。

1) 滑阀式换向阀的结构主体及工作原理

阀体和滑阀阀芯是滑阀式换向阀的结构主体。阀体内孔有多个沉割槽,每个槽通过相应的孔道与外部相通。阀体上与外部连接的主油口,称为"通",具有两个、三个、四个或五个主油口的换向阀称为"二通阀"、"三通阀"、"四通阀"或"五通阀"。

滑阀阀芯相对于阀体有两个、三个等不同的稳定工作位置,该稳定的工作位置称为"位"。所谓"二位阀"或"三位阀"是指换向滑阀的阀芯相对于阀体有两个或三个稳定的工作位置。当滑阀阀芯在阀体中从一个"位"移动到另一个"位"时,阀体上各主油口的连通形式即发生了变化。

"通"和"位"是换向阀的重要概念,不同的"通"和"位"构成了不同类型的换向阀。几种不同的"通"和"位"的滑阀式换向阀主体部分的结构形式和图形符号见表 5-1。

表 5-1 中图形符号的含义如下。

(1) 用方框表示阀的工作位置,有几个方框就表示几"位"。

(2) 一个方框上与外部相连接的主油口数有几个,就表示几"通"。

(3) 用方框内的箭头表示该位置上油路处于接通状态,但箭头方向不一定表示液流的实际流向。

(4) 方框内的符号"⊤"或"⊥"表示此通路被阀芯封闭,即不通。

(5) 通常换向阀与系统供油路连接的油口用 P 表示,与回油路连接的回油口用 T 表示,而与执行元件相连接的工作油口用字母 A、B 表示。

表 5-1 滑阀式换向阀主体部分的结构形式

名称	结构原理图	图形符号	使用场合
二位二通阀			控制油路的接通与切断(相当于一个开关)
二位三通阀			控制液流方向(从一个方向变换成另一个方向)

(续)

名称	结构原理图	图形符号	使用场合	
二位四通阀			不能使执行元件在任一位置处停止运动	控制执行元件换向 / 执行元件正反向运动时回油相同
三位四通阀			能使执行元件在任一位置处停止运动	
二位五通阀			不能使执行元件在任一位置处停止运动	执行元件正反向运动时回油不同
三位五通阀			能使执行元件在任一位置处停止运动	

(6) 换向阀都有两个或两个以上的工作位置，其中一个为常态位，即阀芯未受到操纵力作用时所处的位置。图形符号中的中位是三位阀的常态位，利用弹簧复位的二位阀则以靠近弹簧的方框内的通路状态为其常态位。绘制液压系统图时，油路一般应连接在换向阀的常态位上。

二位四通滑阀式换向阀的工作原理如图 5.6 所示。它是靠阀芯在阀体内作轴向运动，从而使相应的油路接通或断开。阀体上有 4 个通口，其中 P 为进油口，T 为回油口，A 和 B 口通执行元件的两腔。阀芯在阀体中有左、右两个稳定的工作位置。当阀芯在左位时，通油口 P 和 B 相连，A 和 T 相连，液压缸有杆腔进油，活塞向左运动；当阀芯移到右位时，通油口 P 和 A 接通，B 和 T 接通，液压缸无杆腔进油，活塞右移。

三位换向阀的工作原理可以用表 5-1 中末行的三位五通阀为例来说明。阀体上有

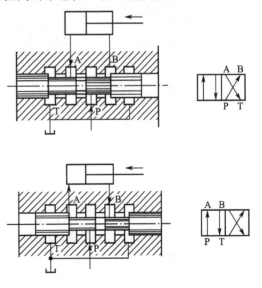

图 5.6 换向阀工作原理

P、A、B、T_1、T_2 共 5 个通油口，阀芯在阀体中有左、中、右 3 个工作位置。当阀芯处在图示中间(中位)位置时，5 个通口都关闭；当阀芯移到左端时，通口 T_2 关闭，油口 P 和 B 相通，A 和 T_1 相通；当阀芯移到右端时，通口 T_1 关闭，油口 P 和 A 相通，B 和 T_2 相通；这种结构形式由于具有使 5 个通口都关闭的工作状态，故可使受它控制的执行元件在任意位置上停止运动。

2) 滑阀式换向阀的操纵方式

(1) 手动换向阀。手动换向阀是利用手动杠杆等机构来改变阀芯和阀体的相对位置，从而实现换向的阀类。阀芯定位靠钢球、弹簧，使其保持确定的位置。图 5.7(b) 所示为弹簧自动复位式三位四通手动换向阀的结构及图形符号。

向左或向右操纵手柄 1，通过杠杆使阀芯 3 在阀体 2 内自图示位置向右或向左移动，以改变油路的连通形式或液压油流动的方向。松开操作手柄后，阀芯在弹簧 4 的作用下恢复到中位。这种换向阀的阀芯不能在两端工作位置上定位，故称自动复位式手动换向阀。此阀操作比较安全，常用于动作频繁、工作持续时间较短的工程机械液压系统中。

如果将图 5.7(b) 所示的手动换向阀的左端结构改为图 5.7(a) 所示的结构，当阀芯向左或向右移动后，就可借助钢球 5 使阀芯保持在左端或右端的工作位置上，故称弹簧钢球定位式手动换向阀，适用于机床、液压机、船舶等需保持工作状态时间较长的液压系统中。

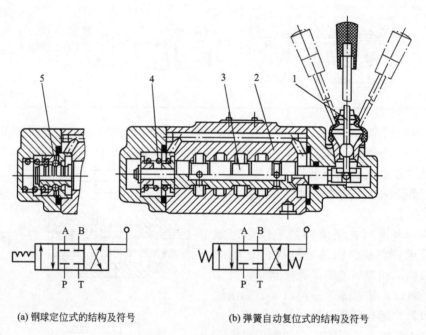

(a) 钢球定位式的结构及符号　　　　　(b) 弹簧自动复位式的结构及符号

图 5.7　三位四通手动换向阀

1—手柄　2—阀体　3—阀芯　4—弹簧　5—钢球

(2) 机动换向阀。机动式换向阀是依靠安装在运动部件上的液压行程挡块或凸轮推动阀芯从而实现换向的阀类，常用来控制机械运动部件的行程，故又称行程换向阀。

图 5.8(a)、(b) 是二位二通机动换向阀的结构图和图形符号。阀芯 2 在弹簧 4 的推动作用下，处在最上端位置，把进油口 P 与出油口 A 切断。当行程挡块将滚轮压下时，P、

A 口接通；当行程挡块脱开滚轮时，阀芯在其底部弹簧的作用下又恢复初始位置。通过改变挡块斜面的角度 α，可改变阀芯移动速度，调节油液换向过程的快慢。

机动换向阀除这里介绍的二位二通外，还有二位三通、二位四通等形式。由于换向阀要放在其操纵件旁，因此常用于要求换向性能好，布置方便的场合。

（3）电动换向阀。电动换向阀又称为电磁换向阀，它是利用电磁铁通电吸合后产生的吸力推动阀芯动作来改变阀的工作位置。

电磁换向阀的电磁铁按所使用电源不同可分为交流型和直流型；按衔铁工作腔是否有油液又可分为"干式"和"湿式"电磁铁。

图5.9所示为交流干式二位三通电磁换向阀，阀的左部也可安装直流型或交流

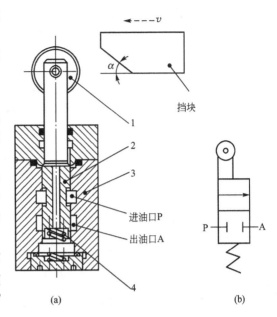

图 5.8 二位二通机动换向阀
1—滚轮 2—阀芯 3—阀体 4—弹簧

本整型电磁铁。右部是滑阀，推杆5处设置了动密封，铁芯与轭铁间隙中的介质为空气，电磁铁为"干式"电磁铁。当电磁铁断电无电磁吸力时，阀芯2在右端弹簧7的作用下处于左端位置，使油口 P 与 A 接通，与 B 不通。当电磁铁通电产生一个向右的电磁吸力并通过推杆5将阀芯2推向右端时，油口 P 和 A 的通道被关闭，而油口 P 和 B 接通。

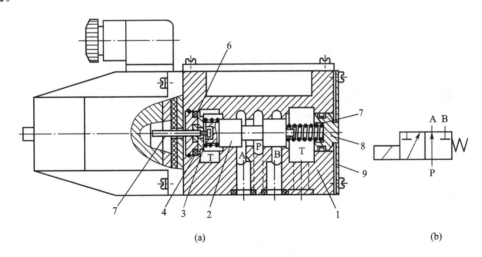

图 5.9 交流干式二位三通电磁换向阀
1—阀体 2—阀芯 3、7—弹簧 4、8—弹簧座 5—推杆 6—O形圈 9—后盖

图5.10所示为直流湿式三位四通电磁换向阀。当两边电磁铁都不通电时，阀芯3在两边对中弹簧4的作用下处于中位，P、T、A、B 油口都不相通；当右边电磁铁通电时，

推杆将阀芯 3 推向左端，P 与 A 通，T 与 B 通；当左边电磁铁通电时，P 与 B 相通，T 与 A 相通。

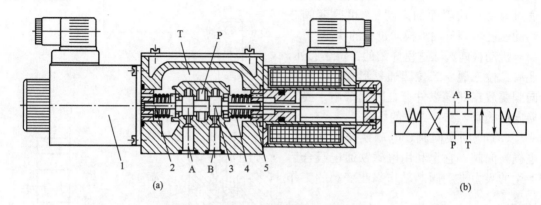

图 5.10 直流湿式三位四通电磁换向阀
1—电磁铁 2—推杆 3—阀芯 4—弹簧 5—挡圈

电磁换向阀中的电磁铁是电气控制系统与液压系统之间的信号转换元件。电磁铁可借助按钮开关、行程开关、限位开关、压力继电器等发出的信号通过控制电路进行控制，控制布局方便、灵活，易于实现动作转换的自动化。但由于受到磁铁吸力较小的限制，所以广泛用于流量小于 63L/min 的液压系统中。

必须指出，交流电磁铁电源简单，使用电压一般为交流 110V、220V 和 380V 共 3 种；其特点是启动力较大，吸合、释放速度快，换向时间短，为 0.01～0.03s；但其启动电流大，在阀芯被卡住、衔铁不动作时，会使电磁铁线圈烧毁；换向冲击大，寿命低，可靠性差。所允许切换频率一般为 10 次/min。直流电磁铁使用电压一般为 110V 和 24V。在工作过载情况下，其电流基本不变，所以不会因阀被卡住而烧毁电磁铁线圈，工作可靠，换向冲击小，噪声小。换向频率较高，一般允许为 120 次/min。但需要专门的直流电源，且启动力小，吸合、释放速度较慢，为 0.05～0.08s，换向时间长。此外，还有一种交流本整型电磁铁，电磁铁带有整流器，通入的交流电经整流后，直接供给直流电磁铁。

干式电磁铁的线圈、铁芯与衔铁处于空气中，不和油液接触。电磁铁与阀连接时，在推杆的外周有密封圈，避免了油液进入电磁铁，装拆和更换方便。此外换向阀的回油压力不可太高，以防止回油进入干式电磁铁中。湿式电磁铁中的推杆与阀芯连成一体，取消了推杆的动密封，所以摩擦力较小，复位性能好，冷却润滑好，工作寿命长。

(4) 液动换向阀。液动换向阀是利用控制油路的压力在阀芯端部所产生的液压作用力来推动阀芯移动，从而改变阀芯位置的换向阀。对于三位换向阀而言，按其换向时间的可调性，液动换向阀分为可调式和不可调式两种。图 5.11(a) 为不可调式三位四通弹簧对中型液动换向阀结构原理图，阀芯两端分别接通控制油口 K_1 和 K_2。当控制油口 K_1 通压力油、K_2 回油时，阀芯右移，P 与 A 相通，T 与 B 相通；当 K_2 通压力油、K_1 回油时，阀芯左移，P 与 B 相通，T 与 A 相通；当 K_1、K_2 都不通压力油时（在图示位置），阀芯在两端弹簧对中的作用下处于中间位置。

如果对运动部件有较高的换向平稳性要求时，应采用可调式液动换向阀，如图 5.11(b) 所示。此阀是在滑阀两端 K_1、K_2 控制油路中各装置由一个单向阀和一个节流阀并联

第 5 章 液压控制阀

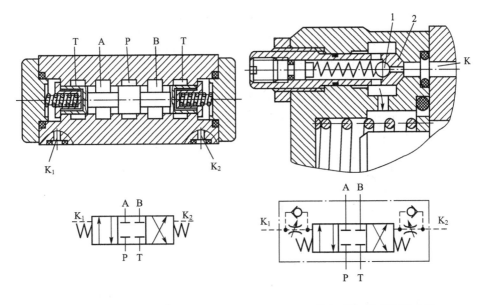

(a) 换向时间不可调式液动换向阀   (b) 换向时间可调式液动换向阀

图 5.11　三位四通液动换向阀
1—单向阀钢球　2—节流阀阀芯

组成的阻尼调节器。单向阀用于保证滑阀两端面进油通畅，而节流阀用于滑阀两端面回油的节流，起到背压阀的作用，提高了换向过程中的运动平稳性，调节节流阀的开口大小可调整阀芯运动速度。

由于液压动力可产生较大的推力，因此液动换向阀适用于高压、大流量的场合。

（5）电液动换向阀。电液动换向阀由电磁换向阀和液动换向阀组合而成。其中，液动换向阀实现主油路的换向，称为主阀；电磁换向阀用于改变液动换向阀的控制油路的方向，推动液动换向阀阀芯移动，称为先导阀。由于推动主阀芯的液压推力可以很大，所以主阀芯的尺寸可以做得很大，允许大流量通过。这样，用较小的电磁铁就能控制较大的流量。

电液换向阀有弹簧对中和液压对中两种形式。图 5.12 所示为弹簧对中电液换向阀的结构原理和图形符号。当电磁铁线圈 4、6 都不通电时，电磁换向阀阀芯 5 处于中位，液动换向阀阀芯 1 两端都未接通控制油液，在其对中弹簧的作用下，也处于中位。当电磁铁线圈 4 通电时，阀芯 5 移向右位，控制压力油经单向阀 2 流入主阀芯 1 的左端，推动主阀芯 1 移向右端，主阀芯 1 右端的油液则经节流阀 7 和电磁换向阀流回油箱。主阀芯 1 运动的速度由节流阀 7 的开口大小决定。这时主油路状态是 P 和 A 通，B 和 T 通。同理，当电磁铁 6 通电时，电磁阀阀芯 5 移向左位，控制压力油通过单向阀 8，推动主阀芯 1 移向左端，其移动速度的快慢由节流阀 3 的开口大小决定。这时主油路状态是 P 和 B 通，A 和 T 通。

在电液换向阀中，主阀芯的移动速度可由单向节流阀来调节，这使系统中的执行元件能够得到平稳无冲击的换向。这里的单向节流阀是换向时间调节器，也称为阻尼调节器。它可叠放在先导阀与主阀之间。调节节流阀开口，即可调节主阀换向时间，从而消除执行元件的换向冲击。所以这种操纵形式的换向性能是比较好的，它适用于高压、大流量的场合。

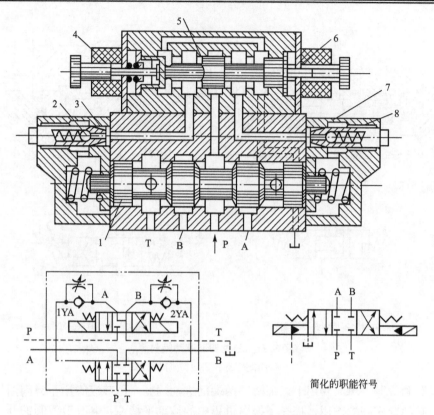

图 5.12 弹簧对中电液换向阀的结构原理
1—主阀芯 2、8—单向阀 3、7—节流阀 4、6—电磁铁线圈 5—阀芯

在电液换向阀上还可以设置主阀芯行程调节机构，它可在主阀两端盖加限位螺钉来实现。这样主阀芯换位移动的行程和各阀口的开度即可改变，通过主阀的流量也随之变化，因而可对执行元件起粗略的速度调节作用。

在电液换向阀中，先导阀的进油和回油可以有外控外回、外控内回、内控外回、内控内回4种方式。如果进入先导电磁阀的压力油（即控制油）来自主阀的P腔，这种控制油的进油方式称为内部控制，即电磁阀的进油口与主阀的P腔是沟通的（图5.12）。其优点是油路简单，但因泵的工作压力通常较高，所以控制部分能耗大，只适用于在系统中电液换向阀较少的情况。采用内控而主油路又需要卸荷时，必须在主阀的P口安装一预控压力阀（如开启压力为0.4MPa的单向阀），使在卸荷状态下仍有一定的控制油压，足以操纵主阀芯换向；如果进入先导电磁阀的压力油引自主阀P腔以外的油路，如专用的低压泵或系统的某一部分，这种控制油的进油方式称为外部控制。采用外控时，独立油源的流量不得小于主阀最大流量的15%，以保证换向时间要求。

如果先导电磁阀的回油口单独接油箱，这种控制油回油方式称为外部回油；如果先导电磁阀的回油口与主阀的T腔相通，则称为内部回油。内部回油的优点是无需单设回油管路，但因先导阀回油允许背压较小，所以主油路的回油背压必须小于它才能采用，而外部回油方式则不受此限制。

当液动换向阀为弹簧对中型时，电磁换向阀必须采用Y形滑阀机能，以保证主阀芯左右两端油腔通回油箱，否则主阀芯无法回到中位。

3) 滑阀机能

三位四通和三位五通换向阀,滑阀在中位时各油口的连通方式称为滑阀机能(也称中位机能)。不同的滑阀机能可满足系统的不同要求。表 5-2 列出了三位阀常用的 10 种滑阀机能,而其左位和右位各油口的连通方式均为直通或交叉相通,所以只用一个字母来表示中位的形式。不同的滑阀机能是在阀体尺寸不变的情况下,通过改变阀芯的台肩结构、轴向尺寸以及阀芯上径向通孔的个数得到的。

表 5-2 三位换向阀的滑阀机能

滑阀机能	中位时的滑阀状态	中位符号 三位四通	中位符号 三位五通	中位时的性能特点
O	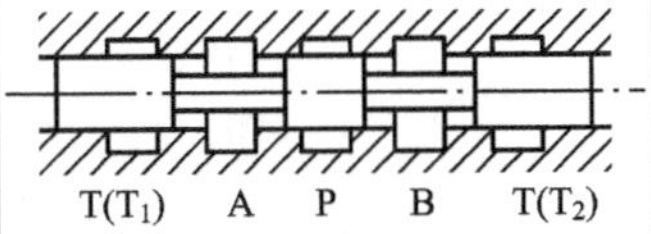	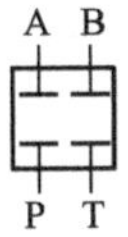	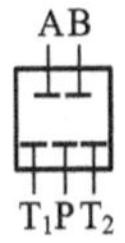	各油口全部关闭,系统保持压力,执行元件各油口封闭
H	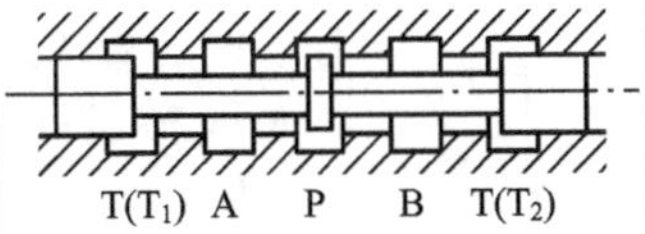	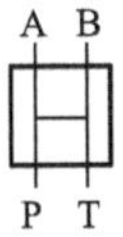	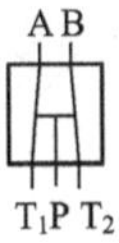	各油口 P、T、A、B 全部连通,泵卸荷,执行元件两腔与回油连通
Y	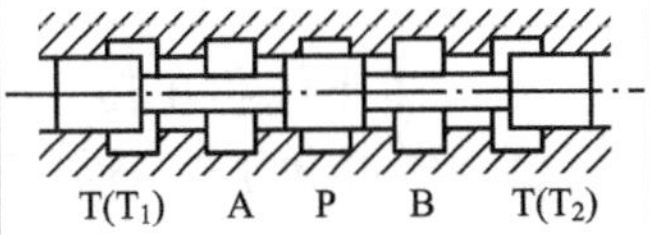	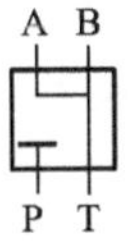	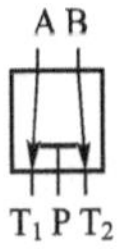	A、B、T 口连通,P 口保持压力,执行元件两腔与回油连通
J	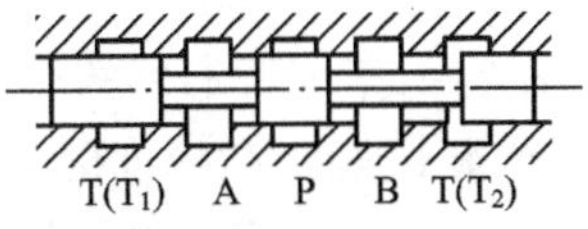	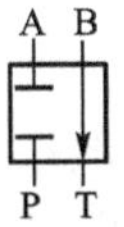	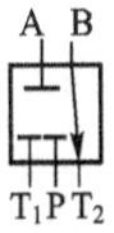	P 口保持压力,缸 A 口封闭,B 口与回油口 T 连通
C	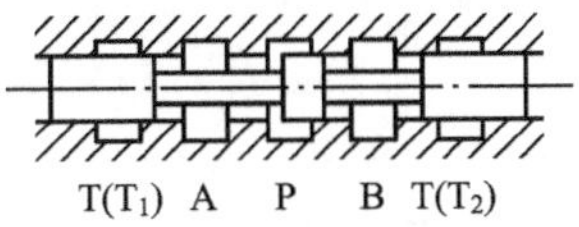	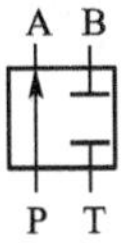	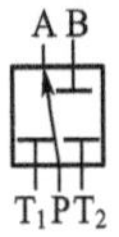	执行元件 A 口通压力油,B 口与回油口 T 不通
P	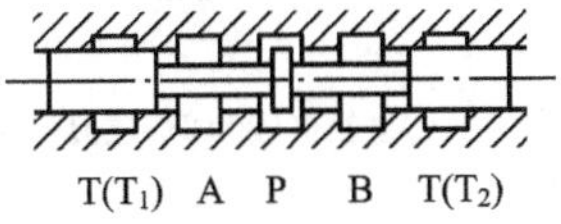	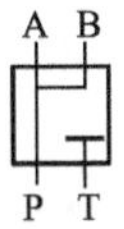	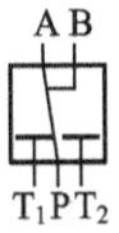	P 口与 A、B 口都连通,回油口 T 封闭
K	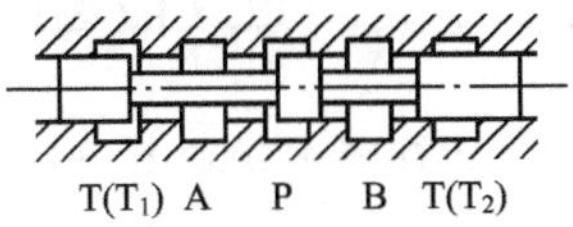	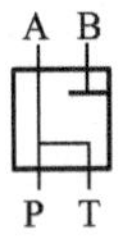	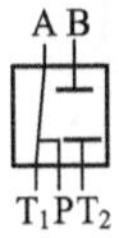	P、A、T 口连通,泵卸荷,执行元件 B 口封闭

(续)

滑阀机能	中位时的滑阀状态	中位符号 三位四通	中位符号 三位五通	中位时的性能特点
X	(图示) T(T₁) A P B T(T₂)	A B / P T	A B / T₁P T₂	P、T、A、B 口半开启接通，P 口保持一定压力
M	(图示) T(T₁) A P B T(T₂)	A B / P T	A B / T₁P T₂	P、T 口连通，泵卸荷，执行元件 A、B 两油口都封闭
U	(图示) T(T₁) A P B T(T₂)	A B / P T	A B / T₁P T₂	A、B 口接通，P、T 口封闭，缸两腔连通，P 口保持压力

三位换向阀除了在中间位置时有各种滑阀机能外，有时也把阀芯在其一端位置时的油口连通状况设计成特殊机能，这时用第一个字母、第二个字母和第三个字母分别表示中位、右位和左位的滑阀机能，如图 5.13 所示。

另外，当换向阀从一个工作位置过渡到另一个工作位置，对各油口间通断关系也有要求时，还规定和设计了过渡机能。这种过渡机能被画在各工作位置通路符号之间，并用虚线与之隔开。图 5.14(a)所示为二位四通滑阀的 H 形过渡机能，在换向时，P、A、B、T 这 4 个油口呈连通状态，这样可避免在换向过程中由于 P 口突然完全封闭而引起系统的压力冲击。图 5.14(b)所示为 O 形三位四通换向阀的一种过渡机能。

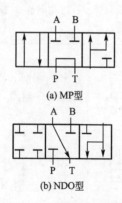

图 5.13 滑阀的特殊机能

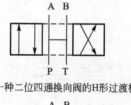

图 5.14 滑阀式换向阀的过渡机能

4) 液压滑阀的卡紧现象

从理论上讲,滑阀式换向阀的阀芯只要克服与阀体的摩擦力以及复位弹簧的弹力就可移动。然而实际上,由于阀芯几何形状的偏差以及阀芯与阀体的不同心,在中、高压控制油路中,当阀芯停止一段时间后或换向时,阀芯在操纵力作用下不移动,或操纵力解除后,复位弹簧不能使阀芯复位,这种现象称为液压卡紧现象。阀芯的卡紧现象是由于阀芯与阀体的制造及相对运动误差而导致阀芯所受径向力不平衡造成的,它使阀芯在阀体内壁上产生相当大的摩擦力,使操作费力,液压动作失灵。

图 5.15 所示为阀芯所受径向力不平衡的几种情况。

图 5.15(a)所示的阀芯是理想的圆柱体,当它与阀体产生一个平行轴线的偏心 e 时,由于阀芯沿轴线间隙均匀,根据其压力分布规律可知,阀芯上下沿轴线的压力是对应相等的,不会因阀芯的偏心而产生径向力的不平衡。

图 5.15(b)所示是阀芯具有锥度,且大头在高压油一侧,呈倒锥状。当阀芯与阀体产生一个平行于轴线的偏心 e 时,由于上部间隙小,沿轴线方向压力下降梯度大,而下部间隙大,沿轴线方向压力下降梯度小,因而在阀芯对应处产生径向力的不平衡,从图 5.15(b)可见,这种径向不平衡力将使阀芯向较小间隙的一侧移动而趋于卡死。

图 5.15(c)所示是阀芯也具有锥度,且小头在高压油一侧,呈顺锥状。当阀芯与阀体轴线不重合产生一个平行于轴线的偏心 e 时,由于大头在低压油一侧,上部间隙小,下部间隙大,造成沿轴线方向的阻力,上部比下部的要大,因此沿轴线的压力下降梯度上部比下部的要小。如图 5.15 所示,在此情况下,径向不平衡力使偏心减小,不会产生卡紧现象。

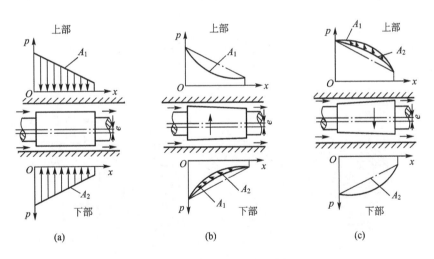

图 5.15 阀芯径向受力分析

径向力不平衡问题是一个普遍存在的现象,只能设法减小,而不可能完全消除。因为几何形状以及装配精度不可能达到理想状态。从上述分析可知,如阀芯出现锥状,则可能在装配时使其按顺锥形式配置,这样就可减少卡紧现象。另外,应严格控制零件的制造精度,对外圆表面,其粗糙度一般不低于 $\frac{0.2}{\triangledown}$,阀孔粗糙度不低于 $\frac{0.4}{\triangledown}$,圆柱度、直线度等保持在 0.003~0.005mm 范围内。配合间隙要求较高,径向间隙一般在 5~15μm 之间。

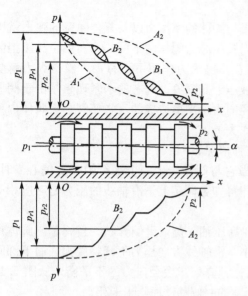

为减小径向不平衡力,除了在加工工艺上严格要求以外,在滑阀阀芯结构上也可采取一定措施。如图 5.16 所示,为了减小径向不平衡力,可在阀芯上开环形均压槽。

没有开环形均压槽时,其径向不平衡力如虚线 A_1A_2 包围的面积所示;开了环形均压槽后,其径向不平衡力如实线 B_1B_2 包围的面积所示。环形均压槽的尺寸是:槽宽为 $0.3\sim0.5$ mm,槽深为 $0.5\sim0.1$ mm,槽间距离为 $3\sim5$ mm。

图 5.16 滑阀阀芯环形槽的结构

2. 转阀式换向阀

转阀式换向阀是通过操纵机构使阀芯在阀体内作相对转动从而改变各油口通断状态的阀类。图 5.17 所示为三位四通转阀式换向阀。如图 5.17(b) 所示,当阀芯 2 处于图示位置时,压力油从 P 口进入,经环槽 c、轴向沟槽 b 与油口 A 相通进入执行元件,执行元件的回油从 B 口进入,经沟槽 d 和环槽 a 从 T 口流回油箱;如用手柄 3 将阀芯 2 顺时针转动 45°,油口 P、T、A、B 封闭;再继续转动 45°,P 与 B 通,A 与 T 通,这就实现了换向。钢球和弹簧 4 起定位作用,限位销 5 用以控制手柄转动的范围。利用挡铁通过手柄 3 下端的拨叉 6 和 7 还可以使转阀机动换向。

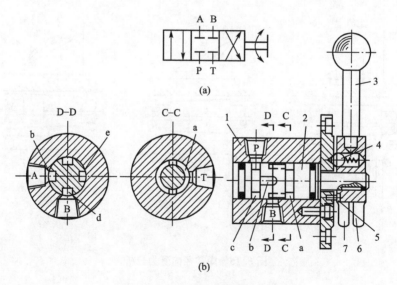

图 5.17 三位四通转阀式换向阀
1—阀体　2—阀芯　3—手柄　4—钢球和弹簧
5—限位销　6、7—拨叉

转阀工作时,因有不平衡的径向力存在,操作很费劲,阀芯易磨损,且密封性能差,内泄漏大,故一般在低压小流量系统中用作先导阀或小型换向阀。

3. 球式换向阀

球式换向阀也称电磁球阀,是一种以电磁铁的推力为动力,推动钢球运动来实现油路通断和切换的阀类。球式换向阀与滑阀式换向阀相比,具有以下优点:不会产生液压卡紧现象,动作可靠性高;密封性好;对油液污染不敏感;切换时间短;使用介质粘度范围大,介质可以是水、乳化液和矿物油;工作压力可高达 63MPa;球阀芯可直接从轴承厂获得,精度很高,价格便宜。

球式换向阀有手动、机动、电磁、液动和电液动等多种形式。目前电磁球阀只有二位阀,而且以二位三通阀为基本结构,有常开式和常闭式两种形式。下面分别对电磁球式换向阀和液动球式换向阀作一介绍。

1) 电磁球式换向阀

图 5.18 所示为常开型二位三通电磁球式换向阀的结构图。它主要由左右阀座 4 和 6、球阀 5、弹簧 7、操纵杆 2 和杠杆 3 等零件组成。图示为电磁铁断电状态,即常态位。P 口的压力油一方面作用在球阀 5 的右侧,另一方面经通道 b 进入操纵杆 2 的空腔而作用在球阀 5 的左侧,以保证球阀 5 两侧承受的液压力平衡。球阀 5 在弹簧 7 的作用下压在左阀座 4 上,P 与 A 相通,A 与 T 切断。当电磁铁 8 通电时,衔铁推动杠杆 3,以 1 为支点推动操纵杆 2,克服弹簧力,使球阀 5 压在右阀座 6 上,实现换向,P 与 A 切断,A 与 T 相通。

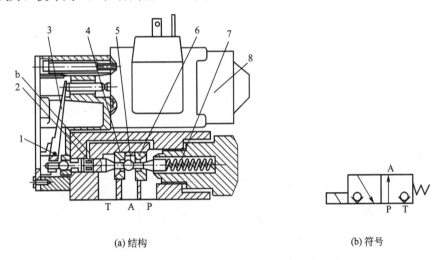

(a) 结构　　　　　　　　　　(b) 符号

图 5.18　常开型二位三通电磁球式换向阀

1—支点　2—操纵杆　3—杠杆　4—左阀座　5—球阀
6—右阀座　7—弹簧　8—电磁铁

图 5.19 所示为常闭式二位三通电磁球式换向阀的结构图。与常开式不同的是:它有两个球阀,电磁铁不通电时,P 口封闭,A 与 T 通。

电磁球式换向阀除用作大流量换向阀的先导控制外,还可在小流量系统中直接使用。

2) 液控球式换向阀

液控球式换向阀是由两种基本单元为基础,通过插装而集成的一种换向阀。图 5.20 所示的常开式二位二通液控球阀单元和图 5.21 所示的常闭式二位二通液控球阀单元是液控球式换向阀的基本单元。它们是利用控制油路中压力 p_k 的变化来改变球阀芯的位置,

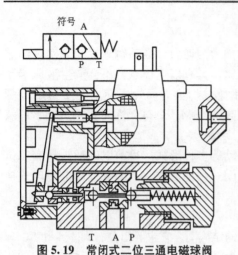

图 5.19 常闭式二位三通电磁球阀

从而实现对油路通断关系的控制。

在图 5.20 中,当控制油口通入控制油压 p_k 时,球阀芯 1 下降并关闭负载油口 A,P 与 A 不通;当控制油口无油压时,P 与 A 通。

在图 5.21 中,当通入控制油压 p_k 时,球阀芯 1 被推向阀腔的右端,P 与 A 通;当控制压力消失时,球阀芯 1、2 在压力油的作用下被推向阀腔的左边,P 与 A 不通。

以上述两种基本单元为基础,通过插装集成,可以组成各种功能的多工位多通路的换向阀和复杂的方向控制回路,也可组成实现逻辑动作的各种逻辑门。

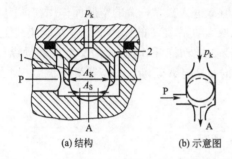

图 5.20 常开式二位二通液控球阀单元
1—球阀芯 2—导向套

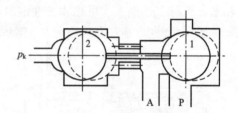

图 5.21 常闭式二位二通液控球阀单元
1、2—球阀芯

图 5.22 所示为应用四位四通液控球式换向阀控制液压缸动作原理图。

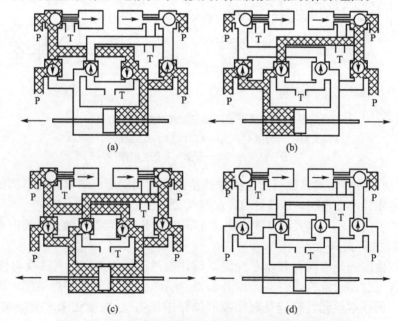

图 5.22 四位四通液控球式换向阀控制液压缸动作原理图

表5-3所示为由二位二通液控球阀单元组成的各种换向阀。

表5-3 由二位二通液控球阀单元组成的各种换向阀

功能	符号	结构
二位二通		
二位二通		
四位三通		
二位三通		
二位三通		
四位四通		
二位四通		

液控球式换向阀的应用：液控球式换向阀已在珩磨机、超精加工机床、液压打夯机和打桩机等要求快速而准确的小流量换向回路中应用。公称通径为10mm的液控球式换向阀

所控制的执行元件，其往复运动频率可达 45Hz，换向精度为 0.1mm。这种元件还应用于可靠性要求特别高的液压机安全阀和电厂的液压传动开关。

5.3 压力控制阀

压力控制阀简称压力阀，是用来调节和控制液压系统中油液压力的阀类。按其功能和用途可分为溢流阀、减压阀、顺序阀、压力继电器等，它们的共同特点是利用作用于阀芯上的液压作用力与弹簧力相平衡的原理进行工作。

5.3.1 溢流阀

溢流阀的主要用途有两点：一是用来保持系统或回路的压力恒定，如在定量泵节流调速系统中作溢流恒压阀，用以保持泵的出口压力恒定；二是在系统中作安全阀用，在系统正常工作时，溢流阀处于关闭状态，而当系统压力大于或等于其调定压力时，溢流阀才开启溢流，对系统起过载保护作用。此外，溢流阀还可作背压阀、卸荷阀、制动阀、平衡阀和限速阀等使用。根据结构不同，溢流阀可分为直动式和先导式两类。

1. 溢流阀的结构和工作原理

1) 直动式溢流阀

直动式溢流阀是直接作用式，即依靠压力油直接作用在主阀芯上产生的液压作用力与弹簧作用力相平衡，来控制阀芯的启闭动作。直动式溢流阀的阀芯有锥阀式、球阀式和滑阀式 3 种形式。

图 5.23 所示为低压直动型溢流阀的结构。它由阀芯 7、阀体 6、限位螺塞 8、调压弹簧 3、上盖 5、调节螺母 2 等零件组成。

直动式溢流阀的恒压原理是：压力油从进油口 P 进入溢流阀后，经阀芯 7 上的径向孔 f 和轴向阻尼孔 g 进入滑阀底部的 c 腔，对阀芯 7 产生向上的液压作用力 F。当进口压力较低，向上的液压作用力 F 小于调压弹簧作用力 F_s 时，阀芯在弹簧力作用下处于最下端位置，阀芯台肩的封油长度 S 将进油口 P 和回油口 T 隔断，阀处于关闭状态。当进口油压不断增高，c 腔内的液压作用力 F 等于或大于调压弹簧力 F_s 时，阀芯向上运动，上移行程 S 后阀口开启，P 口、T 口接通，压力油经阀口

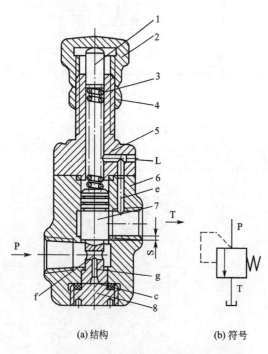

(a) 结构 (b) 符号

图 5.23 直动型溢流阀及图形符号
1—调节杆　2—调节螺母　3—调压弹簧
4—锁紧螺母　5—上盖　6—阀体
7—阀芯　8—螺塞

溢流回油箱，此时，阀芯处于受力平衡状态，油液的压力取决于油液流动时所需克服的阻力。因此，此时溢流阀的进口压力不再增高，且与此时的弹簧力平衡，为一确定的常值，即

$$p=\frac{K(x_0+S+x_v)}{A_v}\approx\text{Const} \tag{5-1}$$

式中　p——溢流阀的进口压力；

　　　S——封油长度；

　　　K——调压弹簧刚度；

　　　x_0——调压弹簧预压缩量；

　　　x_v——溢流阀口开度(开口量)；

　　　A_v——阀芯下端面面积。

当通过阀口的溢流量改变时，阀口开度 x_v 也要变化。但因为阀口开度变化很小，远小于弹簧预压缩量 x_0，作用在阀芯上的弹簧力也就变化很小。因此可以把溢流阀的进口压力 p 近似地看成一个常数。也就是说，只要阀口打开，有油液流经溢流阀，溢流阀进口处的压力就基本保持恒定。

当然，溢流阀的溢流量变化时，因阀口开度的变化和液动力的影响，溢流阀的进口压力 p 还是有所波动。这是后面要讨论的定压精度问题。

调压弹簧对阀芯的作用力可通过调节螺母 2 来调节，即调节溢流阀的进口压力。通常是在溢流阀通过液压泵的全部流量的情况下，调节溢流阀的进口压力，此压力称为溢流阀的调整压力。

在图 5.23 中，L 为泄油口。图中回油口 T 与泄漏油流经的弹簧腔相通，堵塞 L 口，这种连接方式称为内泄。内泄时回油口 T 的背压将作用在阀芯上端面，这时与弹簧相平衡的将是进出口压差。若将泄漏油腔与 T 口的连接通道 e 堵塞，将 L 口打开，直接将泄漏油引回油箱，这种连接方式称为外泄。

直动式溢流阀因液压力直接与弹簧力相平衡而得名。这种直动式溢流阀，若要求阀的压力较高，流量较大，则要求调压弹簧具有很大的弹簧刚度，这不仅使调节性能变差，而且结构上也难以实现。所以这种直动型溢流阀一般用于压力小于 2.5MPa 的小流量场合。直动式溢流阀采取适当的措施也可用于高压大流量。

图 5.24 所示为 DBD 型锥阀式直动溢流阀。锥阀 2 的左端设有偏流盘 1 托住调压弹簧 5，锥阀右端有一阻尼活塞 3，阻尼活塞一方面在锥阀开启或闭合时起阻尼作用，用来提高锥阀工作的稳定性；另一方面用来保证锥阀开启后不会倾斜。进口的压力油可以由此活塞周围的间隙进入活塞底部，形成一个向左的液压力。当作用在活塞底部的液压力大于弹簧力时，锥阀口打开，油液由锥阀阀口经回油口溢回油箱。只要阀口打开，有油液流经溢流阀，溢流阀入口处的压力就基本保持恒定。通过调节杆 4 来改变调压弹簧 5 的预紧力，即可调整溢流压力。

锥阀 2 左端的偏流盘 1 上的环形槽用来改变液流方向，一方面用来补偿锥阀 2 的液动力；另一方面由于液流方向的改变，产生一个与弹簧力相反方向的射流力，当通过溢流阀的流量增加时，虽然锥阀阀口增大会引起弹簧力增加，但由于与弹簧力方向相反的射流力同时增加，结果抵消了弹簧力的增加，有利于提高阀的流通量和工作压力。

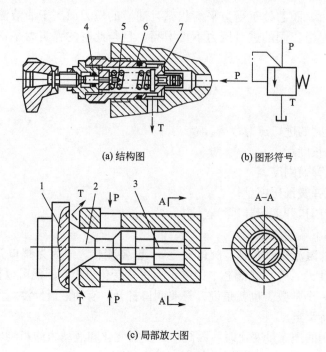

(a) 结构图　　(b) 图形符号

(c) 局部放大图

图 5.24　DBD 型直动式溢流阀(插装式)
1—偏流盘　2—锥阀　3—阻尼活塞　4—调节杆
5—调压弹簧　6—阀套　7—阀座

　　DBD 型锥阀式直动溢流阀的压力可高达 40～63MPa，最大流量可达 330L/min。

　　直动式溢流阀因为溢流量变化较大时，阀芯移动量变化较大，调压弹簧压缩量也较大，将造成弹簧力变化较大，压力波动较大，定压精度不高，使系统性能受到影响。一般而言，在系统中常用作安全阀，在小流量液压系统中，也可用作溢流稳压。

　　2) 先导式溢流阀

　　先导式溢流阀常用于高压、大流量液压系统的溢流、定压和稳压。

　　先导式溢流阀由先导阀和主阀两部分组成。先导阀类似于直动式溢流阀，但一般多为锥阀(或球阀)形阀座式结构。主阀可分为一节同心结构、二节同心结构和三节同心结构。

　　图 5.25 所示为二节同心式溢流阀的结构图，其主阀芯为带有圆柱面的锥阀。为使主阀关闭时有良好的密封性，要求主阀芯 1 的圆柱导向面、圆锥面与阀套 11 配合良好，两处的同心度要求较高，故称二节同心。其结构特点是：主阀芯仅与阀套和主阀座有同心度要求，结构简单，加工和装配方便；主阀口通流面积大，在相同流量的情况下，主阀开启高度小；或者在相同开启高度的情况下，其通流能力大。因此，可做得体积小、重量轻；主阀芯与阀套可以通用化，便于组织批量生产。二节同心式溢流阀是目前普遍使用的结构形式。

　　先导式溢流阀有主油路、控制油路和泄油路 3 条油路。主油路：从进油口 P 到出油口(溢流口)T 的油路；控制油路：压力油自进油口 P 进入，作用于主阀芯下端面，并通过阀体 10 上的阻尼孔 2、通道 c、阻尼孔 4 进入先导阀阀芯前腔，作用于锥阀 7 上，同时经阻

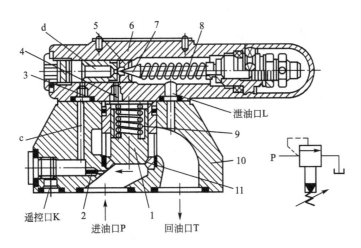

图 5.25　二节同心式溢流阀

1—主阀芯　2,3,4—阻尼孔　5—导阀阀座　6—导阀阀体　7—导阀阀芯
8—调压弹簧　9—主阀弹簧　10—阀体　11—阀套

尼孔 4 进入主阀上腔,作用于主阀芯上端面;泄油路:先导阀被打开时,从先导阀弹簧腔经泄油口 L 到出油口 T 的油路。阀体 10 上的阻尼孔 2 起节流作用;先导阀前和主阀上腔的两个阻尼孔 3 和 4 的作用是增加阻尼,提高阀的稳定性。由图 5.25 所示的先导型溢流阀结构图可绘出图 5.26 所示的先导式溢流阀的工作原理图。

阀的定压工作原理是:当进油压力 p_1 小于先导阀调压弹簧 8 的调定值时,导阀关闭,阻尼孔 2 中没有油液流动,主阀芯上、下两侧的液压力相等,由于主阀芯上腔有效面积 A_2 略大于下腔的作用面积 A_1,因此作用于主阀芯上的压力差和主阀弹簧力均使主阀口压紧,不溢流。当进油压力 p_1 超过先导阀的调定压力

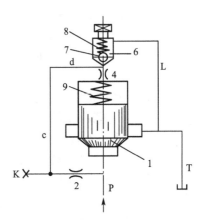

图 5.26　先导式溢流标注阀的原理图
(图 5.26 与图 5.25 标注序号代表
的元件一一对应且部分未标出)

时,先导阀被打开,造成自进油口 P 经阻尼孔 2、先导阀阀口、出油口(溢流口)T 的流动。阻尼孔 2 处的流动损失使主阀芯上、下腔中的油液产生一个随先导阀流量增加而增加的压力差,当它在主阀芯上、下作用面上产生的总压力差足以克服主阀弹簧力、主阀芯自重 G 和摩擦力 F_f 时,主阀芯开启。此时进油口 P 与出油口(溢流口)T 直接相通,造成溢流以保持系统压力。

主阀芯和导阀阀芯的力平衡方程分别为

$$A_1 p_1 - A_2 p_2 = K_x(x_0 + x) + G \pm F_f \tag{5-2}$$

$$A_c p_2 = K_c(x_{c0} + x_c) \tag{5-3}$$

由上述两式,可得溢流阀进口压力为

$$p_1 = \frac{A_2}{A_1}\frac{K_c}{A_c}(x_{c0} + x_c) + \frac{1}{A_1}[K_x(x_0 + x) + G \pm F_f] \tag{5-4}$$

式中　p_1、p_2——主阀芯上、下腔的压力；
　　　A_1、A_2——主阀芯上、下腔的作用面积；
　　　　A_c——导阀阀座孔面积；
　　　K_x、K_c——主阀和先导阀弹簧的刚度；
　　　x_0、x_{c0}——主阀和先导阀弹簧的预压缩量；
　　　x、x_c——分别为主阀和先导阀的开度；
　　　　F_f——主阀芯与阀体间的摩擦力；
　　　　G——主阀芯自重。

由于主阀芯的启闭主要取决于阀芯上、下侧的压力差，主阀弹簧只用来克服阀芯的重力和运动时的摩擦力，保持主阀的常闭状态，故主阀弹簧很软，即 $K_x \ll K_c$。又因 $A_c \ll A_1$，所以式(5-4)右边第二项中 x 的变化对 p_1 的影响远不如第一项中 x_c 的变化对 p_1 的影响大，即主阀芯因溢流量的变化而发生的位移不会引起被控压力的显著变化。而且由于阻尼孔2的作用，使得主阀溢流量发生很大变化时，只引起先导阀流量的微小变化，即 x_c 值很小。加之主阀芯自重及摩擦力甚小，所以先导型溢流阀在溢流量发生大幅度变化时，被控压力 p_1 只有很小的变化，即定压精度高，恒定压力的性能优于直动式溢流阀。此外，由于先导阀的溢流量仅为主阀额定流量的1%左右，因此先导阀阀座孔的面积 A_c、开口量 x_c、调压弹簧刚度 K_c 都不必很大，压力调整也就比较轻便。所以，先导型溢流阀广泛用于高压、大流量场合。但先导型溢流阀是两级阀，其响应不如直动型溢流阀灵敏。

在先导式溢流阀中，先导阀的作用是控制和调节溢流压力，主阀的功能则在于溢流。调节先导阀调压弹簧9的预紧力，可调定溢流阀的进口压力。

先导式溢流阀上有一遥控口(外控口)K，其作用有两个：若将与主阀上腔相通的遥控口 K 与另一个远离主阀的先导压力阀(远程调压阀)的入口连接，可实现遥控调压。必须注意的是，远程调压阀的调节压力应小于主阀中先导阀的调节压力；通过一个电磁换向阀使遥控口 K 分别与一个(或多个)远程调压阀的入口连通，即可实现二级(或多级)调压。若将 K 口通过二位二通阀接通油箱时，主阀上腔的压力接近于零，由于主阀弹簧很软，主阀芯在很低的压力作用下便可上移，阀口开到最大，这时系统的油液在很低的压力下通过溢流阀流回油箱，实现卸荷作用。

图 5.27 所示为三节同心式溢流阀的工作原理图。根据该图，读者可以进一步加深对先导式溢流阀工作原理的理解。

必须指出：先导式溢流阀按照控制油的来源和泄油去向的不同，有内控内泄、内控外泄、外控内泄、外控外泄4种组合方式，控泄方式的4种组合方便了使用，并增加了灵活性。例如，由于泄油和主阀回油汇流，在某些情况下系统压力冲击、背压等因素直接影响先导阀的启闭，导致溢流阀稳压性能下降，并激起振动和噪声，若改用外泄就能减轻这种现象。

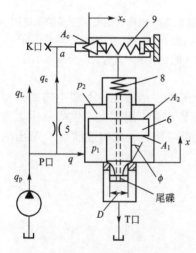

图 5.27　先导式溢流阀工作原理图
5—阻尼孔　6—主阀阀芯
8—主阀弹簧　9—调压弹簧

2. 溢流阀的主要性能

溢流阀是液压系统中最重要的控制元件，其特性对系统的工作性能影响很大。溢流阀的性能包括静态性能和动态性能。静态性能是指溢流阀在稳定工作时的性能；动态性能是指溢流阀在瞬态工况时的性能。

1) 静态性能

溢流阀在液压系统中的主要作用是溢流恒压，使系统压力基本上稳定在调定值上。因此，溢流阀的溢流量发生变化而引起进口压力的变化越小，则其定压能力越强，即定压精度就越高。一般静态性能主要有压力-流量特性、启闭特性、卸荷压力及压力稳定特性等。

(1) 压力-流量特性。压力-流量特性($p-q$ 特性)又称溢流特性，表示溢流阀在某一调定压力下工作时，溢流量的变化与阀进口实际压力的关系。

图 5.28 为直动式和先导式溢流阀的压力-流量特性曲线，横坐标为溢流量 q，纵坐标为阀进油口压力 p。溢流量为额定值 q_n 时所对应的压力 p_n 称为溢流阀的调定压力。溢流阀刚开启时(溢流量为额定溢流量的 1% 时)，阀进口的压力称为开启压力。图 5.28 中 p_{k1}、p_{k2} 分别是直动式溢流阀和先导式溢流阀的开启压力。

通过 p_n 点的水平直线是溢流阀的理想溢流特性曲线，它表示溢流阀进口压力 p 低于 p_n 时不溢流，仅在 p 到达 p_n 时才溢流，而且不管溢流量的多少，其压力始终保持在 p_n 值上。

实际上，溢流阀工作时，随着溢流量 q 的增加，溢流阀进口压力 p 也会增加。当阀芯上升到最高位置，阀口最大时，通过溢流阀的流量也最大，达到额定流量 q_n，压力上升到调定压力 p_n。所以只能要求溢流阀的实际特性曲线尽可能接近于这条理想特性曲线，使"p_n-p_k"尽可能小。调定压力与开启压力的差值称为调压偏差，即溢流量变化时溢流阀工作压力的变化范围。调压偏差越小，其稳压性能越好。由图 5.28 可见，先导式溢流阀的特性曲线比较平缓，调压偏差也小，故其稳压性能比直动式溢流阀好。因此，先导式溢流阀宜用于系统溢流稳压，直动式溢流阀因其灵敏性高宜用作安全阀。

(2) 启闭特性。启闭特性是指溢流阀在稳态情况下，从闭合到完全开启，再从全开到闭合的过程中，被控压力与通过溢流阀的溢流量之间的关系。启闭特性可分为开启特性和闭合特性，一般用溢流阀稳定工作时的压力—流量特性来描述，如图 5.29 所示。

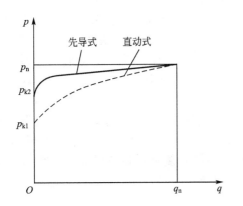

图 5.28 溢流阀的压力-流量特性

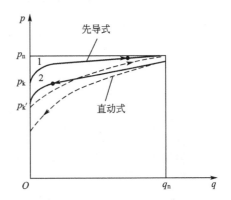

图 5.29 溢流阀的启闭特性

溢流阀闭合(溢流量减小为额定值的1%以下)时的压力 p'_k 称为闭合压力。闭合压力 p'_k 与调定压力 p_n 之比称为闭合比。开启压力 p_k 与调定压力 p_n 之比称为开启比。由于阀开启时阀芯所受的摩擦力与进油压力方向相反，而闭合时阀芯所受的摩擦力与进油压力方向相同，因此在相同的溢流量下，开启压力大于闭合压力。图5.29中1为开启曲线，2为闭合曲线。由图5.29可见，这两条曲线不重合。在某溢流量下，两曲线压力坐标的差值称为不灵敏区。因压力在此范围内变化时，阀的开度无变化，它的存在相当于加大了调压偏差，且加剧了压力波动。因此该差值越小，阀的启闭特性越好。由图5.29中的两组曲线可知，先导式溢流阀的不灵敏区比直动式溢流阀的不灵敏区小一些。

溢流阀的启闭特性是衡量溢流阀定压精度的一个重要指标。一般用溢流阀处于额定流量 q_n、调定压力 p_n 下的开启比和闭合比来衡量，这两个比值越大，启闭特性越好。为保证溢流阀有良好的静态特性，一般要求 $p_k/p_n \geqslant 90\%$，$p'_k/p_n \geqslant 85\%$。

(3) 压力稳定性。溢流阀工作压力的稳定性由两个指标来衡量：一是在额定流量 q_n 和额定压力 p_n 下，进口压力在一定时间(一般为3min)内的偏移值；二是在整个调压范围内，通过额定流量 q_n 时进口压力的振摆值。对中压溢流阀，这两项指标均不应大于±0.2MPa。如果溢流阀的压力稳定性不好，就会出现剧烈的振动和噪声。

(4) 卸荷压力。在调定压力下，通过额定流量时，将溢流阀的外控口及与油箱连通，使主阀阀口开度最大，液压泵卸荷时溢流阀进出油口的压力差，称为卸荷压力。该值与通道阻力和主阀弹簧预紧力有关，一般规定卸荷压力不大于0.3MPa。卸荷压力越小，油液通过阀口时的能量损失就越小，发热也越少，表明阀的性能越好。

(5) 内泄漏量。指调压螺栓处于全闭位置，进口压力调至调压范围的最高值时，从溢流口所测的泄漏量。泄漏量小，阀的密封性能好。

(6) 最大允许流量和最小稳定流量。溢流阀的最大允许流量为其额定流量。溢流阀的最小流量取决于它对压力平稳性的要求，一般规定为额定流量的15%。

2) 动态性能

溢流阀的动态性能通常是指溢流阀由一个稳定工作状态过渡到另一个稳定工作状态时，溢流阀所控制的压力随时间变化的过渡过程性能。

有两种方法可测得溢流阀的动态特性，一种是将与溢流阀并联的电液(或电磁)换向阀突然通电或断电(溢流流量由零，阶跃变化至额定流量)，另一种是将连接溢流阀遥控口的电磁换向阀突然通电或断电(卸荷状态阶跃变化为溢流恒压工作状态)。

图5.30所示为溢流阀升压与卸荷时动态特性曲线。溢流阀由卸荷到恒压工作，再到卸荷状态的突然变化，反映了溢流阀的动态特性。由动态特性曲线可得到动态性能参数。

(1) 压力超调量 Δp：定义最高瞬时压力峰值 p_{max} 与调定压力 p_n 的差值为压力超调量 Δp，并将 $(\Delta p/p_n) \times 100\%$ 称为压力超调率。压力超调量是衡量溢流阀动态定压误差及稳定性的重要指标，一般要求压力超调率小于10%～30%。

(2) 升压时间 t_1：指压力从 $0.1(p_n - p_0)$

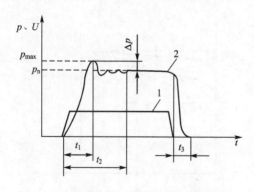

图5.30 溢流阀升压与卸荷的动态特性曲线
1—电压信号 2—压力响应曲线

回升到 $0.9(p_n-p_0)$ 时所需的时间。p_0 为卸荷压力。一般要求 $t_1=0.1\sim0.5$s。

(3) 升压过渡过程时间 t_2：指压力从 p_0 回升至稳定的调定压力 p_n 状态所需的时间。

(4) 卸荷时间 t_3：指压力从 $0.9(p_n-p_0)$ 下降到 $0.1(p_n-p_0)$ 时所需的时间。

压力超调对系统的影响是不利的。如采用调速阀的调速系统，因压力超调是一突变量，调速阀来不及调整，使得机构主体运动或进给运动速度产生突跳；压力超调还会造成压力继电器误发信号；压力超调量大时使系统产生过载从而破坏系统。选用溢流阀时应考虑到这些因素。升压时间等时域指标代表着溢流阀的反应快慢，对系统的动作、效率都有影响。

3. 溢流阀的应用

溢流阀在液压系统中能分别起到调压溢流、安全保护、远程调压、使泵卸荷及使液压缸回油腔形成背压等多种作用，如图 5.31 所示。

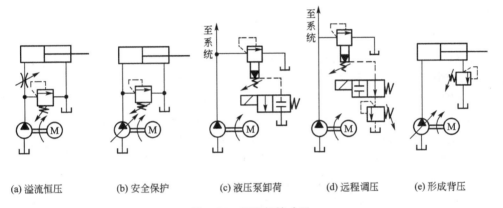

(a) 溢流恒压　　(b) 安全保护　　(c) 液压泵卸荷　　(d) 远程调压　　(e) 形成背压

图 5.31　溢流阀的功用

1) 调压溢流

系统采用定量泵供油的节流调速时，常在其进油路或回油路上设置节流阀或调速阀，使泵油的一部分进入液压缸工作，而多余的油须经溢流阀流回油箱。溢流阀处于其调定压力下的常开状态，调节弹簧的预紧力，也就调节了系统的工作压力。因此，在这种情况下溢流阀的作用即为溢流调压，如图 5.31(a)所示。

2) 安全保护

系统采用变量泵供油时，系统内没有多余的油需溢流，其工作压力由负载决定。这时与泵并联的溢流阀只有在过载时才需打开，以保障系统的安全。因此，这种系统中的溢流阀又称为安全阀，是常闭的，如图 5.31(b)所示。

3) 使泵卸荷

采用先导型溢流阀调压的定量泵系统，当阀的外控口 K 与油箱连通时，其主阀芯在进口压力很低时即可迅速抬起，使泵卸荷，以减少能量损耗。如图 5.31(c)所示，当电磁铁通电时，溢流阀外控口通油箱，因而能使泵卸荷。

4) 远程调压

当先导式溢流阀的外控口(远程控制口)与调压较低的溢流阀(或远程调压阀)连通时，其主阀芯上腔的油压只要达到低压阀的调整压力，主阀芯即可抬起溢流(其导阀不再起调压作用），从而实现远程调压。如图 5.31(d)所示，当电磁阀通电左位工作时，将先导式溢流阀的外控口与低压调压阀断开，相当于堵塞外控口 K，则由主阀上的导阀调压。利用电磁阀可实现两级调压，但远程调压阀的调定压力必须低于导阀调定的压力。

5) 形成背压

如图 5.31(e)所示，将溢流阀设置在液压缸的回油路上，可使缸的回油腔形成背压，用以消除负载突然减小或变为零时液压缸产生的前冲现象，提高运动部件运动的平稳性。因此这种用途的阀也称背压阀。

5.3.2 减压阀

在液压系统中，减压阀是一种利用液流流过缝隙产生压力损失，使其出口压力低于进口压力的压力控制阀。按调节要求不同，减压阀可分为用于保证出口压力为定值的定压输出减压阀，用于保证进出口压力差不变的定差减压阀以及用于保证进出口压力成比例的定比减压阀。

1. 定压输出减压阀

定压输出减压阀有直动式和先导式两种结构形式，直动型减压阀较少单独使用。在先导型减压阀中，又有出口压力控制式和进口压力控制式两种控制方式。

1) 结构和工作原理

图 5.32 所示为液压系统广泛采用的先导型定值减压阀(出口压力控制式)的结构。该阀由导阀调压，主阀减压。其减压、减压后稳压的工作原理是：来自泵(或其他油路)的压力为 p_1 的油液从 p_1 口进入减压阀，经减压阀口降低为 p_2，从出口 p_2 流出。同时压力为 p_2 的控制油液通过阻尼孔 2、管道 c 进入先导阀 6 的阀座前腔，作用在锥阀 7 上，并通过管道 d、阻尼孔 3 与主阀弹簧腔相通，作用在主阀芯 1 的上端面。阻尼孔 3 的作用是增加主阀芯上下移动的阻尼，保证主阀芯的稳定性。当出口压力 p_2 小于先导阀的调整压力时，锥阀 7 关闭，阻尼孔 2 中无油液流动，主阀芯 1 两端液压力相等，主阀芯在弹簧 5 的作用下处于最下端位置，减压阀口全开，不起减压作用，$p_2 \approx p_1$。当出口压力 p_2 大于先导阀

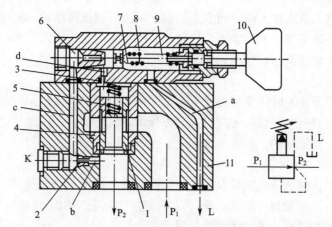

图 5.32 先导型减压阀(出口压力控制式)

1—主阀芯　2，3—阻尼孔　4—阀套　5—主阀弹簧　6—先导阀　7—锥阀
8—先导阀弹簧腔　9—调压弹簧　10—调节手柄　11—阀体

的调定压力时，锥阀 7 打开，油液经阻尼孔 2、管道 c、先导阀弹簧腔 8、泄油管道 a、泄油口 L 流回油箱。由于阻尼孔 2 有油液通过，使主阀芯 1 弹簧腔的压力 p_3 低于 p_2，造成阀芯 1 两端的压力不平衡，当此压差所产生的作用力大于主阀弹簧力时，主阀芯上移，因而减压阀口减小，使压力油液通过阀口时压降加大，减压作用增强，直至出口压力 p_2 稳定在先导阀所调定的压力值。出口处保持调定压力时，主阀芯 1 处于某一平衡位置上，此时阀口保持一定的开度，减压阀处于工作状态。

根据图 5.33 所示的减压阀工作原理图，忽略阀芯自重、摩擦力及稳态轴向液动力的影响，则先导阀和主阀稳定工作时的力平衡方程式为

$$p_3 A_c = K_c(x_{c0} + x_c) \tag{5-5}$$

$$p_2 A_v = p_3 A_v + K_x(x_0 + x_{max} - x) \tag{5-6}$$

式中　　p_2——减压阀出口压力；

p_3——流经阻尼孔 2 后的油液压力；

A_c、A_v——先导阀和主阀芯有效作用面积（假设两端相等）；

K_c、K_x——先导阀和主阀弹簧刚度；

x_{c0}、x_c——先导阀弹簧预压缩量和先导阀开口量；

x_0、x、x_{max}——主阀弹簧预压缩量、主阀开口量和最大开口量。

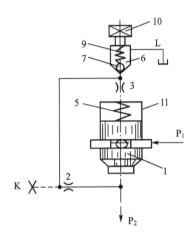

图 5.33　减压阀工作原理图
（图 5.33 与图 5.32 标注序号代表的元件一一对应且部分未标出）

联立式(5-5)和式(5-6)，可得

$$p_2 = \frac{K_c(x_{c0} + x_c)}{A_c} + \frac{K_x(x_0 + x_{max} - x)}{A_v} \tag{5-7}$$

由于 $x_c \ll x_{c0}$，$x \ll x_0 + x_{max}$，且主阀弹簧刚度 K_x 很小，所以主阀弹簧力近似为

$$K_x(x_0 + x_{max} - x) \approx K_x(x_0 + x_{max}) \approx \text{Const}$$

则式(5-7)可写成

$$p_2 = \frac{K_c(x_{c0} + x_c)}{A_c} + \text{Const} \tag{5-8}$$

故 p_2 基本保持恒定。因此，调节调压弹簧 9 的预压缩量 x_{c0}，即可调节减压阀出口压力 p_2。

减压阀的稳压过程是：如果减压阀的出口压力 p_2 突然升高（或降低）时，主阀芯弹簧腔的压力也同时等值升高（或降低），破坏了主阀的平衡状态，使主阀芯上移（或下移）至一新的平衡位置，阀口开度减小（或增大），减压作用增大（或减小），以保持 p_2 的稳定。反之，如果某种原因使进口压力 p_1 发生变化，当减压阀口还没有来得及变化时，p_2 则相应发生变化，造成阀芯 1 两端的受力状况发生变化，破坏了原来的平衡状态，使主阀芯上移（或下降）至一新平衡位置，阀口开度减小（或增大），减压作用增大（或减小），以保持 p_2 的稳定。

通常为使减压阀稳定地工作,减压阀的进、出口压力差必须大于 0.5MPa。阀体上的远程控制孔 K 用于实现远程压力控制,其工作原理与先导式溢流阀的远程控制相同。

"出口压力控制式"的先导型减压阀,控制压力 p_2 是减压阀稳定后的压力,波动不大,有利于提高先导阀的控制精度,但导致先导阀的控制压力(主阀上腔压力)p_3 始终低于主阀下腔压力 p_2,若减压阀主阀芯上下有效面积相等,为使主阀芯平衡,不得不加大主阀弹簧刚度,这又会使得主阀的控制精度降低。

图 5.34 所示为进口压力控制式的 DR 型先导式减压阀。在该阀的控制油路上设有控制油流量恒定器 6 来代替原固定阻尼孔,它由一个固定阻尼Ⅰ和一个可变阻尼Ⅱ串联而成。可变阻尼借助于一个可以轴向移动的小活塞来改变通油孔 N 的过流面积,从而改变液阻。小活塞左端的固定阻尼孔,使小活塞两端出现压力差。小活塞在此压力差和右端弹簧的共同作用下而处于某一平衡位置。

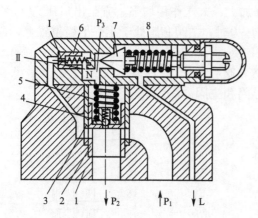

图 5.34 DR 型先导式减压阀(进口压力控制式)
1—阀体 2—主阀芯 3—阀套 4—单向阀
5—主阀弹簧 6—控制油流量恒定器
7—先导阀 8—调压弹簧;
Ⅰ—固定阻尼 Ⅱ—可变阻尼

如果由减压阀进口引入的压力油的压力达到调压弹簧 8 的调定值时,先导阀 7 开启,液流经先导阀口流回油箱。这时,控制油流量恒定器前部的压力为减压阀进口压力 p_1,其后部的压力为先导阀控制压力(主阀芯上腔压力 p_3)。p_3 由调压弹簧 8 调定。由于 $p_3 < p_1$,主阀芯 2 在上、下腔压力差的作用下克服主阀弹簧 5 的力向上抬起,主阀开口量减小,起减压作用,使主阀出口压力降低为 p_2。主阀芯 2 采用对称设置许多小孔的结构作为主阀阀口。如果忽略主阀芯的自重以及摩擦力,则主阀芯的力平衡方程式为

$$p_2 A_v = p_3 A_v + K_x(x_0 + x_{max} - x) \qquad (5-9)$$

式中　　A_v——主阀芯有效作用面积;
　　　　K_x——主阀弹簧刚度;
x_0、x、x_{max}——主阀弹簧预压缩量、主阀开口量和最大开口量。

由于主阀弹簧刚度 K_x 很小,且 $x \ll (x_0 + x_{max})$,故 $K_x(x_0 + x_{max} - x) \approx K_x(x_0 + x_{max}) \approx$ Const,则式(5-9)可写成

$$p_2 A_v = p_3 A_v + \text{Const} \qquad (5-10)$$

由式(5-10)可知,要使减压阀出口压力 p_2 恒定,就必须使先导阀控制压力 p_3 稳定不变。在调压弹簧预压缩量一定的情况下,这取决于通过先导阀的流量是否恒定。若流量恒定,则因先导阀的开口量和液动力为定值,可使 p_3 稳定。

在图 5.34 中,当控制油流量恒定器 6 处于某一平衡位置时,其总液阻一定,因此在进口压力 p_1 一定的条件下,通过先导阀的流量一定,与流经主阀阀口的流量无关。若因

p_1 的上升而引起通过控制油流量恒定器 6 的流量增大时，将因总液阻来不及变化而导致小活塞两端压力差增大，使之右移，通油孔 N 的面积减小，即控制油流量恒定器 6 的总液阻增大，通过的流量反而减小，最终使流量恢复到原来的值，从而保证通过控制油流量恒定器 6 的流量恒定。由此可见，这种阀的出口压力 p_2 与阀的进口压力 p_1 以及流经主阀的流量无关。

如果阀的出口压力出现冲击，主阀芯上的单向阀 4 将迅速开启卸压，使阀的出口压力很快降低。在出口压力恢复到调定值后，单向阀重新关闭，单向阀在这里起压力缓冲作用。

必须指出，定压输出的减压阀是各种减压阀中应用最多的一种，其作用是用来降低液压系统中某一回路的油液压力，达到用一个油源能同时输出两种或两种以上的不同油压的目的。必须特别说明的是，减压阀的出口压力还与出口的负载有关，若因负载建立的压力低于调定压力，则出口压力由负载决定，此时减压阀不起减压作用，进、出口压力相等；只有当由负载建立的压力高于调定压力时，减压阀出口压力才能保持在调定压力上，即减压阀保证出口压力恒定的条件是先导阀开启。此外，当减压阀出口负载很大，以至于使减压阀出口油液不流动时，此时仍有少量油液通过减压阀口经先导阀至外泄口 L 流回油箱，阀处于工作状态，减压阀出口压力保持在调定压力值。

2）先导式减压阀与先导式溢流阀的主要差别

（1）减压阀保持出口压力基本不变，而溢流阀保持进口压力基本不变。

（2）减压阀常开，溢流阀常闭。

（3）减压阀的泄漏油液单独接油箱，为外泄，而溢流阀的泄漏油液与主阀的出口相通，为内泄。

3）减压阀的应用

在液压系统中，一个油泵供应多个支路工作时，利用减压阀可以组成不同压力级别的液压回路，如夹紧回路、控制回路和润滑回路等。图 7.5 所示为减压阀应用在夹紧回路时的减压回路。此外，减压阀还可用于稳定系统压力，减少压力波动带来的影响，改善系统控制性能等。

2. 定差减压阀

定差减压阀可使进出口压力差保持为定值。如图 5.35 所示，高压油 p_1 经节流口（减压口）x 减压后以低压 p_2 输出，同时低压油经阀芯中心孔将压力 p_2 引至阀芯上腔，其进出油压在阀芯上、下两端有效作用面积上产生的液压力之差与弹簧力相平衡。阀芯受力平衡方程式为

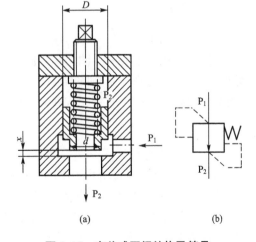

图 5.35 定差减压阀结构及符号

$$p_1 \frac{\pi}{4}(D^2-d^2)=p_2 \frac{\pi}{4}(D^2-d^2)+K(x_0+x) \quad (5-11)$$

式中　D、d——阀芯大端外径和小端外径；

K——弹簧刚度；

x_0、x——弹簧预压缩量和阀芯开口量。

由式(5-11)可求出定差减压阀进、出口压差 Δp 为

$$\Delta p = p_1 - p_2 = \frac{K(x_0 + x)}{\pi(D^2 - d^2)/4} \qquad (5-12)$$

由式(5-12)可知，只要尽量减小弹簧刚度 K，并使 $x \ll x_0$，就可使压力差 Δp 近似保持为常值。定差减压阀主要用来和其他阀一起构成组合阀，如定差减压阀和节流阀串联组成调速阀。

3. 定比减压阀

定比减压阀可使进出口压力的比值保持恒定。如图 5.36 所示，在稳定状态时，忽略阀芯所受到的稳态液动力、阀芯自重和摩擦力可得到阀芯力平衡方程式为

$$p_1 A_1 + K(x_0 + x) = p_2 A_2 \qquad (5-13)$$

式中　K——弹簧刚度；

x_0、x——弹簧预压缩量和阀口开度。

由于弹簧的刚度较小，弹簧力可忽略不计，则上式可写成

$$\frac{p_2}{p_1} = \frac{A_1}{A_2} \qquad (5.14)$$

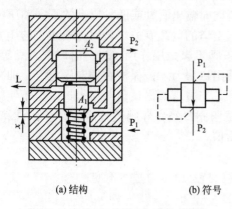

图 5.36　定比减压阀结构及符号

由式(5-14)可见，只要适当选择阀芯的作用面积 A_1 和 A_2，就可得到所要求的压力比，且比值近似恒定。

5.3.3　顺序阀

顺序阀是利用油液压力作为控制信号实现油路的通断，以控制执行元件顺序动作的压力阀。按控制压力来源的不同，顺序阀可分为内控式和外控(液控)式。内控式是直接利用阀进口处的油压力来控制阀口的启闭；外控式是利用外来的控制油压控制阀口的启闭。按结构的不同，顺序阀也有直动式和先导式之分。

1. 结构和工作原理

1) 直动式顺序阀

图 5.37 为内控式直动式顺序阀结构图，阀芯为滑阀结构，其进油腔与控制活塞腔相连，外控口 K 用螺塞堵住，外泄油口 L 单独接回油箱。当压力油从 p_1 口通入进油腔后，经过阀体 4 和底盖 7 上的孔，进入控制活塞 6 的底部。当进油压力 p 低于调压弹簧的预调压力时，阀芯不动，阀口关闭；当进油压力 p 增大且大于弹簧 2 的预调压力时，阀芯 5 升起，将进、出油口 p_1 和 p_2 接通。控制活塞 6 的截面积比阀芯 5 的截面积小是为了减小调压弹簧 2 的刚度。图 5.37 中，控制油直接由进油口 p_1 引入，外泄油口 L 单独接回油箱，这种控制形式为内控外泄式。这种顺序阀在装配时，若将底盖或端盖转过一定位置，还可以得到内控内泄、外控外泄、外控内泄 3 种控制形式。内控内泄式顺序阀在系统中可用作

背压阀或平衡阀；外控内泄式顺序阀可用作卸荷阀。

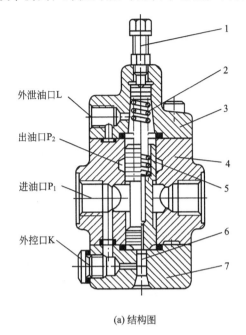
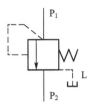

(b) 内控外泄式顺序阀图形符号

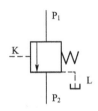

(a) 结构图　　　　　　　　　　　(c) 外控外泄式顺序阀图形符号

图 5.37　直动式顺序阀

1—调节螺钉　2—调压弹簧　3—端盖　4—阀体
5—阀芯　6—控制活塞　7—底盖

直动式顺序阀即使采用较小的控制活塞，弹簧刚度仍然较大。这种顺序阀工作时的阀口开度大，阀芯的行程较大，它的启闭特性不够好。因此，直动式顺序阀只用在压力较低（8MPa 以下）的场合。

2) 先导式顺序阀

图 5.38 所示为先导式顺序阀，p_1 为进油口，p_2 为出油口，其工作原理与先导式溢流阀相似，所不同的是顺序阀的出油口不接回油箱，而通向某一压力油路，因而其泄油口 L 必须单独接回油箱。

在装配时，分别将先导阀 1 和端盖 3 相对于主阀体 2 转过一定位置，可得到内控内泄、外控外泄、外控内泄 3 种控制形式。外控式顺序阀阀口开启与否，与阀的进口压力的大小无关，仅取决于外控口处控制压力的大小。

图 5.38 所示的先导式顺序阀最大的缺点是外泄漏量过大。因先导阀是按顺序动作需要的压力调整的，当执行元件完成顺序动作后，压力将继续升高，使先导阀阀口开得很大，导致油液从先导阀处大量外泄，因此在小流量液压系统中不宜使用这种结构的顺序阀。

图 5.39 所示的 DZ 型先导式顺序阀可使先导阀处的泄漏量大大减小。这种阀的主阀形似单向阀，先导阀为滑阀式。主阀芯 3 在原始位置将进、出油口 p_1 和 p_2 切断，进油口的压力油通过两条油路：一路经主阀芯 3 上的阻尼孔 2 进入主阀芯 3 上腔并到达先导阀阀芯 6 中部环形腔 a，另一路通过管道 4 直接作用在先导阀芯 6 的左端。当进口压力 p_1 低于导阀弹簧 7 的调定压力时，先导滑阀在弹簧力的作用下处于图示位置。当进口压力 p_1 大于

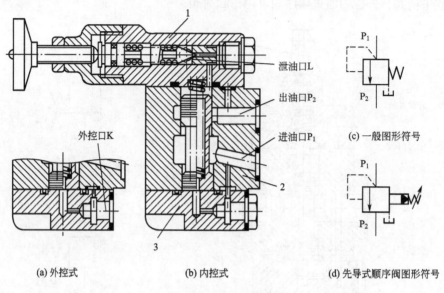

图 5.38 先导式顺序阀

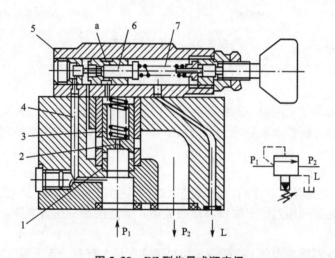

图 5.39 DZ 型先导式顺序阀

1—主阀体 2—阻尼孔 3—主阀芯 4—先导级测压孔
5—先导阀体 6—先导阀芯 7—调压弹簧 a—单向阀

导阀调定压力时，先导阀阀芯 6 在左端液压力作用下右移，将先导阀中部环形腔 a 与顺序阀出口 p_2 的油路沟通，于是顺序阀进口压力 p_1 经阻尼孔 2、主阀上腔、先导阀流往出油口 p_2。由于阻尼孔 2 的作用，主阀上腔的压力低于下端（即进油口）压力 p_1，主阀芯开启，顺序阀进、出油口沟通（此时 $p_1 \approx p_2$）。由于流经主阀芯上阻尼孔 2 的控制油液不流向泄油口 L（该泄油口 L 要单独接回油箱），而是流向出油口 p_2，又因主阀上腔油压与先导滑阀所调压力无关，仅仅通过刚度很弱的主阀弹簧与主阀芯下端液压力保持主阀芯的受力平衡，故出口压力 p_2 近似等于进口压力 p_1，压力损失小，其泄漏量和功率损失与图 5.38 所示的顺序阀相比大大减小。

在顺序阀的阀体内并联装设单向阀,可构成单向顺序阀。单向顺序阀也有内外控之分。若将出油口接通油箱,且将外泄改为内泄,即可作平衡阀用。各种顺序阀的图形符号见表 5-3。

表 5-3 顺序阀的图形符号

控制与泄油方式	内控外泄	外控外泄	内控内泄	外控内泄	内控外泄加单向阀	外控外泄加单向阀	内控内泄加单向阀	外控内泄加单向阀
名称	顺序阀	外控顺序阀	背压阀	卸荷阀	内控单向顺序阀	外控单向顺序阀	内控平衡阀	外控平衡阀
图形符号								

从以上分析可知,顺序阀的结构及工作原理与溢流阀相似。它们的主要差别如下。

(1) 顺序阀的出油口与负载油路相连接,而溢流阀的出油口直接接回油箱。

(2) 顺序阀的泄油口单独接回油箱,而溢流阀的泄油则通过阀体内部孔道与阀的出口相通流回油箱。

(3) 顺序阀的进口压力由液压系统工况来决定,当进口压力低于调压弹簧的调定压力时,阀口关闭;当进口压力超过弹簧的调定压力时,阀口开启,接通油路,出口压力油对下游负载做功。溢流阀的进口最高压力由调压弹簧来限定,且由于液流溢回油箱,所以损失了液体的全部能量。

2. 顺序阀的应用

直动式顺序阀由于启闭特性不如先导式顺序阀好,所以直动式顺序阀多应用于低压系统,先导型顺序阀多应用于中、高压系统。它们的作用如下。

(1) 用以实现多缸的顺序动作。

(2) 作背压阀用。

(3) 作平衡阀用,在平衡回路中连接一单向顺序阀,以保持垂直设置的液压缸不会因自重而下落。

(4) 作卸荷阀用,将外控顺序阀的出口通油箱,使液压泵在工作需要时可以卸荷。

5.3.4 压力继电器

压力继电器是利用液体的压力信号来启闭电气触点的液压电气转换元件。它在油液压力达到其设定压力时,发出电信号,控制电气元件动作,实现泵的加载或卸荷、执行元件的顺序动作或系统的安全保护及连锁控制等功能。

1. 结构和工作原理

压力继电器有柱塞式、膜片式、弹簧管式和波纹管式 4 种结构形式。图 5.40 为膜片式压力继电器结构。这种压力继电器的控制油口 K 和液压系统相连。压力油从控制口 K

进入后，作用于橡胶膜片 10 上，当压力达到弹簧 2 的调定压力时，膜片 10 变形，推动柱塞 9 上升，此时，柱塞 9 的锥面推动两侧的钢球 5 和 6 沿水平孔道外移，钢球又推动杠杆 12 绕铰轴 11 逆时针转动，压下微动开关 13 的触头，发出电信号。调节螺钉 1 可以改变弹簧 2 的预压缩量，从而改变发出电信号的调定压力。

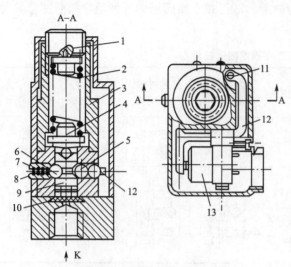

图 5.40 膜片式压力继电器
1—调节螺钉 2、7—弹簧 3—套
4—弹簧座 5、6—钢球 8—螺钉
9—柱塞 10—膜片 11—铰轴
12—杠杆 13—微动开关

当压力降低到某一数值后，弹簧 2 和 7 使柱塞 9 下移，钢球 5 和 6 进入柱塞 9 的锥面槽内，松开微动开关，随即断开电路。钢球 6 在弹簧 7 的作用下，可以对柱塞 9 产生一定的摩擦力。该力在柱塞向上运动时与液压力方向相反，在柱塞向下移动时与液压力方向相同。由于摩擦力的影响，松开微动开关的压力比压下微动开关的压力低。螺钉 8 用来调节弹簧 7 的作用力，从而调节微动开关压下和松开时的压力差值。

膜片式压力继电器，由于膜片位移很小，压力油容积变化小，所以反应快，重复精度高，一般误差在原调定压力的 0.5%～1.5% 之间。缺点是易受压力波动的影响，在低压和真空时使用较好，而不宜用于高压系统。

图 5.41 所示为柱塞式压力继电器的结构。当油液压力 p 达到压力继电器的设定压力时，作用在柱塞 1 上的液压力克服弹簧力，通过顶杆 2 的推动，合上微动电器开关 4，发出电信号。改变弹簧的预压缩量，可以调节压力继电器的设定压力。图 5.41 中，L 为泄油口。

柱塞式压力继电器工作可靠，寿命长，成本低。由于其容积变化较大，故不易受压力波动的影响。但由于弹簧刚度较大，所以重复精度较低，误差为调定压力的 1.5%～2.5%。此外，开启压力与闭合压力的差值较大。

2. 压力继电器的应用

压力继电器在液压系统中可用于系统的顺序控制、安全控制及卸荷控制等。如图 7.41 所示，利用压力继电器控制电磁换向阀换向的顺序，从而实现两个液

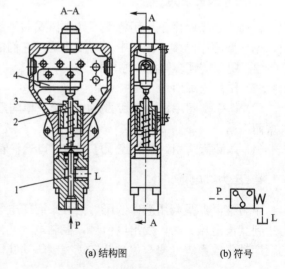

(a) 结构图   (b) 符号

图 5.41 柱塞式压力继电器
1—柱塞 2—顶杆
3—调节螺钉 4—微动开关

压缸的顺序动作。

5.4 流量控制阀

流量控制阀通过改变节流口通流面积或通流通道的长短来改变局部阻力的大小,从而实现对流量的控制。流量控制阀是节流调速系统中的基本调节元件。在定量泵供油的节流调速系统中,必须将流量控制阀与溢流阀配合使用,以便将多余的油液排回油箱。

流量控制阀包括节流阀、调速阀、旁通调速阀(又称溢流节流阀)和分流集流阀等。

5.4.1 节流阀

节流阀是结构最简单、应用最普遍的一种流量控制阀。它是借助于控制机构使阀芯相对于阀体孔运动,以改变阀口的通流面积,从而调节输出流量的阀类。

1. 结构与工作原理

图 5.42 所示为一种典型的节流阀结构图。压力油从进油口 p_1 流入,经节流口后从 p_2 流出,节流口的形状为轴向三角槽式。节流阀芯 5 在弹簧 6 的推力作用下,始终紧靠在推杆 2 上。调节顶盖上的手轮,借助推杆 2 可推动阀芯 5 作上下移动。通过阀芯的上下移动,改变了节流口的开口量大小,实现流量的调节。由于作用在阀芯 5 上的压力是平衡的,因而调节力较小,便于在高压下进行调节。

图 5.43 所示为一种精密节流阀结构图。具有螺旋曲线开口的阀芯 1 与阀套 3 上的窗口匹配后,构成了具有某种形状的棱边型节流孔。转动手轮 2(此手轮可用顶部的钥匙来锁定),使螺旋曲线相对阀套窗口升高或降低,即可调节节流口面积的大小,实现对流量的控制。

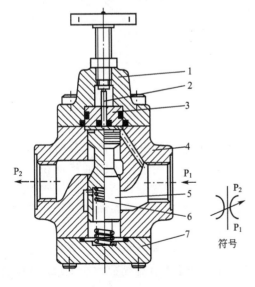

图 5.42 轴向三角槽式节流阀
1—顶盖 2—推杆 3—导套 4—阀体
5—阀芯 6—弹簧 7—底盖

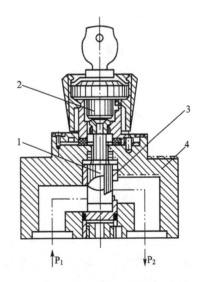

图 5.43 螺旋曲线开口式节流阀
1—阀芯 2—手轮 3—阀套 4—阀体

2. 流量特性

通过节流口的流量 q 及其前后压差 Δp 的关系可表示为

$$q = KA\Delta p^m \tag{5-15}$$

式中 Δp——孔口或缝隙的前后压力差；

K——节流系数，由节流口形式、液体流态、油液性质等因素决定。对薄壁孔口，$K=C_d\sqrt{2/\rho}$；对细长孔，$K=d^2/(32\mu L)$；其中，C_d 为流量系数，ρ 为液体密度，μ 为动力粘度，d 和 L 为孔径和孔长；一般 K 的数值由实验得出。

m——与节流口形状有关的指数，$m=0.5\sim 1$。当节流口为薄壁孔时，$m=0.5$；当节流口为细长孔时，$m=1$。

A——节流阀的通流面积，随阀口形式而定。

常见的节流口形式如图 5.44 所示。

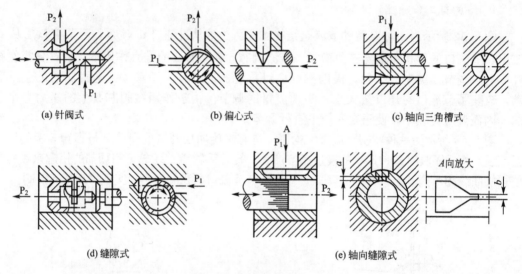

(a) 针阀式　　(b) 偏心式　　(c) 轴向三角槽式

(d) 缝隙式　　(e) 轴向缝隙式

图 5.44　常见的节流口形式

3. 节流阀的刚度

式(5-15)为节流阀的流量特性方程。该式表明，节流阀的流量不仅受其通流面积 A 的影响，也受其前后压差 Δp 的影响。在一定压差 Δp 下，改变节流阀的通流面积 A，可改变通过阀的流量 q；当节流阀通流面积 A 一定时，外界负载的变化将引起节流阀前后压差的变化，即负载压力将直接影响节流阀流量稳定性，从而影响液压系统中执行元件的运动速度稳定性。节流阀不同开口时的流量特性曲线如图 5.45 所示。

为了进一步分析压差变化对流量的影响，人们引入了节流刚度的概念。节流刚度反映了节流阀在负载压力变动时保持流量稳定的能力，其大小等于节流阀前后压差 Δp 的变化量与流量 q 的变化量的比值，即

$$k_T = \frac{\mathrm{d}\Delta p}{\mathrm{d}q} \tag{5-16}$$

将式(5-15)代入式(5-16),整理得

$$k_T = \frac{\Delta p^{1-m}}{KAm} \quad (5-17)$$

由式(5-16)和图 5.45 可以看出,节流阀的刚度 k_T 等于其流量特性曲线上某点的切线与横坐标夹角的余切。节流刚度越大,负载压力的变化对节流阀流量的影响越小。

由式(5-17)和图 5.45 可知,阀前后压力差 Δp 相同时,节流开口 A 小时,刚度大。节流开口 A 一定时,其前后压差 Δp 越小,则刚度越低。所以节流阀只能在大于某一最小压差 Δp(一般为 0.15~0.4MPa)的条件下才能正常工作。但

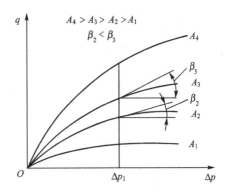

图 5.45 不同开口时节流阀的流量特性曲线

提高 Δp,将引起压力损失增加。减小 m 值,可提高刚度。因此目前使用的节流阀多采用 $m=0.5$ 的薄壁小孔式节流口。当节流口为细长孔时,油温越高,液体动力粘度 μ 越小,节流系数 $K = \frac{d^2}{32\mu L}$ 越大。阀的刚度越小,流量的增量就越大。当采用 $m=0.5$ 的薄壁小孔式节流口时,油温的变化对流量稳定性没有影响。

4. 节流口堵塞及最小稳定流量

节流口在小开口下工作时,特别是进出口压差较大时,虽然不改变油温和阀的压差,但流量也会出现时大时小的脉动现象。开口越小,脉动现象越严重,甚至在阀口没有关闭时就完全断流。这种现象称为节流口堵塞。

产生堵塞的主要原因如下。

(1) 油液中的机械杂质或因氧化析出的胶质、沥青、炭渣等污物堆积在节流缝隙处。

(2) 由于油液老化或受到挤压后产生带电的极化分子,而节流缝隙的金属表面上存在电位差,故极化分子被吸附到缝隙表面,形成牢固的边界吸附层,吸附层厚度一般为 5~8 μm。因而影响了节流缝隙的大小。以上堆积、吸附物增长到一定厚度时,会被液流冲刷掉,随后又重新附在阀口上。这样周而复始,就形成流量的脉动。

(3) 阀口压差较大时,因阀口温升高,液体受挤压的程度增强,金属表面也更易受摩擦作用而形成电位差,因此压差大时容易产生堵塞现象。

减轻堵塞现象的措施如下。

(1) 选择水力半径大的薄刃节流口。

(2) 精密过滤并定期更换液压油。

(3) 合理选择节流口前后的压差。

(4) 采用电位差较小的金属材料、选用抗氧化稳定性好的油液、减小节流口的表面粗糙度等,都有助于缓解堵塞的产生。

节流阀的最小稳定流量是指在不发生节流堵塞现象的最小流量。这个值越小,说明节流阀节流口的通流性越好,系统可获得的最低速度越低,阀的调速范围越大。为了保证系统在低速工作时速度的稳定性,最小稳定流量必须小于系统以最低速度运行所需要的流量值。

最小稳定流量是流量控制阀的一项重要性能指标。因为有些液压系统的执行元件在低

速下运行时可能产生时停止时滑行的"爬行"现象,它的存在严重影响加工表面的质量。爬行的本质是一种弛张振动,与摩擦力不均匀、负载变化、环境温度变化、液压弹簧效应、系统泄漏、流量不稳定等因素有关,其中最小供油量的稳定性对执行元件是否产生"爬行",保持运动平稳起着很大的作用。

针形及偏心槽式节流口因节流通道长,水力半径较小,故其最小稳定流量在 80mL/min 以上。薄刃节流口的最小稳定流量为 20~30mL/min。特殊设计的微量节流阀能在压差 0.3MPa 下达到 5mL/min 的最小稳定流量。

5. 节流阀的应用

节流阀常与定量泵、溢流阀一起组成节流调速回路。由于节流阀的流量不仅取决于节流口面积的大小,还与节流口前后压差有关,阀的刚度小,故只适用于执行元件负载变化较小、速度稳定性要求不高的场合。

此外,利用节流阀能够产生较大压力损失的特点,可用作液压加载器。

对于执行元件负载变化大、对速度稳定性要求高的节流调速系统,必须对节流阀进行压力补偿来保持节流阀前后压差不变,从而保证流量稳定。

5.4.2 调速阀

调速阀是进行了压力补偿的节流阀,它由定差减压阀和节流阀串联而成,利用定差减压阀保证节流阀的前后压差稳定,以保持流量稳定。

1. 结构和工作原理

图 5.46 为调速阀的工作原理图。由图 5.46 可知,由溢流阀调定的液压泵出口压力为 p_1,压力油进入调速阀后,先流过减压阀阀口 x_R,压力降为 p_m,经孔道 f 和 e 进入油腔 c 和 d,作用于减压阀阀芯的下端面;油液经节流阀口后,压力又由 p_m 降为 p_2,进入执行元

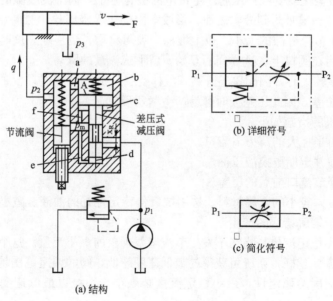

图 5.46 调速阀的工作原理图及图形符号

件(液压缸),与外部负载相对应。同时压力为 p_2 的油液经孔道 a 引入腔 b,作用于减压阀阀芯的上端面。也就是说,节流阀前、后的压力 p_m 和 p_2 分别作用于减压阀阀芯的下端面和上端面。

当调速阀稳定工作时,其减压阀芯在 b 腔的弹簧力、压力为 p_2 的液压力和 c、d 腔压力为 p_m 液压力的作用下,处在某个平衡位置上,减压口 x_R 为某一开度。当负载压力 p_2 增大时,作用在减压阀芯上端的液压力增大,阀芯下移,减压口 x_R 加大,压降减小,使 p_m 也增大;反之,当负载压力 p_2 减小时,作用在减压阀芯上端的液压力也减小,阀芯上移,减压口 x_R 减小,压降增加,使 p_m 减小。亦即 p_m 随负载压力 p_2 的增大而增大,随 p_2 的减小而减小。当调速阀稳定工作时,减压阀阀芯的受力平衡方程式为

$$p_m A = p_2 A + F_s + G + F_f \tag{5-18}$$

式中 p_m——节流阀入端压力,即减压阀的出端压力;

p_2——节流阀出端压力;

A——减压阀阀芯两端面积;

F_s——减压阀恢复弹簧的作用力;

G——减压阀阀芯自重(滑阀垂直安装时考虑);

F_f——阀芯移动时的摩擦力。

如果不考虑 G 和 F_f 的影响,则

$$\Delta p_j = p_m - p_2 = \frac{F_s}{A} \tag{5-19}$$

由于减压阀弹簧刚性较小,减压阀口开口量变化很小,弹簧压缩量的变化所附加的弹簧作用力的变化也很小,即 F_s 近似为常数,故 $\Delta p_j = p_m - p_2$ 基本不变,则通过节流阀的流量也不变,即通过调速阀的流量恒为定值,不受负载变化的影响。

上述调速阀是先减压后节流的结构。也可以设计成先节流后减压的结构。两者的工作原理基本相同。

2. 调速阀的静态特性及应用

图 5.47 所示为调速阀与节流阀的压差 Δp 与通过流量 q 的静特性曲线。由图 5.47 可知,当压差 Δp 较小时,调速阀与节流阀的特性曲线重合,即两者性能相同。这是因为压差过小,即小于弹簧的预紧力时,在弹簧力作用下,减压阀阀芯处于最底端,阀口全部打开,减压阀不起作用。要保证调速阀正常工作,阀两端必须保持一定的压差,MSA 型调速阀两端的最小压差为 $0.5 \sim 1 \text{MPa}$。

调速阀的应用与前述节流阀相似之处是:可与定量泵、溢流阀配合,组成节流调速回路;与变量泵配合,组成容积节流调速回路等。与节流阀不同的是,调速阀应用于有较高速度稳定性要求的液压系统中。

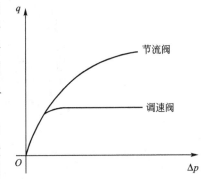

图 5.47 调速阀与节流阀的流量特性

3. 温度补偿调速阀

调速阀对温度和堵塞也是敏感的。为了补偿温度对流量稳定性的影响，可以采用带温度补偿装置的调速阀。这种阀也是由减压阀和节流阀两部分组成，且工作原理与调速阀相同。图 5.48 所示为温度补偿调速阀的节流阀部分。温度补偿装置的工作原理是：采用一种温度膨胀系数较大的材料附加控制节流口的大小。即在手柄 1 和节流阀芯 4 之间采用了温度补偿杆 2，温度补偿杆由热膨胀系数较大的材料（如聚氯乙烯塑料）制成。当节流口 3 调整好后，节流阀正常工作。此时，若温度增高，油的粘度降低，通过节流口的流量势必增大，但由于温度升高使温度补偿杆 2 变长而推动节流阀阀芯，节流口随之减小，限制流量的增大。节流口减小正好能消除由于温度增高使流量变大的影响，使流量基本上能保持在原来的调定值上。反之，若温度降低，粘度增加，流量将减小，此时温度补偿杆缩短，使节流口增大，流量仍然维持原来的调定值。

如果要从根本上解决流量受温度变化影响的问题，还必须控制温度的变化。温度补偿调速阀多采用薄壁间隙式节流口。

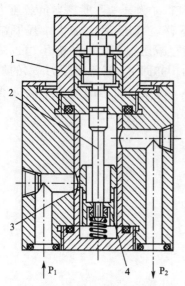

图 5.48 温度补偿调速阀原理图

5.4.3 溢流节流阀

溢流节流阀是由定差溢流阀与节流阀并联而成的。在进油路上设置溢流节流阀，通过溢流阀的压力补偿作用达到稳定流量的效果。溢流节流阀也称为旁通调速阀。

图 5.49 为溢流节流阀的工作原理图。图 5.49 中 1 是液压缸，2 是安全阀，3 是定差溢流阀，4 是节流阀。从液压泵输出的压力油 p_1，一部分通过节流阀 4 的阀口 y，由出油

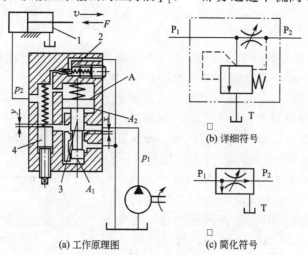

(a) 工作原理图　　(b) 详细符号　　(c) 简化符号

图 5.49 溢流节流阀
1—液压缸　2—安全阀　3—溢流阀　4—节流阀

口处流出，压力降为 p_2，进入液压缸 1 使活塞克服负载 F 以速度 v 运动；另一部分则通过溢流阀 3 的阀口 x 溢回油箱。溢流阀阀芯上端的弹簧腔与节流阀 4 的出口(p_2)相通，其肩部的油腔和下端的油腔与入口压力油 p_1 相通。在稳定工况下，当负载力 F 增加，即出口压力 p_2 增大时，溢流阀阀芯上端压力增加，阀芯 3 下移，溢流口 x 减小，液阻加大，使液压泵供油压力 p_1 增加，因而使节流阀前后的压差 $\Delta p_j = p_1 - p_2$ 可基本保持不变。当 p_2 减少时，溢流阀溢流口 x 加大，液阻减少，使液压泵出口 p_1 相应地减小，同样使 $\Delta p_j = p_1 - p_2$ 保持基本不变。另外，当负载 p_2 超过安全阀调定压力时，安全阀 2 将开启。溢流阀阀芯受力平衡方程为

$$p_1 A = p_2 A + F_s + G + F_f \tag{5-20}$$

式中　p_1——节流阀入端压力，即液压泵供油压力；
　　　p_2——节流阀出端压力，即由外载荷决定的压力；
　　　A——溢流阀阀芯大端面积，即阀芯肩部面积 A_2 与下端的有效面积 A_1 之和；
　　　F_s——节流阀阀芯大端的弹簧作用力；
　　　G——溢流阀阀芯自重(垂直安装时考虑)；
　　　F_f——溢流阀阀芯移动的摩擦力。

如果不考虑 G 和 F_f 的影响，可得

$$p_1 - p_2 = \frac{F_s}{A} \tag{5-21}$$

从上式可知，溢流阀弹簧的预压缩量很大，而阀芯开口量 x 的变化较小，因此 F_s 可近似为常数，即节流阀前后压差 $\Delta p_j = p_1 - p_2$ 基本为一常数，因此，保证了通过节流阀的流量的稳定。

调速阀和溢流节流阀虽然都是通过压力补偿来保持节流阀前后压差不变，稳定过流流量，但在性能和应用上不完全相同。调速阀常用于液压泵和溢流阀组成的定压系统的节流调速回路中，可安装在执行元件的进油路、回油路和旁油路上，系统压力要满足执行元件的最大载荷，因此消耗功率较大，系统发热量大。而溢流节流阀只能安装在节流调速回路的进油路上。这时，溢流节流阀的供油压力 p_1 随负载压力 p_2 的变化而变化，属变压系统，其功率利用比较合理，系统发热量小。但溢流节流阀中流过的流量是液压泵的全流量，阀芯运动时的阻力较大，因此溢流阀上的弹簧一般比调速阀的硬一些，这样加大了节流阀前后的压差波动。如果考虑稳态液动力的影响，溢流节流阀入口压力的波动也影响节流阀前后压差的稳定，所以溢流节流阀的速度稳定性稍差，在小流量时尤其如此。故不宜用于有较低稳定流量要求的场合，一般用于对速度稳定性要求不高，功率又较大的节流调速系统中，如拉床、插床和刨床中的进给液压系统。

5.4.4　分流集流阀

分流集流阀是分流阀、集流阀和分流集流阀的总称。分流阀的作用是使液压系统中由同一个能源向两个执行元件供应相同流量的油液(即等量分流)或按一定比例向两个执行元件供应油液(即比例分流)，实现两个执行元件的速度同步或成定比关系。集流阀的作用则是从两个执行元件中收集等流量或成一定比例的回流量，实现两个执行元件的速度同步或成定比关系。分流集流阀则兼有分流阀和集流阀的功能。它们的图形符号如图 5.50 所示。

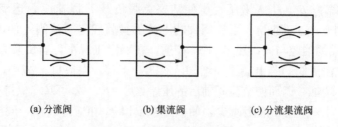

(a) 分流阀　　(b) 集流阀　　(c) 分流集流阀

图 5.50　分流集流阀图形符号

1. 分流阀

图 5.51 所示为分流阀的结构原理图。这种分流阀由两个节流孔 1 和 2、阀体 5、阀芯 6 和两个对中弹簧 7 等零件组成。阀芯的中间台肩将阀分成完全对称的左、右两部分，位于阀左边的油室 a 通过阀芯上的轴向小孔与阀芯右端弹簧腔相通，位于阀右边的油室 b 通过阀芯上的另一轴向小孔与阀芯左端弹簧腔相通。装配时由弹簧 7 保证阀芯与阀体对中，阀芯左右台肩与阀体沉割槽形成的两个可变节流口 3、4 的初始通流面积相等。

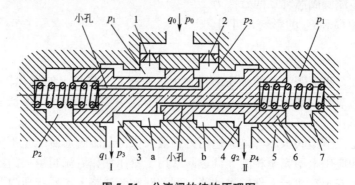

图 5.51　分流阀的结构原理图
1、2—固定节流孔　3、4—可变节流口　5—阀体
6—阀芯　7—对中弹簧　Ⅰ、Ⅱ—出油口

分流阀的等量分流原理是：设进口油液压力为 p_0，流量为 q_0，进入阀后分两路经过液阻相等的固定节流孔 1 和 2，分别进入油室 a 和 b，其压力分别降低为 p_1 和 p_2，然后经可变节流口 3 和 4，压力分别降低为 p_3 和 p_4，再经出油口Ⅰ和Ⅱ通往两个执行元件工作。当两个执行元件的负载相等时，则分流阀的两出口压力 $p_3=p_4$，即两条支路的进出口压力差和总液阻（固定节流孔和可变节流口的液阻和）相等，因此，输出流量 $q_1=q_2=q_0/2$，且 $p_1=p_2$。当两个执行元件几何尺寸完全相同时，可实现运动速度同步。

分流阀的等量稳流原理是：当执行元件的负载发生变化而导致支路Ⅰ的出口压力 p_3 大于支路Ⅱ的出口压力 p_4 时，在阀芯来不及动作，两支路总液阻仍相等时，压力差 $(p_0-p_3)<(p_0-p_4)$ 势必导致输出流量 $q_1<q_2$。输出流量的偏差既使执行元件的速度出现不同步，又使固定节流孔 1 的压力损失小于固定节流孔 2 的压力损失，即 $p_1>p_2$。因 p_1、p_2 被分别反馈到阀芯的右端和左端，其压力差将使阀芯向左移动，从而使可变节流口 3 的通流面积增大，液阻减小，可变节流口 4 的通流面积减小，液阻增大。于是支路Ⅰ的总液阻减小，支路Ⅱ的总液阻增大。支路总液阻的变化反过来使支路Ⅰ的流量 q_1 增加，支路Ⅱ的流量 q_2 减小，直至 $q_1=q_2$，$p_1=p_2$，阀芯受力重新平衡，稳定在一新的工作位置上，即两个执行元件的运动速度恢复到同步为止。

分流阀中固定节流孔 1、2 起到检验流量的作用,它将流量信号转换为压力信号 p_1 和 p_2;可变节流口 3、4 起到压力补偿作用,其流通面积(液阻)通过压力 p_1 和 p_2 的反馈作用进行控制。

2. 分流集流阀

图 5.52 所示为一螺纹插装、挂钩式分流集流阀的结构原理图。图 5.52 中二位三通电磁阀通电后接入右位起分流作用;断电后接入左位起集流作用。

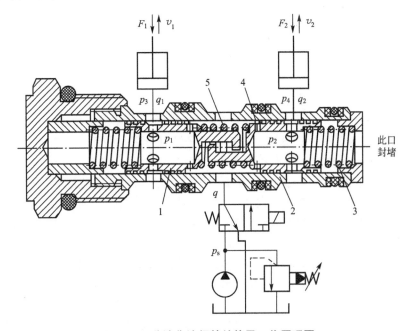

图 5.52 分流集流阀的结构及工作原理图
1—阀芯 2—阀套 3—弹簧 4—固定节流孔 5—弹簧

这种阀中有两个完全相同的带挂钩的阀芯 1,装在阀套 2 中并可相对阀套移动;阀芯两侧是两个相同的弹簧 3,其刚度比弹簧 5 的刚度小;阀芯 1 上有固定节流孔 4,此孔的直径和数量按流量规格而定,流量越大,孔数和孔径越大;阀芯上还有通油孔和沉割槽,其沉割槽与阀套上的圆孔组成可变节流口。作分流阀用时,右阀芯沉割槽右边与阀套孔的左侧,以及左阀芯沉割槽左边与阀套孔的右侧同时起可变节流阀的作用。作集流阀用时,左阀芯沉割槽左边与阀套孔的右侧,以及右阀芯沉割槽右边与阀套孔的左侧同时起可变节流阀的作用。两阀芯在各弹簧力作用下处于中间位置的平衡状态。

该阀起分流阀作用时的工作原理是:如果两缸完全相同,开始时负载力 F_1 和 F_2 以及负载压力 p_3 和 p_4 完全相等。供油压力为 p_s,流量 q 等分为 q_1 和 q_2,活塞速度 v_1 和 v_2 相等。由于流量 q_1 和 q_2 流经固定节流孔产生的压差作用,p_0 大于 p_1 和 p_2,所以两阀芯处于相离状态,阀间挂钩互相勾住。此时两个相同的弹簧 3 产生相同变形。此时,若 F_1 或 F_2 发生变化,即两负载力及负载压力不再相等。假设 F_1 增大,p_3 升高,则 p_1 也将升高。这时两阀芯将同时右移,使左边的可变节流口开大,右边的可变节流口减小,从而使 p_2 也升高,阀芯处于新的平衡状态。如果忽略阀芯位移引起的弹簧力变化等影响,p_1 和 p_2

在阀芯位移后仍近似相等,则通过固定节流孔的流量即负载流量 q_1 和 q_2 也相等,此时左侧可变节流口两端压差 p_1-p_3 虽比原来减小,但阀口通流面积增大,而右侧可变节流口两端的压差 p_2-p_4 虽增大,但阀口通流面积减小。因此两侧负载流量 q_1 和 q_2 在 $F_1>F_2$ 后仍基本相等。但 F_1 增大后,q_1 和 q_2 比原来的要减小,即一侧负载加大后,两者流量和速度虽仍能保持相等,但比原来的要小。同样的分析可知,F_1 减小后,两侧流量和速度也能相等,但比原来的要增加。

该阀起集流阀作用时,两缸中的油液经阀集流后回油箱。此时,由于压差作用两阀芯相抵。同理可知,两缸负载不等时,活塞速度和流量也能基本保持相等。

3. 分流精度及影响分流精度的因素

等量分流(集流)阀的分流精度用相对分流误差 ξ 表示,即

$$\xi=\frac{q_1-q_2}{(q_1+q_2)/2}\times100\%=\frac{2(q_1-q_2)}{q_1+q_2}\times100\% \tag{5-22}$$

从式(5-22)可知,分流误差的大小与进口流量的大小和两出口油液压差的大小有关,其值一般为 2%～5%。另外,分流(集流)阀的分流精度还与使用情况有关。

通常,影响分流精度的因素有以下几个方面。

(1) 固定节流孔前后压差对分流误差的影响。压差大时,对流量变化反应灵敏,分流效果好,分流误差小。但压差不能太大,否则会使分流阀的压力损失增大;相反,若压差太小,则分流精度低。因此推荐固定节流孔的压差不得低于 0.5～1MPa。由于压差与工作流量的大小有关,所以为了保证分流(集流)阀的分流精度,一般希望最大工作流量不应超过最小工作流量的一倍。流量使用范围一般为公称流量的 60%～100%。

(2) 两个可变节流孔处的液动力和阀芯与阀套间的摩擦力不完全相等而产生分流误差。

(3) 阀芯两端弹簧力不相等而引起分流误差。减小误差的方法是在能克服摩擦力,保证阀芯能够恢复中位的前提下,尽量减小弹簧刚度及阀芯的位移量。

(4) 因两个固定节流孔口的几何尺寸误差而引起分流误差。

必须指出:在采用分流(集流)阀构成的同步系统中,液压缸的加工误差及其泄漏、分流之后设置的其他阀的外部泄漏、油路中的泄漏等,虽然对分流阀本身的分流精度没有影响,但对系统中执行元件的同步精度却有直接影响。

5.5 其他控制阀

随着液压技术的发展出现了一些新型结构的液压控制阀类,如逻辑阀、比例控制阀(简称比例阀)、伺服阀、数字阀等。它们的出现扩大了液压系统的使用范围,为普及和推广液压技术开辟了新的道路。比例阀和伺服阀将在第 10 章介绍,本节只介绍逻辑阀和数字阀。

5.5.1 逻辑阀

逻辑阀是将其基本组件插入特定的阀体内,配以盖板、先导阀等组成的一种多功能复

合阀。因基本组件只有两个主油口,阀的开启闭合完全像一个受操纵的逻辑元件那样工作,故称作逻辑阀。因其结构为插装式结构,也称为插装阀。这种阀不仅能满足各种动作要求,而且与普通液压阀相比,具有流通能力大、密封性好、泄漏小、功率损失小、阀芯动作灵敏、抗污染能力强、结构简单、易于实现集成等优点,特别适用于大流量液压系统。

1. 逻辑阀的基本结构

图 5.53 所示为逻辑阀的基本组成,通常由先导阀 1、控制盖板 2、逻辑阀单元 3 和插装阀体 4 这 4 个部分组成。

逻辑阀单元(又称主阀组件)为插装式结构,由阀芯、阀套、弹簧和密封件等组成,它插装在插装阀体 4 中,通过它的开启、关闭动作和开启量的大小来控制主油路的液流方向、压力和流量。

控制盖板 2 用来固定和密封逻辑阀单元,盖板可以内嵌具有各种控制机能的微型先导控制元件,如节流螺塞、梭阀、单向阀、流量控制器等;安装先导控制阀、位移传感器、行程开关等电器附件;建立或改变控制油路与主阀控制腔的连接关系。

先导阀 1 安装在控制盖板上,是用来控制逻辑阀单元的工作状态的小通径液压阀。先导控制阀也可以安装在阀体上。

插装阀体 4 用来安装插装件、控制盖板和其他控制阀,连接主油路和控制油路。由于逻辑阀主要采用集成式连接形式,一般没有独立的阀体,在一个阀体中往往插装有多个逻辑阀,所以也称为集成块体。

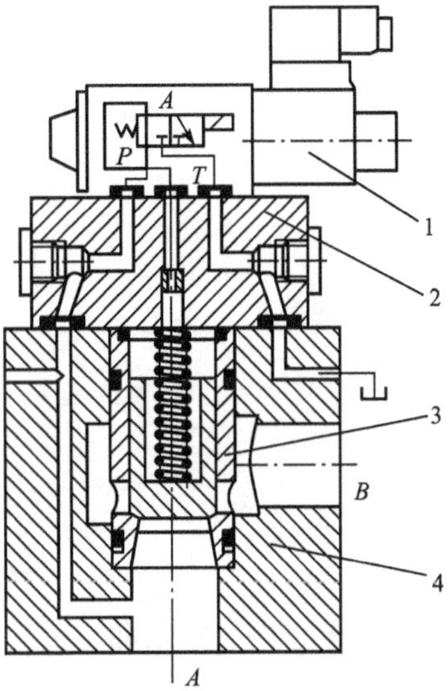

图 5.53 逻辑阀的基本组成
1—先导阀 2—控制盖板
3—逻辑阀单元 4—插装阀体

2. 逻辑阀单元的结构与工作原理

逻辑阀单元——插装件有锥阀和滑阀两种结构。图 5.54 所示为逻辑阀单元的基本结构及图形符号。它主要由阀套 1、阀芯 2 和弹簧 3 组成。A、B 为主油路连接口,X 是控制油口。三者的压力分别为 p_a、p_b 和 p_x,各自的作用面积为 A_a、A_b 和 A_x。面积比分别为

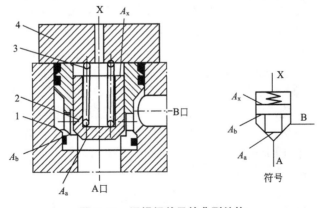

图 5.54 逻辑阀单元的典型结构
1—阀套 2—阀芯 3—弹簧 4—盖板

$$\alpha_A = A_a/A_x \quad \alpha_B = A_b/A_x \tag{5-23}$$

显然，$\alpha_A + \alpha_B = 1$，根据用途不同，可以有 $\alpha_A < 1$ 和 $\alpha_A = 1$ 两种情况。阀芯结构除了基本形式外，还有图 5.55 所示的多种结构形式。

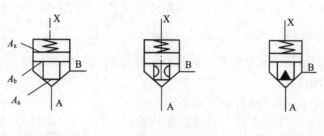

(a) 基本形式　　(b) 阀芯内设节流小孔　(c) 阀芯尾部带节流窗口

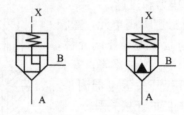

(d) 阀芯内有通孔　(e) 阀芯内带反馈弹簧和节流窗口

图 5.55　α_A　1 的锥阀形式

如果忽略锥阀的重量和阻力的影响，作用在阀芯上的力平衡关系为

$$F_s + F_w + p_x A_x - p_b A_b - p_a A_a = 0 \tag{5-24}$$

式中　　F_s——作用在阀芯上的弹簧力；

　p_a、p_b、p_x——A、B、X 口的压力；

　A_a、A_b、A_x——A、B、X 口的作用面积；

　　　F_w——阀口液流产生的稳态液动力。

从式(5-24)可看出，锥阀的启、闭与控制压力 p_x 以及工作压力 p_a 和 p_b 的大小有关，同时还与弹簧力 F_s、液动力 F_w 的大小有关。当锥阀开启时，油流的方向根据 p_a 与 p_b 的具体情况而定。如当 X 控制口与油箱连通时，$p_x = 0$，则阀开启，如果 $p_b > p_a$，油液从 B 口流向 A 口；如果 $p_a > p_b$，油液从 A 口流向 B 口。若 X 有控制油液，其压力大于或等于 B 口(或 A 口)油压，即 $p_x \geq p_b$(或 $p_x \geq p_a$)，则阀关闭，B 口与 A 口隔断。由此可见，逻辑阀沟通和切断油路的作用相当于一个液控的二位二通换向阀。可以利用控制口 X 的压力 p_x 的大小来控制锥阀的启闭以及开口的大小，将这种关系用逻辑代数来处理，可以实现逻辑阀的不同功能。特别是对于复杂的液压控制系统或在与电气控制系统相结合的场合，运用逻辑设计方法，去简化各种控制问题，可以得到既满足动作要求，又使所用元件最少、最为合理的液压回路。

3. 逻辑阀的应用

逻辑阀具有结构简单、制造容易、一阀多能等特点，在制造业、工程机械等领域的大流量液压系统中，得到了广泛的应用。

1) 逻辑换向阀

图 5.56 所示为二位四通逻辑换向阀工作原理图。将两个逻辑阀按图上结合起来，构成一个方向控制阀。当油路中的二位四通电磁阀断电时，锥阀（即逻辑阀）2、4 的控制口通入控制油液，两阀关闭；锥阀 1、3 的控制口和油箱相通，压力油 p 顶开阀 3 从油口 B 流出，并推动活塞向左运动，液压缸左腔的排油进入油口 A，顶开阀 1 流回油箱。当二位四通电磁阀通电时，P 和 A 通，B 和 T 通，压力油推动液压缸活塞向右运动。

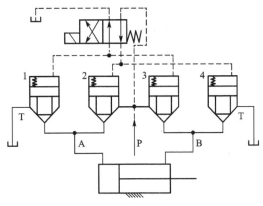

图 5.56　二位四通逻辑换向阀
1、2、3、4—逻辑阀单元

2) 逻辑压力阀

图 5.57(a) 所示为逻辑溢流阀的工作原理图，B 口通油箱，A 口的压力油经节流小孔（此节流小孔也可直接放在锥阀阀芯内部）进入控制腔 X，并与先导压力阀相通。

必须指出，对于压力阀（包括溢流阀、顺序阀和减压阀）而言，为了减少 B 口压力对调整压力的影响，常取 $\alpha_A = A_a/A_x = 1$（或 0.9）。

当图 5.57(a) 中的 B 口不接油箱而接负载时，即为逻辑顺序阀。

如图 5.57(b) 所示，在逻辑溢流阀的控制腔 X 再接一个二位二通电磁换向阀。当电磁铁断电时，具有溢流阀功能；电磁铁通电时，即成为卸荷阀。

如图 5.57(c) 所示，减压阀中的逻辑阀单元为常开式滑阀结构，B 为一次压力入进口，A 为出口，A 腔的压力油经节流小孔与控制腔 X 相通，并与先导阀进口相通。由于控制油取自 A 口，因而能得到恒定的二次压力 p_2，相当于定压输出减压阀。

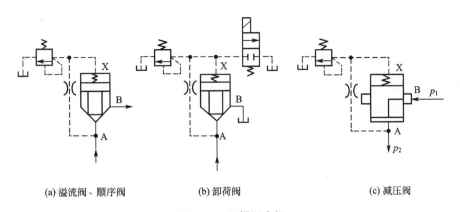

(a) 溢流阀、顺序阀　　(b) 卸荷阀　　(c) 减压阀

图 5.57　逻辑压力阀

3) 逻辑流量阀

图 5.58 所示为逻辑节流阀。锥阀单元尾部带节流窗口（也有不带节流窗口的），锥阀的开启高度由行程调节器（如调节螺杆）来控制，从而达到控制流量的目的。根据需要，还可在控制口 X 与阀芯上腔之间加设固定阻尼孔（节流螺塞）a，如图 5.58 中职能符号所示。

图 5.59 所示为逻辑调速阀原理图,定差减压阀阀芯两端分别与节流阀进出口相通,从而保证节流阀进出口压差不随负载变化,成为调速阀。该阀一般装在进油路上使用。

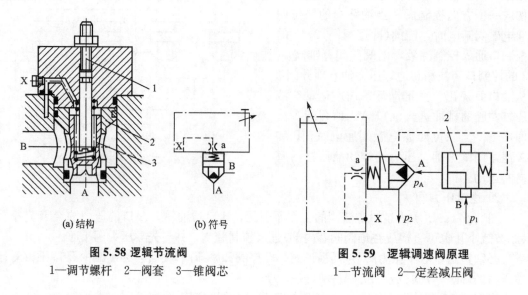

图 5.58 逻辑节流阀
1—调节螺杆 2—阀套 3—锥阀芯

图 5.59 逻辑调速阀原理
1—节流阀 2—定差减压阀

5.5.2 电液数字阀

用计算机的数字信息直接控制的液压阀,称为电液数字阀,简称数字阀。数字阀可直接与计算机接口,不需要数/模转换器。这种阀具有结构简单、工艺性好、制造成本低廉、输出量准确、重复精度高、抗干扰能力强、工作稳定可靠、对油液清洁度的要求比比例阀低等特点。由于它将计算机与液压技术紧密结合,因而其应用前景十分广阔。

用数字量进行控制的方法很多,目前常用的是增量控制法和脉宽调制(PWM)控制法两种。相应地按控制方式,可将数字阀分为增量式数字阀和脉宽调制式数字阀两类。

1. 增量式数字阀

增量式数字阀由步进电机(作为电—机械转换器)来驱动液压阀芯工作。步进电机直接用数字量控制,它每得到一个脉冲信号,便沿着控制信号给定的方向转动一个固定的步距角。显然,步进电机的转角与输入脉冲数成正比,而转速将随输入的脉冲频率而变化。当输入脉冲反向时,步进电机就反向转动。步进电机在脉冲数字信号的基础上,使每个采样周期的步数在前一采样周期基础上增加或减少一些步数,而达到需要的幅值。这就是所谓的增量控制方式。由于步进电机采用这种控制方式工作,所以它所控制的阀称为增量式数字阀。按用途,增量式数字阀分为数字流量阀、数字压力阀和数字方向流量阀。

图 5.60 所示为直控式(由步进电机直接控制)数字节流阀。图中,步进电机 4 按计算机的指令而转动,通过滚珠丝杠 5 变为轴向位移,使节流阀阀芯 6 移动,控制阀口的开度,实现流量调节。阀套 1 上有两个通流孔口,左边一个为全周向开口,右边为非全周向开口。阀芯 6 和阀套 1 构成两个阀口。阀芯 6 移动时,先打开右边的节流口 8,由于是非全周向开口,故流量较小,继续移动时,则打开左边全周向开口的节流口 7,流量增大。这种阀的控制流量可达 3600L/min。

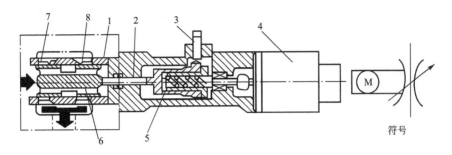

图 5.60 直控式数字节流阀
1—阀套 2—连杆 3—零位移传感器 4—步进电机
5—滚珠丝杠 6—节流阀阀芯 7,8—节流阀口

压力油沿轴向流入，通过节流阀口从与轴线垂直的方向流出，会产生压力损失，在这种情况下，阀开启时所引起的液动力可抵消一部分向右的液压力，并使结构紧凑。阀套1、连杆2和节流阀阀芯6的相对热膨胀，可起温度补偿作用，减少温度变化引起的流量不稳定。零位移传感器3的作用是：在每个控制周期结束时，阀芯由零位移传感器检测，回到零位，使每个工作周期都从零位开始，保证阀的重复精度。

将普通压力阀的手动调整机构改用步进电机控制，即可构成数字压力阀。用凸轮、螺纹等机构将步进电机的角位移变成直线位移，使调压弹簧压缩，从而控制压力。

图 5.61 为增量式数字阀控制系统组成及工作原理框图。计算机发出需要的控制脉冲序列，经驱动电源放大后使步进电机工作。步进电机的转角通过凸轮或螺纹等机械式转换器转换成直线运动，控制液压阀阀口开度，从而得到与输入脉冲数成比例的压力和流量值。

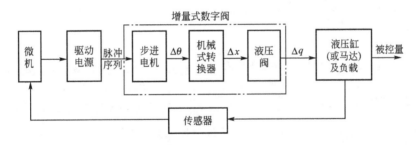

图 5.61 增量式数字阀控制系统原理框图

必须指出，增量式数字阀的突出优点是重复精度和控制精度高，但响应速度较慢。在要求快速响应的高精度系统中不宜使用增量式数字阀，应使用模拟量控制方式的液压阀类。

2. 脉宽调制式数字阀

脉宽调制式数字阀也称为快速开关式数字阀。这种阀也可以直接用计算机控制。由于计算机是按二进制工作的，最普通的信号可量化为两个量级的信号，即"开"和"关"。控制这种阀的开与关以及开和关的时间长度（脉宽），即可达到控制液流的方向、流量或压力的目的。由于这种阀的阀芯多为锥阀、球阀或喷嘴挡板阀，均可快速切换，而且只有开和关两个位置，故称为快速开关型数字阀，简称快速开关阀。

这种阀的结构形式多种多样，这里仅介绍使用较多的二位二通和二位三通阀。其阀芯一般采用球阀或锥阀结构,目的是为减少泄漏和提高压力。

图 5.62 所示为带液动力补偿的二位二通锥阀型快速开关式数字阀。当螺管电磁铁 4 有脉冲电信号通过时,电磁吸力使衔铁带动锥阀 1 开启。压力油从 P 口经阀体流入 A 口。为防止开启时锥阀因稳态液动力波动而关闭和影响电磁力,阀套 6 上有一阻尼孔 5,用以补偿液动力。断电时,弹簧 3 使锥阀关闭。

图 5.63 所示为二位三通电液球式快速开关型数字阀。它由先导级(二位四通电磁球式换向阀)和功率级(二位三通液控球式换向阀)组合而成。力矩马达 1 通电时衔铁 2 顺时针偏转,通过推杆 3 推动先导级球阀 4 向下运动,关闭油口 P,而先导级左边的球阀 7 压在上边的位置,L_2 与 T 口通,L_1 与 P 口通;相应地,第二级的球阀 6 向下关闭,球阀 5 向上关闭,使得 A 与 P 通,T 封闭。反之,当交换线圈的通电方向,情况将相反,A 与 T 通,P 封闭。这种阀也有用电磁铁代替力矩马达的。

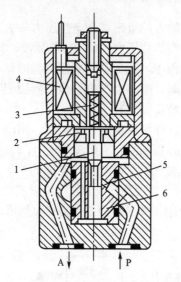

图 5.62 二位二通电磁锥阀式快速开关型数字阀
1—锥阀芯 2—衔铁 3—弹簧
4—螺管电磁铁 5—阻尼孔 6—阀套

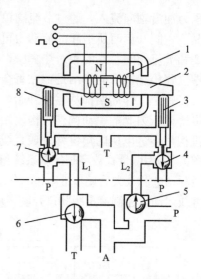

图 5.63 二位三通电液球式快速开关型数字阀
1—力矩马达 2—衔铁 3、8—推杆
4、7—先导级球阀 5、6—功率级球阀

图 5.64 为快速开关式数字阀用于液压系统的原理框图。由计算机输出的脉冲信号,经脉宽调制放大器调制放大后,送入快速开关数字阀中的电磁铁或力矩马达,通过控制开关阀开启时间的长短来控制流量。在需要作两个方向运动的系统中需要两个快速开关数字阀分别控制不同方向的运动。

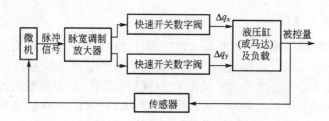

图 5.64 快速开关式数字阀用于液压系统的原理框图

5.6 综 合 例 题

【例 5.1】 在图 5.65 所示的液压回路中,两液压缸结构完全相同,$A_1 = 20\text{cm}^2$,$A_2 = 10\text{cm}^2$,Ⅰ缸、Ⅱ缸负载分别为 $F_1 = 8 \times 10^3$N,$F_2 = 3 \times 10^3$N,顺序阀、减压阀和溢流阀的调定压力分别为 3.5MPa、1.5MPa 和 5MPa,不考虑压力损失,求:

(1) 1YA、2YA 通电,两液压缸向前运动中,A、B、C 三点的压力各是多少?

(2) 两液压缸向前运动到达终点后,A、B、C 三点的压力又各是多少?

解:

(1) Ⅰ缸右移所需压力为

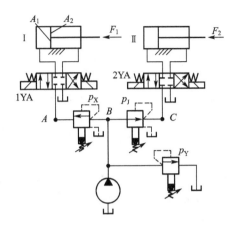

图 5.65 【例 5.1】的液压回路

$$p_A = \frac{F_1}{A_1} = \frac{8 \times 10^3}{20 \times 10^{-4}} = 4 \times 10^6 \text{Pa} = 4\text{MPa}$$

溢流阀调定压力大于顺序阀调定压力,顺序阀开启时进出口两侧压力相等,其值由负载决定,故 A、B 两点的压力均为 4MPa;此时,溢流阀关闭。

Ⅱ缸右移所需压力为

$$p_C = \frac{F_2}{A_1} = \frac{3 \times 10^3}{20 \times 10^{-4}} = 1.5 \times 10^6 \text{Pa} = 1.5\text{MPa}$$

因 $p_C = p_J$,减压阀始终处于减压、减压后稳压的工作状态,所以 C 点的压力均为 1.5MPa。

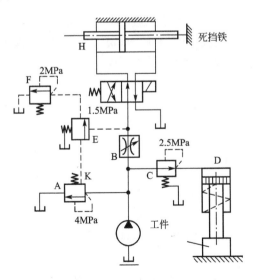

图 5.66 液压回路图

(2) 两液压缸运动到终点后,负载相当于无穷大,两液压缸不能进油,迫使压力上升。当压力上升到溢流阀调定压力,溢流阀开启,液压泵输出的流量通过溢流阀溢流回油箱,因此 A、B 两点的压力均为 5MPa;而减压阀是出油口控制,当Ⅱ缸压力上升到其调定压力,减压阀工作,则其出口压力不变,故 C 点的压力仍为 1.5MPa。

【例 5.2】 图 5.66 所示的液压回路给出了阀 A、C、E、F 的压力调定值,工作液压缸 H 的有效工作面积为 $A = 50\text{cm}^2$,向右运动时,其负载为 $F = 5 \times 10^3$N,试分析:

(1) 液压缸 H 向右运动时,夹紧缸 D 的工作压力是多少?为什么?

(2) 液压缸 H 向右运动到顶上死挡铁时，夹紧缸 D 的工作压力是多少？为什么？

(3) 液压缸 H 无负载地返回时，夹紧缸 D 的工作压力又是多少？为什么？

解：

(1) 液压缸 H 向右运动时，其工作压力由负载决定，为

$$p = \frac{5\text{kN}}{50\text{cm}^2} = 1\text{MPa}$$

该工作压力 p 小于液控顺序阀 E 的调定压力 1.5MPa，E 阀不工作，先导式溢流阀 A 的外控口处于关闭状态。由于节流阀的作用，定量泵多余的油由阀 A 溢流回油箱，泵出口压力由溢流阀 A 调定为 4MPa，大于减压阀 C 的调定压力 2.5MPa，故减压阀工作，夹紧缸 D 的工作压力是减压阀的调定压力 2.5MPa。

(2) 液压缸 H 向右运动顶上死挡铁时，相当于负载无穷大。此时无油液流过节流阀，因而油缸 H 工作压力与泵出口压力相同，该压力大于顺序阀 E 的调定压力 1.5MPa，该阀开启，先导式溢流阀的远程控制口起作用，其进口压力受调压阀 F 控制，为 2MPa，即泵出口压力为 2MPa，低于减压阀 C 的调定压力 2.5MPa，减压阀不起作用，所以夹紧缸 D 的工作压力为 2MPa。

(3) 液压缸 H 无负载向左运行时，其工作压力为 0，因而液控顺序阀 E 不工作，液压泵出口压力由溢流阀调定为 4MPa，大于减压阀的调定压力 2.5MPa，故减压阀工作，D 缸工作压力是减压阀的调定压力 2.5MPa。

【例 5.3】 在图 5.67 所示的夹紧回路中，已知液压缸的有效工作面积分别 $A_1 = 100\text{cm}^2$，$A_2 = 50\text{cm}^2$，负载 $F_1 = 14 \times 10^3\text{N}$，负载 $F_2 = 4250\text{N}$，背压 $p = 0.15\text{MPa}$，节流阀的压差 $\Delta p = 0.2\text{MPa}$，不计管路损失，试求：

(1) A、B、C 各点的压力各是多少？

(2) 各阀最小应选用多大的额定压力？

(3) 设进给速度 $v_1 = 3.5\text{cm/s}$，快速进给速度 $v_2 = 4\text{cm/s}$ 时，各阀应选用多大的额定流量？

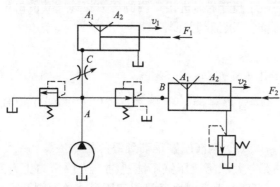

图 5.67 夹紧回路

解：

(1) A、B、C 各点的压力。夹紧缸运动时，进给缸应不动，这时 A、B、C 各点的压力均为 0.5MPa。

$$p_C = \frac{F_1}{A_1} = \frac{14 \times 10^3}{100 \times 10^{-4}} = 14 \times 10^5\text{Pa}$$

$$= 1.4\text{MPa}$$

$$p_A = p_C + \Delta p = 14 \times 10^5 + 2 \times 10^5 = 16 \times 10^5\text{Pa} = 1.6\text{MPa}$$

$$p_B = \frac{F_2 + A_2 \times p}{A_1} = \frac{4250 + 50 \times 10^{-4} \times 1.5 \times 10^5}{100 \times 10^{-4}} = 5 \times 10^5\text{Pa} = 0.5\text{MPa}$$

当进给缸工作时，夹紧缸必须将工件夹紧，这时 B 点的压力为减压阀的调整压力，显然，减压阀的调整压力应大于，起码必须等于 0.5MPa。

（2）各阀的额定压力。

系统的最高工作压力为 1.6MPa，根据压力系列，应选用额定压力为 2.5MPa 系列的阀。

（3）计算流量 q。

通过节流阀的流量 q_1

$$q_1 = v_1 A_1 = 3.5 \times 100 \times 10^{-3} \times 60 \text{L/min} = 21 \text{L/min}$$

夹紧缸运动时所需流量，即通过减压阀的流量 q_2

$$q_2 = v_2 A_1 = 4.0 \times 100 \times 10^{-3} \times 60 \text{L/min} = 24 \text{L/min}$$

通过背压阀流回油箱的流量 q_3

$$q_3 = v_2 A_2 = 4.0 \times 50 \times 10^{-3} \times 60 \text{L/min} = 12 \text{L/min}$$

选用液压泵、溢流阀、减压阀和节流阀的额定流量应大于 q_2(24L/min)，根据液压元件产品样本，可选用额定流量为 25L/min 的。

选用额定流量为 16L/min 的背压阀。

习 题

1. 什么是换向阀的"位"和"通"？换向阀有几种控制方式？其职能符号如何表示？

2. 从结构原理图及图形上，说明溢流阀、顺序阀和减压阀的不同点及各自的用途，画出它们的职能符号。

3. 先导式溢流阀与直动式溢流阀相比有何特点？先导式溢流阀中的各阻尼小孔有何作用？若将节流阻尼小孔堵塞或加工成大的通孔，会出现什么问题？

4. 哪些阀在系统中可以做背压阀使用？性能有何差异？单向阀做背压阀使用时，需采用什么措施？

5. 试说明中位机能为 M、H、P、Y 形的三位换向阀的特点及其使用场合。

6. 电液换向阀的先导阀为什么选用 Y 形中位机能？改用其他型机能是否可以？为什么？

7. 为什么减压阀的调压弹簧腔要接油箱？如果把这个油口堵死，会出现什么问题？

8. 液控式单向阀与普通单向阀相比有什么特点？

9. 节流阀的最小稳定流量的物理意义是什么？影响其稳定性的因素主要有哪些？

10. 若将减压阀的进出油口反接，会出现什么情况？（分压力高于减压阀的调定压力时和低于调定压力时两种情况）

11. 在图 5.68 所示的夹紧回路中，若溢流阀的调定压力为 5MPa，减压阀的调定压力为 2.5MPa，试分析下列情况：

（1）活塞快速运动时，A、B 两点的

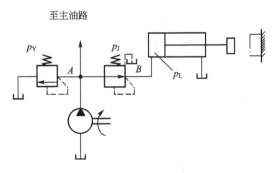

图 5.68 11题附图

压力各为多少？减压阀阀芯处于什么状态？

(2) 工件夹紧后，A、B 两点的压力各为多少？此时减压阀阀口有无油液通过？为什么？

12. 已知液压泵的额定压力 p_n、额定流量 q_n，忽略管路压力损失，试说明图 5.69 所示的各种情况下，液压泵的出口压力（压力表显示）分别是多少？并说明理由。

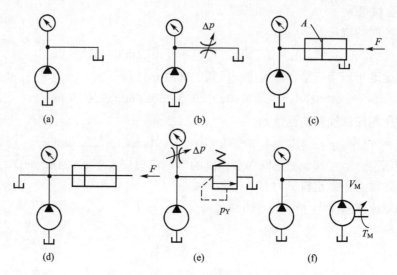

图 5.69　12 题附图

13. 在图 5.70 所示的回路中，顺序阀调定压力为 3MPa，溢流阀的调定压力为 5MPa，求在下列情况下，A、B 点的压力等于多少？

(1) 液压缸运动时，负载压力 $p_L = 4$MPa；

(2) 负载压力变为 1MPa；

(3) 活塞运动到右端位不动时。

14. 在图 5.71 所示的回路中，顺序阀和溢流阀串联，其调整压力分别为 p_X 和 p_Y。求：

(1) 当系统负载趋向无穷大时，泵的出口压力 p_P 是多少？

(2) 若将两阀的位置互换一下，泵的出口压力 p_P 又是多少？

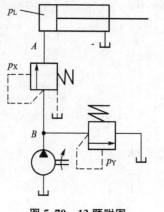

图 5.70　13 题附图

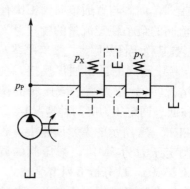

图 5.71　14 题附图

15. 在图 5.72 所示的两个回路中，各溢流阀的调定压力分别为 $p_{Y1}=3\text{MPa}$，$p_{Y2}=2\text{MPa}$，$p_{Y3}=4\text{MPa}$，问当负载为无穷大时，液压泵出口的压力 p_P 各为多少？

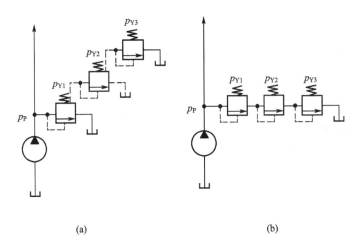

图 5.72　15 题图

16. 图 5.73 为用插装阀组成的两组方向控制阀，试分析其功能相当于什么换向阀，并用标准的职能符号画出。

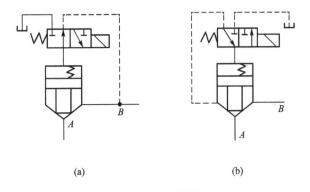

图 5.73　16 题图

第 6 章
液压辅助元件

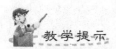
教学提示

　　液压系统的辅助元件包括蓄能器、滤油器、油箱、热交换器、管件等，这些元件结构比较简单，功能也比较单一，但是对于液压系统的工作性能、寿命、噪声、温升等都有直接的影响，要给予足够的重视。在液压辅助元件中，油箱需要根据液压设备的要求按标准自行设计，其他元件基本都是标准件，设计时直接选用即可。

教学要求

　　本章要求学生了解各种液压辅助元件的工作原理、类型及应用。

液压辅助元件包括油管和管接头、密封件、过滤器、液压油箱、热交换器、蓄能器等，它们是液压系统不可缺少的部分。辅助元件对系统的工作稳定性、可靠性、寿命、噪声、温升甚至动态性能都有直接的影响。其中，液压油箱一般根据系统的要求自行设计，其他辅助元件都有标准化产品供选用。

6.1 管道和管接头

液压管道和管接头是连接液压元件、输送压力油的装置。设计液压系统时要认真选择管道和管接头。管径过大，会使液压装置结构庞大，增加不必要的成本费用；管径太小，又会使管内液体流速过高，不但会增大压力损失、降低系统效率，而且易引起振动和噪声，影响系统的正常工作。

6.1.1 油管的种类和选用

液压系统中使用的油管有钢管、铜管、橡胶软管、塑料管和尼龙管等几种，一般是根据液压系统的工作压力、工作环境和液压元件的安装位置等因素来选用。现代液压系统一般使用钢管和橡胶软管，很少使用铜管、塑料管和尼龙管。

液压系统用钢管通常为无缝钢管，分为冷拔精密无缝钢管和热轧普通无缝钢管，材料为10号或15号钢。高、中压和大通径情况下用15号钢。精密无缝钢管内壁光滑，通油能力好，而且外径尺寸较精确，适宜采用卡套式管接头连接；普通无缝钢管适宜于采用焊接式管接头连接。钢管壁厚与承压能力有关。无缝钢管的弯曲半径一般取钢管外径的(5～8)倍，外径大时取大值。

铜管有紫铜管和黄铜管。紫铜管的最大优点是装配时易弯曲成各种需要的形状，但承压能力较低，一般不超过6.5～10MPa，抗振能力较差，易使油液氧化，且价格昂贵。黄铜管可承受25MPa的压力，但不如紫铜管那样容易弯曲成形。现代液压系统已经很少使用铜管。

耐油橡胶软管安装连接方便，适用于有相对运动部件之间的管道连接，或弯曲形状复杂的地方。橡胶软管分高压和低压两种：高压软管是以钢丝编织或钢丝缠绕为骨架的软管，钢丝层数越多、管径越小，耐压能力越大；低压软管是以麻线或棉纱编织体为骨架的胶管。使用高压软管时，要特别注意其弯曲半径的大小，一般取外径的7～10倍。

尼龙管是一种新型的乳白色半透明管，承压能力因材料而异，为2.5～8MPa。一般只在低压管道中使用。尼龙管加热后可以随意弯曲、变形，冷却后就固定成形，因此便于安装。它兼有铜管和橡胶软管的优点。

耐油塑料管价格便宜、装配方便，但耐压能力低，只适用于工作压力小于0.5MPa的回油、泄油油路。塑料管使用时间较长后会变质老化。

6.1.2 管接头的种类和选用

管接头是油管与油管、油管与液压元件之间的可拆式连接件，它应满足装拆方便、连接牢靠、密封可靠、外形尺寸小、通油能力大、压力损失小、加工工艺性好等要求。

按油管与管接头的连接方式，管接头主要有焊接式、卡套式、扩口式、扣压式等形式；每种形式的管接头中，按接头的通路数量和方向分有直通、直角、三通等类型；与机体的连接方式有螺纹连接、法兰连接等方式。此外，还有一些满足特殊用途的管接头。

1. 焊接式管接头

图 6.1 所示为焊接式直通管接头，主要由接头体 4、螺母 2 和接管 1 组成，在接头体和接管之间用 O 形密封圈 3 密封。当接头体拧入机体时，采用金属垫圈或组合垫圈 5 实现端面密封。接管与管路系统中的钢管用焊接连接。焊接式管接头连接牢固、密封可靠，缺点是装配时需焊接，因而必须采用厚壁钢管，且焊接工作量大。

2. 卡套式管接头

图 6.2 所示为卡套式管接头结构。这种管接头主要包括具有 24°锥形孔的接头体 4，带有尖锐内刃的卡套 2，起压紧作用的压紧螺母 3 共 3 个元件。旋紧螺母 3 时，卡套 2 被推进 24°锥孔，并随之变形，使卡套与接头体内锥面形成球面接触密封；同时，卡套的内刃口嵌入油管 1 的外壁，在外壁上压出一个环形凹槽，从而起到可靠的密封作用。卡套式管接头具有结构简单、性能良好、质量轻、体积小、使用方便、不用焊接、钢管轴向尺寸要求不严等优点，且抗振性能好，工作压力可达 31.5MPa，是液压系统中较为理想的管路连接件。

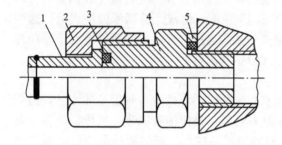

图 6.1 焊接式管接头
1—接管 2—螺母 3—O 形密封圈
4—接头体 5—组合垫圈

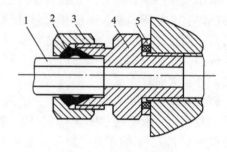

图 6.2 卡套式管接头
1—油管 2—卡套 3—螺母
4—接头体 5—组合垫圈

3. 锥密封焊接式管接头

图 6.3 所示为锥密封焊接式管接头结构。这种管接头主要由接头体 2、螺母 4 和接管 5 组成，除具有焊接式管接头的优点外，由于它的 O 形密封圈装在接管 5 的 24°锥体上，使密封有调节的可能，密封更可靠。工作压力为 34.5MPa，工作温度为 −25～80℃。这种管接头的使用越来越多。

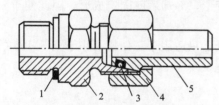

图 6.3 锥密封焊接式管接头
1—组合垫圈 2—接头体
3—O 形密封圈 4—螺母 5—接管

4. 扩口式管接头

图 6.4 所示是扩口式管接头结构。这种管接头有 A 型和 B 型两种结构形式：A 型由具有 74°

外锥面的管接头体1、起压紧作用的螺母2和带有60°内锥孔的管套3组成；B型由具有90°外锥的接头体1和带有90°内锥孔的螺母2组成。将已冲成喇叭口的管子置于接头体的外锥面和管套（或B型螺母）的内锥孔之间，旋紧螺母使管子的喇叭口受压，挤贴于接头体外锥面和管套（或B型螺母）内锥孔所产生的间隙中，从而起到密封作用。

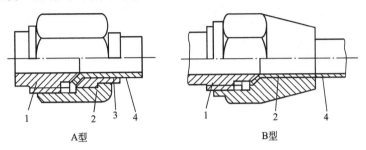

图6.4 扩口式管接头

1—接头体　2—螺母　3—管套　4—油管

扩口式管接头结构简单、性能良好、加工和使用方便，适用于以油、气为介质的中、低压管路系统，其工作压力取决于管材的许用压力，一般为3.5～16MPa。

5. 胶管总成

钢丝编织和钢丝缠绕胶管总成包括胶管和接头，有A、B、C、D、E、J等型，其中A、B、C为标准型。A型用于与焊接式管接头连接，B型用于与卡套式管接头连接，C型用于与扩口式管接头连接。图6.5所示是A、B型扣压式胶管总成。扣压式胶管接头主要由接头外套和接头芯组成。接头外套的内壁有环形切槽，接头芯的外壁呈圆柱形，上有径向切槽。当剥去胶管的外胶层，将其套入接头芯时，拧紧接头外套并在专用设备上扣压，以紧密连接。

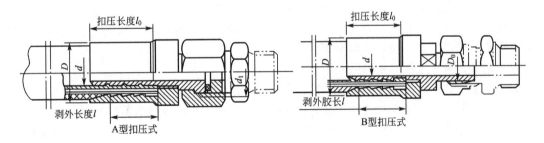

图6.5 扣压式胶管总成

6. 快速接头

快速接头是一种不需要使用工具就能够实现管路迅速连通或断开的接头。快速接头有两种结构形式：两端开闭式和两端开放式。图6.6所示为两端开闭式快速接头的结构图。接头体2、10的内腔各有一个单向阀阀芯4，当两个接头体分离时，单向阀阀芯由弹簧3推动，使阀芯紧压在接头体的锥形孔上，关闭两端通路，使介质不能流出。当两个接头体连接时，两个单向阀阀芯前端的顶杆相碰，迫使阀芯后退并压缩弹簧，使通路打开。两个接头体之间的连接，是利用接头体2上的6个（或8个）钢球落在接头体10上的V形槽内而实现的。工作时,钢珠由外套 6 压住而无法退出,外套由弹簧 7 顶住,保持在右端位置。

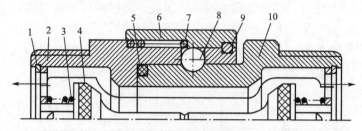

图 6.6 快速接头结构图

1—挡圈 2,10—接头体 3—弹簧 4—单向阀阀芯
5—O 形圈 6—外套 7—弹簧 8—钢球 9—弹簧圈

6.2 密封件

6.2.1 密封件的作用和分类

在液压系统中,密封件的作用是防止工作介质的内、外泄漏,以及防止灰尘、金属屑等异物侵入液压系统。能实现上述作用的装置称为密封装置,其中起密封作用的关键元件称为密封件。

系统的内、外泄漏均会使液压系统容积效率下降,或达不到要求的工作压力,甚至使液压系统不能正常工作。外泄漏还会造成工作介质的浪费,污染环境。异物的侵入会加剧液压元件的磨损,或使液压元件堵塞、卡死甚至损坏,造成系统失灵。

密封分为间隙密封和非间隙密封,前者必须保证一定的配合间隙,后者则是利用密封件的变形达到完全消除两个配合面的间隙或使间隙控制在需要密封的液体能通过的最小间隙以下;最小间隙由工作介质的压力、粘度、工作温度、配合面相对运动速度等决定。

液压系统中的密封装置有各种形式,如活塞环密封、机械密封、组合密封垫圈、金属密封垫圈、橡胶垫片、橡胶密封圈等。

一般地,液压系统对密封件的主要要求如下。

(1) 在一定的压力、温度范围内具有良好的密封性能。

(2) 有相对运动时,由密封件所引起的摩擦力应尽量小,摩擦系数应尽量稳定。

(3) 耐腐蚀性、耐磨性好,不易老化,工作寿命长,磨损后能在一定程度上自动补偿。

(4) 结构简单,装拆方便,成本低廉。

6.2.2 橡胶密封圈的种类和特点

橡胶密封圈有 O 形、Y 形、V 形唇形及组合密封圈等数种。图 6.7 所示为 O 形、Y 形、V 形密封圈剖面形状图。

1. O 形密封圈

O 形密封圈是一种断面形状为圆形的耐油橡胶环,如图 6.7(a)所示。它是液压设备中使用得最多、最广泛的一种密封件,可用于静密封和动密封。为减少或避免运动时 O 形圈发生扭曲和变形,用于动密封的 O 形圈的断面直径较用于静密封的断面直径大。它既可以用于外径或内径密封也可以用于端面密封。O形密封圈的优点是结构简单，单圈即可对两个方向起密封作用，动摩擦阻力较小，对油液种类、压力和温度的适应性好。其缺点是，用作动密封时，启动摩擦阻力较大，磨损后不能自动补偿，使用寿命短。

O形密封圈装入沟槽时的情况如图6.7(a)右部所示，图中δ_1和δ_2为O形圈装配后的预变形量，它是保证密封性能所必须具备的。预变形量的大小应选择适当，过小时会由于安装部位的偏心、公差波动等而漏油，过大时对用于动密封的O形密封圈来说，摩擦阻力会增加，所以静密封用O形圈的预变形量通常取大些，而动密封用O形圈的预变形量应取小些。用于各种情况下的O形圈尺寸及其安装沟槽的形状、尺寸和加工精度等都可从液压工程手册中查到。O形密封圈一般适用于工作压力10MPa以下的元件，当压力过高时，可设置多道密封圈，并应该在密封槽内设置密封挡圈，以防止O形圈从密封槽的间隙中挤出。

2. Y形密封圈

Y形密封圈一般用聚氨酯橡胶和丁腈橡胶制成，其截面形状呈Y形，如图6.7(b)所示。这种密封圈有一对与密封面接触的唇边，安装时唇口对着压力高的一边。油压低时，靠预压缩密封；油压高时，受油压作用两唇张开，贴紧密封面，能主动补偿磨损量，油压越高，唇边贴得越紧。双向受力时要成对使用。这种密封圈摩擦力较小，启动阻力与停车时间长短和油压大小关系不大，运动平稳，适用于高速(0.5m/s)、高压(可达32MPa)的动密封。

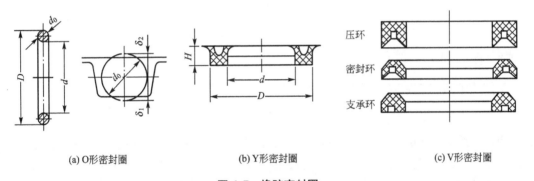

图6.7 橡胶密封圈

图6.8所示是Yx形密封圈，图6.8(a)为等高唇结构，图6.8(b)为孔用结构，图6.8(c)为轴用结构。它的内、外密封唇根据轴用、孔用的不同而制成不等高，是为了防止被运动部件切伤。这种密封圈结构紧凑，在密封性、耐油性、耐磨性等方面都比Y形密封圈优越，因而应用广泛。

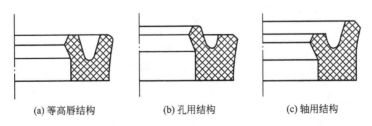

图6.8 Yx形密封圈

3. V形密封圈

V形密封圈由多层涂胶织物压制而成,其形状如图6.7(c)所示,由3种不同截面形状的压环、密封环、支承环组成。压力小于10MPa时,使用一套三件已足够保证密封;压力更高时,可以增加中间密封环的个数。这种密封圈安装时应使密封环唇口面对压力油作用方向。V形密封圈的接触面较长,密封性能好,耐高压(可达50MPa),寿命长,但摩擦力较大。

4. 同轴组合密封装置

同轴组合密封装置是由加了填充材料的改性聚四氟乙烯滑环和充当弹性体的橡胶环(如O形圈、矩形圈或X形圈)组成,如图6.9所示。聚四氟乙烯滑环自润滑性好,摩擦阻力小,但缺乏弹性,通常将其与弹性体的橡胶环同轴组合使用,利用橡胶环的弹性施加压紧力,两者取长补短,能产生良好的密封效果。

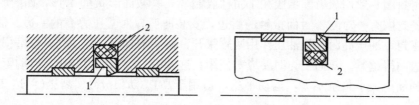

图6.9 同轴组合密封装置
1—聚四氟乙烯滑环 2—橡胶环(O形圈)

6.2.3 密封垫圈

密封垫圈用于管接头与液压元件连接处的端面密封。

1. 组合密封垫圈

图6.10所示为组合密封垫圈的结构,它由软质密封环和金属环胶合而成,前部分起密封作用,后部分起支承作用。组合密封垫圈的特点是密封性能好,连接时压紧力小,承压高,适用于工作压力不大于40MPa,温度-20℃～80℃情况下的静密封。

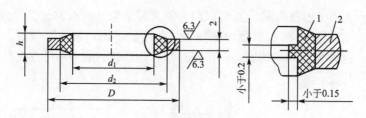

图6.10 组合密封垫圈
1—橡胶环 2—金属环

2. 金属密封垫圈

金属密封垫圈是用纯铜或纯铝等硬度较低的材料制成的密封圈。它在紧固力作用下产生变形，填充接触面的凹凸不平，从而实现密封。金属密封垫圈适于在高温下长期使用。

6.3 过滤器

6.3.1 液压油的污染度等级和污染度等级的测定

当液压系统油液中混有杂质微粒时，会卡住滑阀，堵塞小孔，加剧零件的磨损，缩短元件的使用寿命。油液污染越严重，系统工作性能越差、可靠性越低，甚至会造成故障。油液污染是液压系统发生故障、液压元件过早磨损、损坏的重要原因。经验表明，液压系统80%以上的故障是由于油液污染造成的。

液压油的污染程度可用污染度等级来评定。国际标准化组织制定了 ISO 4406 标准：《液压系统工作介质固体颗粒污染等级》；我国也制定了相应的国家标准 GB/T 14039—1993：《液压系统工作介质固体颗粒污染等级代号》。

固体颗粒污染等级代号由斜线隔开的两个标号组成：第一个标号表示 1mL 工作介质中大于 $5\mu m$ 的颗粒数，第二个标号表示 1mL 工作介质中大于 $15\mu m$ 的颗粒数。颗粒数与其标号的关系见表 6-1。

表 6-1 工作液体中固体颗粒数与标号的对应关系(GB/T 14039—1993)

1mL 工作液体中固体颗粒数/个	标号	1mL 工作液体中固体颗粒数/个	标号	1mL 工作液体中固体颗粒数/个	标号
>80000~160000	24	>160~320	15	>0.32~0.64	6
>40000~80000	23	>80~160	14	>0.16~0.32	5
>20000~40000	22	>40~80	13	>0.08~0.16	4
>10000~20000	21	>20~40	12	>0.04~0.08	3
>5000~10000	20	>10~20	11	>0.02~0.04	2
>2500~5000	19	>5~10	10	>0.01~0.02	1
>1300~2500	18	>2.5~5	9	>0.005~0.01	0
>640~1300	17	>1.3~2.5	8	>0.0025~0.005	00
>320~640	16	>0.64~1.3	7		

工作介质固体颗粒污染等级代号的确定方法如下：按显微镜颗粒计数法或自动颗粒计数法取得颗粒计数依据，对大于 $5\mu m$ 的颗粒数规定为第一个标号，对大于 $15\mu m$ 的颗粒数规定为第二个标号，依次写出这两个标号并用斜线隔开。例如代号 18/13 表示在 1mL 的给定工作介质中，大于 $5\mu m$ 的颗粒有 1300 个~2500 个，大于 $15\mu m$ 的颗粒有 40 个~80 个(表 6-1)。

测定污染度的方法很多，主要有：人工计数法、计算机辅助计数法、自动颗粒计数法、光谱分析法、X射线能谱或波谱分析法、铁谱分析法、颗粒浓度分析法等。

6.3.2 过滤器的过滤精度

为了保持油液清洁，一方面应尽可能防止或减少油液污染，另一方面要把已污染的油液净化。在液压系统中，一般采用过滤器来滤除外部混入或系统工作中内部产生在液压油中的固体杂质，保持液压油的清洁，延长液压元件使用寿命，保证液压系统的工作可靠性。

过滤是指从液压油中分离非溶性固体微粒的过程。它是在压力差的作用下，迫使液压油通过多孔介质（过滤介质），液压油中的固体微粒被截留在过滤介质上，从而达到从液压油中分离固体微粒的目的。液压系统使用的过滤器，按其采用的过滤材料，可分为表面型过滤器、深度型过滤器和磁性过滤器。表面型过滤器的过滤材料表面分布着大小相同均匀的几何形通孔，油液通过时，以直接拦截的方式来滤除污物颗粒；深度型过滤器的过滤材料为多孔可透性材料，内部具有曲折迂回的通道，如滤纸、化纤、玻璃纤维等纤维毡制品等都属于这类过滤材料。除表面孔直接拦截颗粒污物外，还可以通过多孔可透性材料内曲折迂回的通道以吸附、死角沉淀、阻截等方式来滤除颗粒；磁性过滤器中设置高磁能永久磁铁，以吸附、分离油液中对磁性敏感的金属颗粒，一般与深度型过滤器和表面型过滤器结合使用。

过滤器的主要性能参数有过滤精度、过滤效率、压降特性、纳垢容量，另外还有工作压力、工作温度等。这里主要介绍过滤精度，其他性能参数可参阅产品使用说明。

在选用过滤器时，过滤精度是首先要考虑的一项重要性能指标，它直接关系到液压系统中油液的清洁度等级。过滤精度是指过滤器对各种不同尺寸的固体颗粒的滤除能力，通常用被过滤掉的杂质颗粒的公称尺寸（μm）直接来度量。过滤器按过滤精度可以分为粗过滤器、普通过滤器、精过滤器和特精过滤器 4 种，它们分别能滤去公称尺寸为 $100\mu m$ 以上、$10\sim 100\mu m$、$5\sim 10\mu m$ 和 $5\mu m$ 以下的杂质颗粒。

液压系统所要求的过滤精度应使杂质颗粒尺寸小于液压元件运动表面间的间隙或油膜厚度，以免卡住运动件或加剧零件磨损，同时也应使杂质颗粒尺寸小于系统中节流孔和节流间隙的最小开度，以免造成堵塞。液压系统的功用不同，其工作压力不同，对油液的过滤精度要求也就不同，其推荐值见表 6-2。

表 6-2 过滤精度推荐值表

系统类别	润滑系统	传动系统			伺服系统
系统工作压力/MPa	0～2.5	<14	14～32	>32	21
过滤精度/μm	<100	25～50	<25	<10	<5
滤油器精度	粗	普通	普通	普通	精

6.3.3 滤油器的典型结构

液压系统中常用的过滤器，按滤芯形式分，有网式、线隙式、纸芯式、烧结式、磁式等；按连接方式又可分为管式、板式、法兰式和进油口用 4 种。

1. 各种形式的滤油器及其特点

1) 网式过滤器

网式过滤器结构如图 6.11 所示，它由上盖 2、下盖 4 和几块不同形状的金属丝编织方孔网或金属编织的特种网 3 组成。为使过滤器具有一定的机械强度，金属丝编织方孔网或特种网包在四周都开有圆形窗口的金属或塑料圆筒芯架上。标准产品的过滤精度只有 $80\mu m$、$100\mu m$、$180\mu m$ 这 3 种，压力损失小于 $0.01MPa$，最大流量可达 $630L/min$。网式过滤器属于粗过滤器，一般安装在液压泵吸油路上，用来保护液压泵。它具有结构简单、通油能力大、阻力小、易清洗等特点。

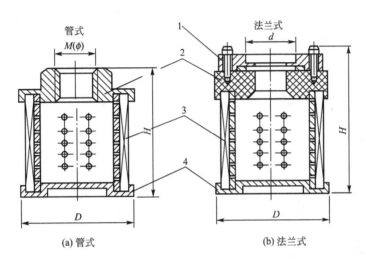

图 6.11 网式过滤器
1—法兰 2—上盖 3—滤网 4—下盖

2) 线隙式过滤器

线隙式过滤器结构如图 6.12 所示，它由端盖 1、壳体 2、带有孔眼的筒型芯架 3 和绕在芯架外部的铜线或铝线 4 组成。过滤杂质的线隙是由每隔一定距离压扁一段的圆形截面铜线绕在芯架外部时形成的。这种过滤器工作时，油液从孔 a 进入过滤器，经线隙过滤后进入芯架内部，再由孔 b 流出。它的特点是结构较简单，过滤精度较高，通油性能好；其缺点是不易清洗，滤芯材料强度较低。这种过滤器一般安装在回油路或液压泵的吸油口处，有 $30\mu m$、$50\mu m$、$80\mu m$ 和 $100\mu m$ 共 4 种精度等级，额定流量下的压力损失为 $0.02 \sim 0.15MPa$。这种过滤器有专用于液压泵吸油口的 J 型，它仅由筒型芯架 3 和绕在芯架外部的铜线或铝线 4 组成。

3) 纸芯式过滤器

这种过滤器与线隙式过滤器的区别只在于它用纸质滤芯代替了线隙式滤芯，如图 6.13 所示。纸芯部分是把平纹或波纹的酚醛树脂或木浆微孔滤纸绕在带孔的用镀锡铁片做成的骨架上。为了增大过滤面积，滤纸成折叠形状。这种过滤器的压力损失为 $0.01 \sim 0.12MPa$，过滤精度高，有 $5\mu m$、$10\mu m$、$20\mu m$ 等规格，但纸质滤芯易堵塞，无法清洗，经常需要更换，一般用于需要精过滤的场合。

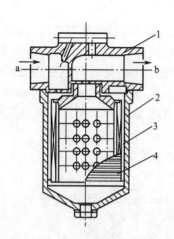

图 6.12　XU 型线隙式过滤器
1—端盖　2—壳体
3—芯架　4—铜线或铝线

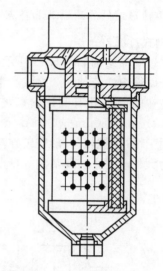

图 6.13　纸芯式过滤器

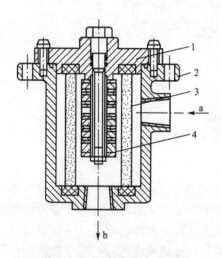

图 6.14　SU 型烧结式过滤器
1—端盖　2—壳体　3—滤芯　4—磁环

4）金属烧结式过滤器

金属烧结式过滤器有多种结构形状。图 6.14 所示是 SU 型结构，由端盖 1、壳体 2、滤芯 3 等组成。有些结构加有磁环 4 用来吸附油液中的铁质微粒，效果尤佳。滤芯通常由颗粒状青铜粉压制后烧结而成，它利用铜颗粒的微孔过滤杂质。它的过滤精度一般在 $10\sim100\mu m$ 之间，压力损失为 $0.03\sim0.2MPa$。其特点是滤芯能烧结成杯状、管状、板状等各种不同的形状，制造简单、强度大、性能稳定、抗腐蚀性好、过滤精度高，适用于精过滤。缺点是铜颗粒易脱落，堵塞后不易清洗。

5）其他形式的过滤器

除了上述几种基本形式外，过滤器还有一些其他的形式。磁性过滤器是利用永久磁铁来吸附油液中的铁屑和带磁性的磨料；微孔塑料过滤器已推广应用。过滤器也可以做成复式的，例如液压挖掘机液压系统中的过滤器，在纸芯式过滤器的纸芯内，装置一个圆柱形的永久磁铁，便于进行两种方式的过滤。为了便于安装，还有 SX 型上置式吸油过滤器、SH 型上置式回油过滤器和 CX 型侧置式吸油过滤器，在液压油箱盖板或侧板上开相应的孔就可以直接安装它们，维护非常方便。

2. 过滤器上的堵塞指示装置和发讯装置

带有指示装置的过滤器能指示出滤芯堵塞的情况，当堵塞超过规定状态时发讯装置便发出报警信号,报警方法是通过电气装置发出灯光或音响信号或切断液压系统的电气控制回路使系统停止工作。图 6.15 所示为滑阀式堵塞指示装置的工作原理,过滤器进、出油口的压力油分别与滑阀左,右两腔连通,当滤芯通油能力良好时,滑阀两端压差很小,滑阀在弹簧作用下处于左端,指针指在刻度左端,随着滤芯的逐渐堵塞,滑阀两端压差逐渐加大,指针将随滑阀逐渐右移,给出堵塞情况的指示。根据指示情况,就可确定是否应清洗或更换滤芯。堵塞指示装置还有磁力式、片簧式等形式。将指针更换为电气触点开关就是发讯装置。

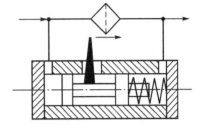

图 6.15 堵塞指示装置

6.3.4 过滤器的选用和安装

1. 过滤器的选用

选用过滤器时,应考虑以下几点。
(1) 过滤精度应满足系统设计要求。
(2) 具有足够大的通油能力,压力损失小,选择过滤器的流量规格时,一般应为实际通过流量的 2 倍以上。
(3) 滤芯具有足够强度,不因压力油的作用而损坏。
(4) 滤芯抗腐蚀性好,能在规定的温度下长期工作。
(5) 滤芯的更换、清洗及维护方便。

2. 过滤器的安装位置

过滤器在液压系统中有下列几种安装方式。

1) 安装在液压泵的吸油管路上

如图 6.16(a)所示,过滤器 1 安装在液压泵的吸油管路上,保护液压泵。这种方式要求过滤器具有较大的通油能力和较小的压力损失,通常不应超过 $0.01 \sim 0.02$ MPa,否则将造成液压泵吸油不畅或引起空穴。常采用过滤精度较低的网式或线隙式过滤器。

2) 安装在液压泵的压油管路上

如图 6.16(b)所示,过滤器 2 安装在液压泵的出口,这种方式可以保护除液压泵以外的全部元件。过滤器应能承受系统工作压力和冲击压力,压力损失不应超过 0.35MPa。为避免过滤器堵塞,引起液压泵过载或者击穿过滤器,过滤器必须放在安全阀之后或与一压力阀并联,此压力阀的开启压力应略低于过滤器的最大允许压差。采用带指示装置的过滤器也是一种方法。

3) 安装在回油管路上

如图 6.17 所示,这种安装方式不能直接防止杂质进入液压泵及系统中的其他元件,只能清除系统中的杂质,对系统起间接保护作用。由于回油管路上的压力低,故可采用低强度的过滤器,允许有稍高的过滤阻力。为避免过滤器堵塞引起系统背压力过高,应设置旁路阀。

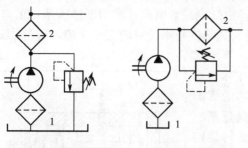
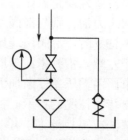

(a) 安装在吸油管路上　　(b) 安装在压油管路上

图 6.16　过滤器安装在吸油、压油管路上

图 6.17　过滤器安装在回油路上

4) 安装在支管油路上

安装在液压泵的吸油、压油或系统回油管路上的过滤器都要通过泵的全部流量，所以过滤器流量规格大，体积也较大。若把过滤器安装在经常只通过泵流量 20%～30% 流量的支管油路上，这种方式称为局部过滤。如图 6.18 所示，局部过滤的方法有很多种，如节流过滤、溢流过滤等。这种安装方法不会在主油路中造成压力损失，过滤器也不必承受系统工作压力。其主要缺点是不能完全保证液压元件的安全，仅间接保护系统。

5) 单独过滤系统

如图 6.19 所示，用一个专用的液压泵和过滤器组成一个独立于液压系统之外的过滤回路，它可以经常清除油液中的杂质，达到保护系统的目的，适用于大型机械设备的液压系统。

对于一些重要元件，如伺服阀等，应在其前面单独安装过滤器来确保它们的性能。

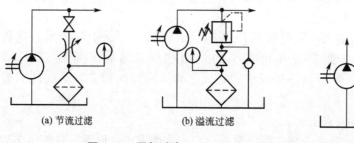
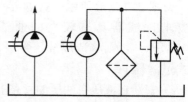

(a) 节流过滤　　(b) 溢流过滤

图 6.18　局部过滤

图 6.19　单独过滤系统

6.4　热交换器

6.4.1　液压系统的发热和散热

当液压系统工作时，液压泵、液压马达和液压缸的容积损失和机械损失，液压控制装置及管路的压力损失，工作介质的粘性摩擦等会引起能量损失。系统损耗的能量全部转化

为热能,且大部分被液压油吸收,使得系统工作介质温度升高。油温升高会降低油液的粘性和润滑性,增加泄漏。若油温过高(大于80℃)易使油液变质污染,析出沥青状物,它们一旦进入元件的滑动表面和配合间隙,就会引起种种故障,缩短元件工作寿命,直接影响系统的正常工作。在高寒地区,因工作环境温度过低(小于15℃),会造成系统启动、吸油困难,产生空穴,也会影响系统的正常工作。

液压系统在适宜的工作温度下保持热平衡,不仅是系统所必需的,而且有利于提高系统工作稳定性,有利于减小机械设备的热变形,提高工作精度。为了使油温控制在最佳范围内,可经常使用冷却器强制冷却,使用加热器预热。

液压系统中的热量一般可以通过热传导、热辐射、热对流3种基本方式自然散发,热量在一定温度下会自动达到热平衡。如果热平衡温度超过了液压系统允许的最高温度,或是对温度有特殊要求,则应安装冷却器强制冷却;反之,如果环境温度太低,油泵无法正常启动或对油温有要求时,则应安装加热器提高油温。

6.4.2 冷却器的结构与选用

冷却器有水冷式、风冷式和冷媒式3种。

最简单的水冷式冷却器是蛇形管式,如图6.20所示,它以一组或几组的形式,直接装在液压油箱内。冷却水从管内流过时,就将油液中的热量带走。这种冷却器的散热面积小,且因油液流动速度很低,因此冷却效率甚低。

大功率液压系统一般采用多管式冷却器,其结构如图6.21所示,它是一种强制对流式冷却器。冷却水从管内流过,油液从筒体中的管间流过,中间隔板使液压油折流,从而增加油液的循环路线长度,以强化热交换效果。一般可将油液流速控制在1~1.2m/s。水管通常采用壁厚为1~1.5mm的黄铜管,这样不易生锈,且便于清洗。

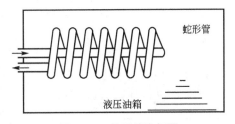

图6.20 蛇形管冷却器

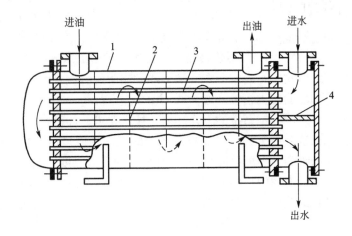

图6.21 多管式冷却器
1—外壳 2—挡板 3—铜管 4—隔板

图 6.22 所示为波纹板式冷却器。它利用板片人字形波纹结构交错排列形成的接触点，使液流在流速不高的情况下形成紊流，从而提高散热效果。

在水源不方便的地方，如在行走设备上，可以用风冷式冷却器。图 6.23 所示为板翅式二次表面换热器的结构示意图。油液从带有板翅散热片的盘管中通过，正面用风扇送风冷却。这种冷却器结构简单紧凑、散热面积大、散热效率高、适应性好、运转费用较低。

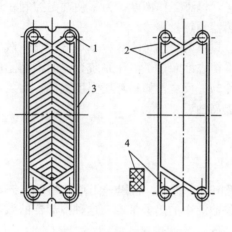
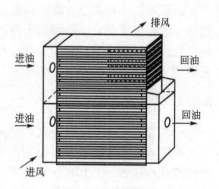

图 6.22 波纹板式冷却器
1—角孔 2—双道密封 3—密封槽 4—信号孔

图 6.23 板翅式换热器

图 6.24 所示为翅片管式（圆管、椭圆管）冷却器，其圆管外壁嵌入大量的散热翅片，翅片一般用厚度为 0.2～0.3mm 的铜片或铝片制成，散热面积是光管的 8～10 倍，而且体积和质量相对减小。椭圆管因涡流区小，所以空气流动性好、散热系数高。

冷媒式是利用冷媒介质（如氟利昂）在压缩机内做绝热压缩，使散热器散热，蒸发器吸热的原理，把热油的热量带走，使油液冷却。此种方式冷却效果最好，但价格昂贵，常用于精密机床等设备。

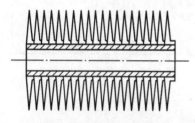

图 6.24 翅片管式冷却器

冷却器有多种安装形式。一般安装在回油路或溢流阀的溢流管路上，因为这时油温较高，冷却效果好。冷却器的压力损失一般为 0.1MPa 左右。

在选择冷却器时，一般根据系统的工作环境、技术要求、经济性、可靠性和寿命等方面的要求进行选择，以适应系统的工作要求。系统的工作环境包括环境温度和安装条件，如可提供的冷却介质的种类及温度（即冷却器冷却介质的入口温度），若用水冷却，要了解水质情况以及可供冷却器占用的空间等；技术要求包括液压系统的工作液体进入冷却器的温度，冷却器必须带走的热量，通过冷却器油液的流量和压力；经济性包括购置费用和维护费用等。

6.4.3 加热器的结构和选用

在严寒地区使用液压设备，开始工作时油温低，启动困难，效率也低，所以必须将油箱中的液压油加热。对于要求在恒温下工作的液压实验装置、精密机床等液压设备,也必须在开始工作之前,把油温提高到一定值。加热的方法如下。

(1) 用系统本身的液压泵加热,使全部油液通过溢流阀或安全阀回到油箱,使液压泵的驱动功率大部分转化为热量,从而油液升温。

(2) 用表面加热器加热,可以用蛇形管蒸汽加热,也可用电加热器加热。为了不使油液局部高温导致烧焦,表面加热器的表面功率密度不应大于 $3W/cm^2$。

在油箱中设置蛇形管,用通入热水或蒸汽来加热的方法比较麻烦,效果也差。因此一般都采用电热器加热,如图 6.25 所示。这种加热器结构简单,可根据最高和最低使用油温实现自动控制。电加热器的加热部分必须全部浸入油中,最好横向水平安装在油箱侧壁上,以避免油面降低时加热器表面露出油面。由于油液是热的不良导体,所以应注意油的对流。加热器最好设置在油箱回油管一侧,以便加速热量的扩散,必要时可设置搅拌装置。单个加热器的功率不宜太大,以免周围温度过高使油液变质污染,必要时可多装几个小功率加热器。

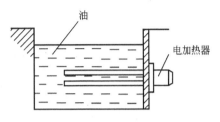

图 6.25 电热器加热

6.5 液压油箱

油箱的用途是储油、散热、沉淀油液中的杂质及逸出渗入油液中的空气。

液压油箱有总体式和分离式两种。总体式油箱是利用机械设备机体的空腔设计而成的,如利用机床床身、工程机械的机体作为油箱;分离式油箱是一个独立于机械设备之外的或能与机械设备分离的油箱,这种油箱布置灵活、维修方便,能设计成通用的标准形式。

根据油箱液面是否与大气相通,又可分为开式油箱和闭式油箱。闭式油箱内液面不与大气接触。

1. 开式油箱

图 6.26 所示是一种分离式开式油箱结构示意图,它由油箱体1和两个侧盖2组成。箱体内装有若干隔板9,将液压泵吸油口11、过滤器12与回油口7分隔开来。隔板的作用是使回油受隔板阻挡后再进入吸油腔一侧,这样可以增加油液在油箱中的流程,增强散热效果,并使油液有足够长的时间去分离空气泡和沉淀杂质。油箱盖板上装有空气过滤器6,底部装有排放污油的堵塞3;安装油泵和电动机的安装板10固定在油箱盖板上,油箱的一个侧板上装有液位计5,卸下侧盖和盖板便可清洗油箱内部和更换过滤器。箱底板4设计成倾斜的目的是便于放油和清洗。

2. 挠性隔离式油箱

图 6.27 所示是一种挠性隔离式油箱,常用在粉尘特别多的场合。大气压经气囊作用在液面上,气囊使油箱内液面与外界隔离。该油箱气囊的容积应比液压泵每分钟流量大 25% 以上。

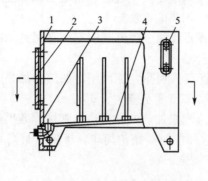
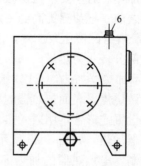
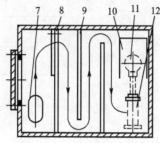

图 6.26 开式油箱结构示意图
1—油箱体 2—侧盖 3—排污堵塞 4—箱底 5—液位计
6—空气过滤器 7—回油口 8,9—隔板
10—安装板 11—泵吸油口 12—过滤器

3. 压力油箱

图 6.28 所示是一种压力油箱,其充气压力通常为 0.05~0.07MPa。该压力油箱改善了液压泵的吸油条件,但要求系统回油管及泄油管能承受背压。

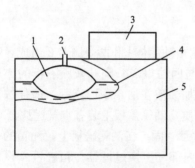
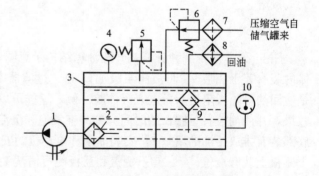

图 6.27 挠性隔离式油箱
1—气囊 2—气囊进排气口
3—液压装置 4—液面 5—油箱

图 6.28 压力油箱
1—液压泵 2,9—滤油器
3—压力油箱 4—电接点压力表
5—安全阀 6—减压阀 7—分水滤清器
8—冷却器 10—电接点温度表

6.6 蓄 能 器

6.6.1 蓄能器的作用

蓄能器是储存和释放液体压力能的装置，它储存高压油，在需要的场合和时间使用。在液压系统中，蓄能器的主要用途如下。

1. 作为辅助动力源，短期大量供油

这是蓄能器最常见的用途，用于在短时间内系统需要大量压力油的场合。在执行元件有间歇动作的液压系统中，当系统不需要大量油液时，蓄能器将液压泵输出的压力油储存起来；在需要时，再快速释放出来，以实现系统动作循环。这样系统可采用小流量规格的液压泵，既能减少功率损耗，又能降低系统温升。

2. 维持系统压力

在液压泵卸荷或停止向执行元件供油时，由蓄能器释放储存的压力油，补偿系统泄漏，维持系统压力。此外，蓄能器还可用作应急液压源，这样可在一段时间内维持系统压力，避免因原动机或液压泵出现故障时液压源突然中断造成机件损坏等事故。

3. 吸收冲击压力和脉动压力

蓄能器能吸收冲击和脉动压力是因为它除有储能作用外，还有缓冲作用。常用蓄能器吸收系统中因液压泵、液压缸突然启动或停止、液压阀突然关闭或换向引起的液压冲击及液压泵因流量脉动而引起的压力脉动。

6.6.2 蓄能器的类型

蓄能器按储能方式分，主要有重力加载式、弹簧加载式和气体加载式3种类型。

1. 重力加载式蓄能器

这种蓄能器的结构原理如图 6.29 所示，它利用重锤的位能变化来储存、释放能量。重锤通过柱塞作用在油液上，蓄能器产生的压力取决于重锤的质量和柱塞的大小。它的特点是结构简单、压力恒定、能提供大容量、压力高的油液，最高工作压力可达45MPa。但它体积大、笨重、运动惯性大、反应不灵敏、密封处易泄漏、摩擦损失大。因此常用于大型固定设备。

2. 弹簧加载式蓄能器

这种蓄能器的结构原理如图 6.30 所示，它利用弹簧的压缩能来储存能量，产生的压力取决于弹簧的刚度和压缩量。它的特点是结构简单、反应较灵敏。但容量小、有噪声，使用寿命取决于弹簧的寿命。所以不宜用于高压和循环频率较高的场合，一般在小容量或低压系统中作缓冲之用。

3. 气体加载式蓄能器

气体加载式蓄能器的工作原理建立在波义耳定理的基础上，利用压缩气体（通常为氮气)储存能量。这种蓄能器有气瓶式、活塞式、气囊式等几种结构形式，如图 6.31 所示。

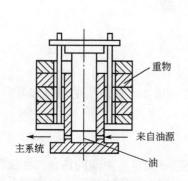

图 6.29 重力加载式蓄能器

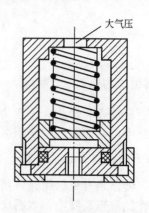

图 6.30 弹簧加载式蓄能器

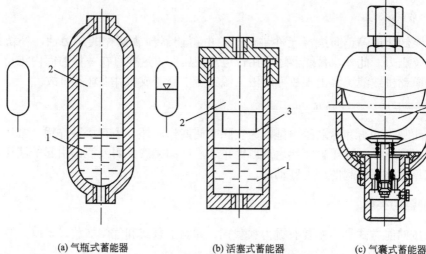

(a) 气瓶式蓄能器　　　　(b) 活塞式蓄能器　　　　(c) 气囊式蓄能器

图 6.31　气体加载式蓄能器

1—液压油　2—气体　3—活塞　4—充气阀　5—壳体　6—皮囊　7—进油阀

图 6.31(a)为气瓶式蓄能器结构原理图，气体 2 和油液 1 在蓄能器中直接接触，故又称气液直接接触式(非隔离式)蓄能器。这种蓄能器容量大、惯性小、反应灵敏、外形尺寸小，没有摩擦损失。但气体易混入(高压时溶于)油液中，影响系统工作平稳性，而且耗气量大，必须经常补充。所以气瓶式蓄能器适用于中、低压大流量系统。

图 6.31(b)为活塞式蓄能器。这种蓄能器利用活塞 3 将气体 2 和油液 1 隔开，属于隔离式蓄能器。其特点是气液隔离、油液不易氧化、结构简单、工作可靠、寿命长、安装和维护方便。但由于活塞惯性和摩擦阻力的影响，导致其反应不灵敏，容量较小，所以对缸筒加工和活塞密封性能要求较高。一般用来储能或供高、中压系统作吸收脉动之用。

图 6.31(c)为气囊式蓄能器。这种蓄能器主要由壳体 5、皮囊 6、进油阀 7 和充气阀 4 等组成，气体和液体由皮囊隔开。壳体是一个无缝耐高压的外壳，皮囊用特殊耐油橡胶做原料与充气阀一起压制而成。进油阀是一个由弹簧加载的菌形提动阀，它的作用是防止油

液全部排出时气囊被挤出壳体之外。充气阀只在蓄能器工作前用来为皮囊充气，蓄能器工作时则始终关闭。这种蓄能器允许承受的最高工作压力可达 32MPa，具有惯性小、反应灵敏、尺寸小、质量轻、安装容易、维护方便等优点。缺点是皮囊和壳体制造工艺要求较高，皮囊强度也不够高，压力的允许波动值受到限制，只能在 $-20\sim70℃$ 的温度范围内工作。蓄能器所用皮囊有折合形和波纹形两种。

6.6.3 蓄能器的容量计算

蓄能器的容量是选择蓄能器的重要参数。蓄能器容量的大小与其用途有关。这里以气囊式蓄能器为例说明其容量的计算方法。

1. 蓄能器用于储存和释放能量时的容量计算

这种用途的蓄能器容量 V_0 和皮囊充气压力 p_0，可根据它在工作中需输出的油液体积 ΔV，系统最高工作压力 p_1 及要求维持的最低工作压力 p_2 来决定。

在蓄能器的工作过程中，气体状态的变化规律符合理想气体状态方程。

$$p_0 V_0^n = p_1 V_1^n = p_2 V_2^n = 常数 \tag{6-1}$$

式中 V_1，V_2——最高、最低压力 p_1、p_2 下的气体体积；

n——多变指数，当蓄能器用于补偿泄漏、维持系统压力时，它释放能量的速度很缓慢，可认为是在等温条件下工作，这时取 $n=1$；蓄能器用于短期大量供油时，它释放能量的速度很快，可认为是在绝热条件下工作，这时取 $n=1.4$。

当压力从 p_1 降到 p_2 时，蓄能器释放的油液体积就是气体体积的变化量 ΔV，即

$$\Delta V = V_2 - V_1$$

由式(6-1)可推导得

$$V_0 = \frac{\Delta V}{p_0^{1/n} \left[(1/p_2)^{1/n} - (1/p_1)^{1/n} \right]} \tag{6-2}$$

充气压力 p_0 在理论上可与 p_2 相等，但在由于系统存在泄漏为保证系统压力为 p_2 时，蓄能器还有补偿能力，所以 p_0 应小于 p_2 值。根据经验，常对折合型气囊式蓄能器取 $p_0 = 0.8 p_2 \sim 0.85 p_2$，对波纹型气囊式蓄能器取 $p_0 = 0.6 p_2 \sim 0.65 p_2$。

2. 蓄能器用于吸收冲击压力时的容量计算

在这种情况下，要进行准确计算比较困难，因为影响因素很多，如管路布置、液体流态、阻尼状况、泄漏量大小等。下面介绍一种近似的理论计算方法。

当液压系统中的换向阀突然关闭时，如果阀前管路中液体的质量为 m，流速为 v，其动能为 $mv^2/2$，这些动能由蓄能器吸收后将转变为气体的压力能，于是蓄能器内的气体就从原充气状态下的压力 p_0 和体积 V_0 转变为缓冲状态下的最高容许压力 p_1 和其对应的体积 V_1，由于冲击是瞬时发生的，故可认为这个过程是绝热的，因此有

$$pV^{1.4} = p_0 V_0^{1.4} = p_1 V_1^{1.4} = 常数$$

根据热力学第一定律，可求得气体的压缩能为

$$\int_{V_0}^{V_1} p\,dV = \int_{V_0}^{V_1} \frac{p_0 V_0^{1.4}}{V^{1.4}}\,dV = -\frac{p_0 V_0}{0.4}\left[\left(\frac{p_1}{p_0}\right)^{0.285} - 1\right]$$

由于液体的动能应与气体的压缩能的绝对值相等,所以

$$\frac{1}{2}mv^2 = \frac{1}{2}\rho A l v^2 = \frac{p_0 V_0}{0.4}\left[(p_1/p_0)^{0.285} - 1\right]$$

故可以推得

$$V_0 = \frac{\rho A l v^2}{2}\left(\frac{0.4}{p_0}\right)\left[\frac{1}{(p_1/p_0)^{0.285} - 1}\right] \tag{6-3}$$

式中　A——管道通流面积;
　　　l——产生压力冲击波的管道长度;
　　　v——管道关闭前液流速度;
　　　p_1——系统允许的最大冲击压力;
　　　p_0——蓄能器充气压力,一般取系统工作压力的90%。

由于没有考虑液体压缩性和管道弹性,所以按式(6-3)计算出的数值偏小,可适当加大。

6.6.4　蓄能器的安装

蓄能器安装时应注意以下几点。
(1) 皮囊式蓄能器应垂直安装,使油口向下,充气阀朝上。
(2) 用于吸收冲击压力和脉动压力的蓄能器应尽可能安装在靠近振源处。
(3) 装在管路上的蓄能器必须用支撑板或支持架固定。
(4) 蓄能器与管路系统之间应安装截止阀,便于充气、检修;蓄能器与液压泵之间应安装单向阀,防止液压泵停转或卸荷时蓄能器储存的压力油倒流。

习　　题

1. 在液压系统中常用的管接头有哪几类?
2. 在液压系统中常用的密封装置有哪几类? 各有什么特点?
3. 如何评定液压油的污染程度?
4. 简述过滤器的类型、特点及选用过滤器的主要原则。
5. 简述油箱的功用及主要类型。
6. 系统在什么情况下需要设置冷却器或加热器?
7. 简述蓄能器的主要类型及在系统中的作用。

第7章 液压基本回路

教学提示

　　液压基本回路是指由一些液压元件与液压辅助元件按照一定关系组合,能够实现某种特定功能的油路结构。任何一个复杂的液压系统,总可以分解为若干个基本回路。液压基本回路按在系统中所起的作用不同有多种类型,其中最常用的基本回路是压力控制回路、速度控制回路、方向控制回路和多缸动作控制回路。

教学要求

　　本章要求学生掌握常用的各种压力控制回路的工作原理及使用方法。掌握节流调速回路、容积调速回路、容积节流调速回路等速度控制回路的基本原理、连接形式和速度负载特性。掌握多缸顺序动作回路、同步回路的各种连接方法及工作特性。了解多缸快慢互不干涉回路、多缸卸荷回路的工作原理和应用场合。

不论机械设备的液压传动系统如何复杂，都是由一些液压基本回路组成的。所谓基本回路就是由有关的液压元件组成，用来完成特定功能的典型油路。例如用来调节执行元件运动速度的调速回路；用来控制系统中液体压力的调压回路；用来改变执行元件运动方向的换向回路等，这些都是液压系统中常用的基本回路。熟悉基本回路是分析和设计液压传动系统的重要基础。

本章重点介绍常用的压力控制回路、速度控制回路、方向控制回路和多缸工作回路。学习液压基本回路时，应注意掌握基本回路的构成、工作原理、性能和应用4个方面。

7.1 压力控制回路

压力控制回路是利用压力控制阀来控制系统中液体的压力，以满足执行元件对力或转矩的要求。这类回路包括调压、减压、卸荷、保压、背压、平衡、增压等回路。

7.1.1 调压回路

调压回路的功用是使液压系统整体或某一部分的压力保持恒定或不超过某个限定值。

1. 单级调压回路

在图7.1进口节流调速回路中，调速阀、溢流阀与定量泵组合构成单级调压系统。调速阀调节进入液压缸的流量，定量泵提供的多余的油经溢流阀流回油箱，溢流阀起溢流稳压作用以保持系统压力稳定，且不受负载变化的影响。调节溢流阀可调整系统的工作压力。当取消系统中的调速阀时，系统压力随液压缸所受负载而变，这时溢流阀起安全阀作用，限定系统的最高工作压力。系统过载时，安全阀开启，定量泵泵出的压力油经安全阀流回油箱。

2. 多级调压回路

如图7.2所示，先导式溢流阀1的外控口串接二位二通换向阀2和远程调压阀3构成了二级调压回路。当两个压力阀的调定压力为 $p_3 < p_1$ 时，系统可通过换向阀的左位和右位分别获得 p_3 和 p_1 两种压力。

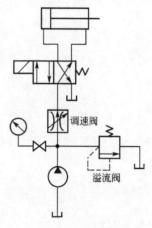

图 7.1 单级调压回路

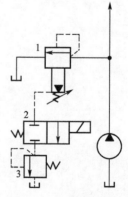

图 7.2 二级调压回路

1—溢流阀　2—换向阀　3—远程调压阀

如果在溢流阀的外控口,通过多位换向阀的不同通油口,并联多个调压阀,即可构成多级调压回路。图 7.3 所示为三级调压回路。先导式溢流阀 1 的远程控制口通过换向阀 2 分别接调压阀 3 和 4,通过换向阀的切换可以得到 3 种不同压力值。调压阀的调定压力值必须小于主溢流阀 1 的调定压力值。

3. 无级调压

如图 7.4 所示,可通过改变比例溢流阀的输入电流来实现无级调压,这种调压方式容易实现远距离控制和计算机控制,而且压力切换平稳。

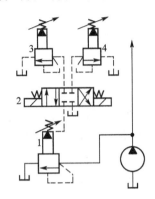

图 7.3 三级调压回路
1—溢流阀　2—换向阀　3,4—调压阀

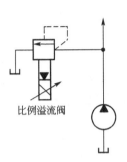

图 7.4 无级调压回路

7.1.2 减压回路

减压回路的作用是使系统中的某一部分油路或某个执行元件获得比系统压力低的稳定压力。

图 7.5 所示的是机床液压系统中的减压夹紧回路。图 7.5 中泵的供油压力根据主油路的负载由溢流阀 1 调定。夹紧液压缸的工作压力根据它所需要的夹紧力由减压阀 2 调定。单向阀 3 的作用是在主油路压力降低且低于减压阀的调定压力时,防止夹紧缸的高压油倒流,起短时保压作用。

为了保证减压回路工作的可靠性,减压阀的最低调整压力不应小于 0.5MPa,最高调整压力至少比系统调整压力小 0.5MPa。

必须指出的是,负载在减压阀出口处所产生的压力应不低于减压阀的调定压力,否则减压阀不可能起到减压、稳压作用。

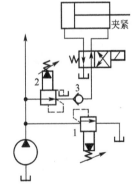

图 7.5 减压回路
1—溢流阀　2—减压阀
3—单向阀

采用类似多级调压回路的方法,将先导式减压阀的外控口通过二位或三位换向阀与调压阀相连,可以获得两级或多级压力。当然,调压阀的调定压力必须小于减压阀的调定压力值。另外,可采用比例减压阀来实现无级减压。

7.1.3 卸荷回路

执行元件在工作中时常需要停歇。在执行元件处于不工作状态时，就不需要供油或只需要少量的油液，因此需要卸荷回路。所谓卸荷就是使液压泵在输出压力接近为零的状态下工作。卸荷回路的功用是使执行元件在短时停止工作时，减小功率损失和发热，避免液压泵频繁启停，损坏油泵和驱动电机，以延长泵和电机的使用寿命。这里介绍如下两种常见的压力卸荷回路。

1. 利用换向阀机能的卸荷回路

利用三位换向阀的 M 形、H 形、K 形等中位机能可构成卸荷回路。图 7.6(a) 为采用 M 形中位机能电磁换向阀的卸荷回路。当执行元件停止工作时，使换向阀处于中位，液压泵与油箱连通实现卸荷。这种卸荷回路的卸荷效果较好，一般用于液压泵小于 63L/min 的系统。但选用换向阀的规格应与泵的额定流量相适应。图 7.6(b) 为采用 M 形中位机能电液换向阀的卸荷回路。该回路中，在泵的出口处设置了一个单向阀，其作用是在泵卸荷时仍能提供一定的控制油压(0.3MPa 左右)，以保证电液换向阀能够正常进行换向。

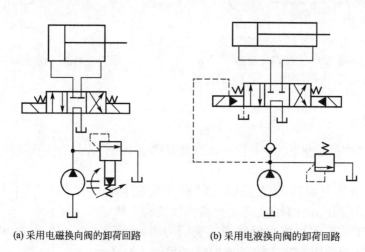

(a) 采用电磁换向阀的卸荷回路　　(b) 采用电液换向阀的卸荷回路

图 7.6　采用换向阀的卸荷回路

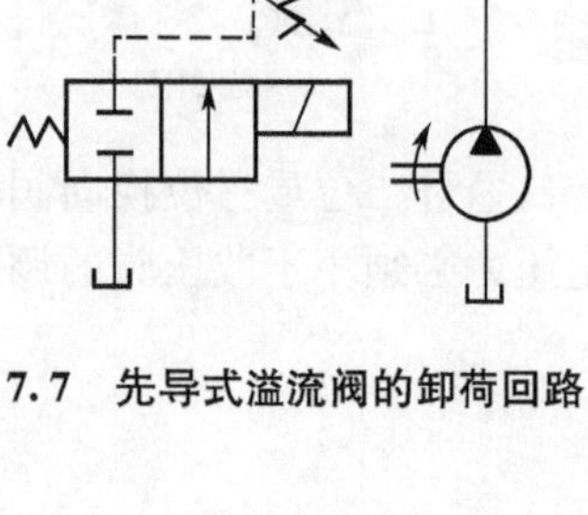

2. 先导式溢流阀卸荷回路

图 7.7 是最常用的采用先导式溢流阀的卸荷回路。图中，先导式溢流阀的外控口处接一个二位二通常闭型电磁换向阀(用二位四通阀堵塞两个油口构成)。当电磁阀通电时，溢流阀的外控口与油箱相通，即先导式溢流阀主阀上腔直通油箱，液压泵输出的液压油将以很低的压力开启溢流阀的溢流口而流回油箱，实现卸荷，此时溢流阀处于全开状态(也可以采用二位二通常通阀实现失电卸荷)。卸荷压力的高低取决于溢流阀主阀弹簧刚度的大小。通过换向阀的流量只是溢流阀

图 7.7　先导式溢流阀的卸荷回路

控制油路中的流量,只需采用小流量阀来进行控制。因此,当停止卸荷使系统重新开始工作时,不会产生压力冲击现象。这种卸荷方式适用于高压大流量系统。但电磁阀连接溢流阀的外控口后,溢流阀上腔的控制容积增大,使溢流阀的动态性能下降,易出现不稳定现象。为此,需要在两阀间的连接油路上设置阻尼装置,以改善溢流阀的动态性能。选用这种卸荷回路时,可以直接选用电磁溢流阀。

7.1.4 保压回路

执行元件在工作循环中的某一阶段内,若需要保持规定的压力,应采用保压回路。

1. 利用蓄能器保压的回路

图7.8(a)所示为用蓄能器保压的回路。系统工作时,1YA通电,主换向阀左位接入系统,液压泵向蓄能器和液压缸左腔供油,并推动活塞右移,压紧工件后,进油路压力升高,升至压力继电器调定值时,压力继电器发讯使二通阀3YA通电,通过先导式溢流阀使泵卸荷,单向阀自动关闭,液压缸则由蓄能器保压。当蓄能器的压力不足时,压力继电器复位使泵重新工作。保压时间的长短取决于蓄能器的容量,调节压力继电器的通断区间即可调节缸中压力的最大值和最小值。这种回路既能满足保压工作需要,又能节省功率,减少系统发热。

图7.8(b)所示为多缸系统一缸保压回路。进给缸快进时,泵压下降,但单向阀3关闭,把夹紧油路和进给油路隔开。蓄能器4用来给夹紧缸保压并补偿泄漏,压力继电器5的作用是夹紧缸压力达到预定值时发出信号,使进给缸动作。

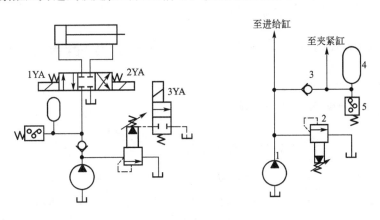

(a) 用蓄能器保压的回路　　　　　　　(b) 多缸系统一缸保压回路

图7.8　利用蓄能器保压的回路

1—液压泵　2—溢流阀　3—单向阀　4—蓄能器　5—压力继电器

2. 用高压补油泵的保压回路

如图7.9所示,在回路中增设一台小流量高压补油泵5。当液压缸加压完毕要求保压时,由压力继电器4发讯,换向阀2处于中位,主泵1卸载,同时二位二通换向阀8处于左位,由高压补油泵5向封闭的保压系统a点供油,维持系统压力稳定。由于高压补油泵只需补偿系统的泄漏量，可选用小流量泵，这样功率损失小。压力稳定性取决于溢流阀 7 的稳压精度。

也可采用限压式变量泵来保压，它在保压期间仅输出少量足以补偿系统泄漏的液体，效率较高。

3. 用液控单向阀保压的回路

图 7.10 所示为采用液控单向阀和电接触式压力表的自动补油式保压回路，当 1YA 通电时，换向阀右位接入回路，液压缸上腔压力升至电接触式压力表上触点调定的压力值时，上触点接通，1YA 断电，换向阀切换成中位，泵卸荷，液压缸由液控单向阀保压。当缸上腔压力下降至下触头调定的压力值时，压力表又发出信号，使 1YA 通电，换向阀右位接入回路，泵向液压缸上腔补油使压力上升，直至上触点调定值。这种回路用于保压精度要求不高的场合。

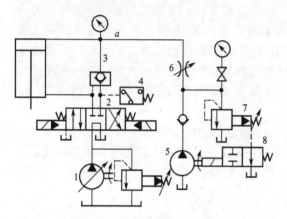

图 7.9 用高压补油泵的保压回路
1—主泵 2—换向阀 3—单向阀
4—压力继电器 5—高压补油泵
6—可调节流阀 7—溢流阀 8—换向阀

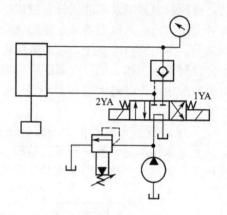

图 7.10 采用液控单向阀的保压回路

7.1.5 背压回路

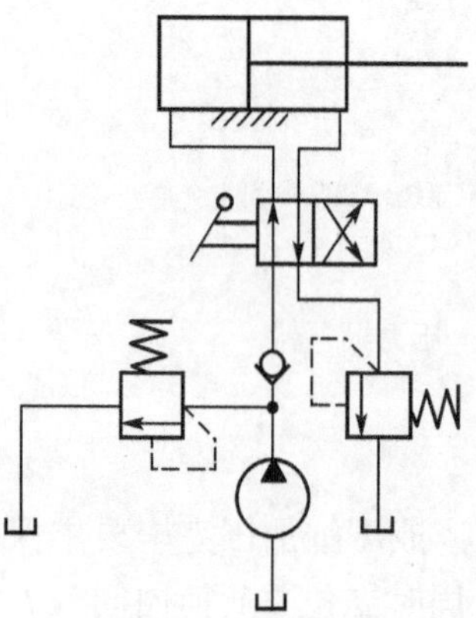

在液压系统中设置背压回路，是为了提高执行元件的运动平稳性或减少爬行现象。所谓背压就是作用在压力作用面反方向上的压力或回油路中的压力。背压回路就是在回油路上设置背压阀，以形成一定的回油阻力，用以产生背压，一般背压为 0.3~0.8MPa。采用溢流阀、顺序阀作背压阀可产生恒定的背压；而采用节流阀、调速阀等作背压阀则只能获得随负载减小而增大的背压。另外，也可采用硬弹簧单向阀作背压阀。图 7.11 所示是采用溢流阀的背压回路，回油路上溢流阀起背压作用，液压缸往复运动的回油都要经背压阀流回油箱，因而在两个方向上都能获得背压，使活塞运动平稳。

图 7.11 背压回路

7.1.6 平衡回路

为了防止立式液压缸及其工作部件因自重而自行下落，或在下行运动中由于自重而造成失控失速的不稳定运动，应使执行元件的回油路上保持一定的背压值，以平衡重力负载。这种回路称为平衡回路。

1. 采用单向顺序阀的平衡回路

图 7.12(a)所示是采用单向顺序阀的平衡回路。调整顺序阀的开启压力，使液压缸向上的液压作用力稍大于垂直运动部件的重力，即可防止活塞部件因自重而下滑。活塞下行时，由于回油路上存在背压支撑重力负载，因此运动平稳。当工作负载变小时，系统的功率损失将增大。由于顺序阀存在泄漏，液压缸不能长时间停留在某一位置上，活塞会缓慢下降。若在单向顺序阀和液压缸之间增加一个液控单向阀，由于液控单向阀密封性很好，可防止活塞因单向顺序阀泄漏而下降。

2. 单向节流阀和液控单向阀的平衡回路

图 7.12(b)所示是采用液控单向阀和单向节流阀的平衡回路。由于液控单向阀是锥面密封，泄漏量小，故其闭锁性能好，活塞能够较长时间停止不动。回油路上串联单向节流阀，以保证下行运动的平稳。

如果回油路上没有节流阀，活塞下行时液控单向阀被进油路上的控制油打开，回油腔没有背压，运动部件因自重而加速下降，造成液压缸上腔供油不足而失压，液控单向阀因控制油路失压而关闭。液控单向阀关闭后控制油路又产生压力，该阀再次被打开。液控单向阀时开时闭，使活塞在向下运动过程中时走时停，从而会导致系统产生振动和冲击。

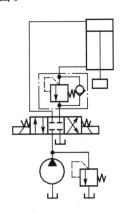 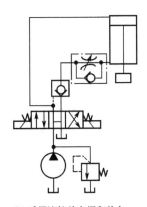 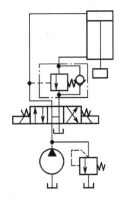

(a) 采用单向顺序阀的平衡回路　　(b) 采用液控单向阀和单向节流阀的平衡回路　　(c) 采用外控单向平衡阀的平衡回路

图 7.12　平衡回路

3. 采用外控单向平衡阀(限速阀)的平衡回路

图 7.12(c)所示为采用外控单向平衡阀的平衡回路。在背压不太高的情况下，活塞因自重负载而加速下降，活塞上腔因供油不足，压力下降，从而使平衡阀的控制压力下降，阀口就关小，回油的背压相应上升，起支撑和平衡重力负载的作用增强，从而使阀口的大

小能自适应不同负载对背压的要求,保证了活塞下降速度的稳定性。当换向阀处于中位时,泵卸荷,平衡阀外控口压力为零,阀口自动关闭,由于这种平衡阀的阀芯有很好的密封性,故能起到长时间对活塞进行闭锁和定位作用。这种外控平衡阀又称为限速阀。

必须指出,无论是平衡回路还是背压回路,在回油管路上都存在背压,故都需要提高供油压力。但这两种基本回路也有区别,主要表现在功用和背压的大小上。背压回路主要用于提高进给系统的稳定性,提高加工精度,所以具有的背压不大。平衡回路通常是在立式液压缸情况下用以平衡运动部件的自重,以防下滑发生事故,其背压应根据运动部件的重力而定。

7.1.7 增压回路

增压回路用以提高系统中局部油路的压力。它能使局部压力远高于油源的压力。当系统中局部油路需要较高压力而流量较小时,采用低压大流量泵加上增压回路比选用高压大流量泵要经济得多。

1. 单作用增压缸的增压回路

如图 7.13(a)所示,当压力为 p_1 的油液进入增压缸的大活塞腔时,在小活塞腔即可得到压力为 p_2 的高压油液,增压的倍数等于增压缸大小活塞的工作面积之比。当二位四通电磁换向阀右位接入系统时,增压缸的活塞返回,补油箱中的油液经单向阀补入小活塞腔。这种回路只能间断增压。

2. 双作用增压缸的增压回路

如图 7.13(b)所示,泵输出的压力油经换向阀 5 左位和单向阀 1 进入增压缸左端大、小活塞腔,右端大活塞腔的回油通油箱,右端小活塞腔增压后的高压油经单向阀 4 输出,此时单向阀 2、3 被关闭;当活塞移到右端时,换向阀 5 得电换向,活塞向左移动,左端小活塞腔输出的高压液体经单向阀 3 输出。这样增压缸的活塞不断往复运动,两端便交替

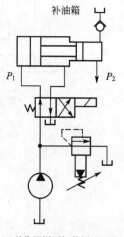

(a) 单作用增压缸的增压回路

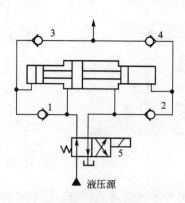

(b) 双作用增压缸的增压回路

图 7.13 增压回路

1,2,3,4—单向阀 5—换向阀

输出高压液体,实现了连续增压。

7.2 调 速 回 路

在液压传动系统中,调速是为了满足执行元件对工作速度的要求,因此是系统的核心问题。调速回路不仅对系统的工作性能起着决定性的影响,而且对其他基本回路的选择也起着决定性的作用,因此在液压系统中占有极其重要的地位。

7.2.1 概述

1. 基本调速方式

在不考虑液压油的压缩性和元件泄漏的情况下,液压缸的运动速度 v 取决于流入或流出液压缸的流量及相应的有效工作面积,即

$$v = \frac{q_1}{A_1} = \frac{q_2}{A_2} \tag{7-1}$$

式中 q_1,q_2——流入、流出液压缸的流量;

A_1,A_2——液压缸无杆腔、有杆腔的有效工作面积。

液压马达的转速 n_M 由进入马达的流量 q 和马达的排量 V_M 决定,即

$$n_M = \frac{q}{V_M} \tag{7-2}$$

由上述两式可知,改变流入或流出执行元件的流量 q,或改变液压缸的有效工作面积 A 和马达的排量 V_M 均可以达到控制执行元件速度的目的。一般来说,在设计计算时,液压缸的有效工作面积主要由负载与系统压力确定,改变比较困难,而在实际系统中已经不可能改变。因此,通常用改变流量 q 或改变变量马达排量 V_M 来控制执行元件的速度。

为了改变进入执行元件的流量,可采用定量泵和溢流阀构成的恒压源与流量控制阀的方法,也可以采用变量泵供油的方法。因此,调速回路有以下3种基本调速方式。

(1) 节流调速。采用定量泵供油,溢流阀溢流恒压,通过改变流量控制阀通流面积的大小,来调节流入或流出执行元件的流量实现调速。

(2) 容积调速。通过改变变量泵或变量马达的排量来实现调速。

(3) 容积节流调速又称联合调速。采用压力反馈式变量泵供油,配合流量控制阀进行调速。

2. 调速回路的基本特性

调速回路的调速特性、机械特性和功率特性实际上就是系统的静态特性,它们基本上决定了系统的性能、特点和用途。

1) 调速特性

回路的调速特性用回路的调速范围来表征。所谓调速范围是指执行元件在某负载下可能得到的最高工作速度与最低工作速度之比。

$$R = \frac{v_{\max}}{v_{\min}} \tag{7-3}$$

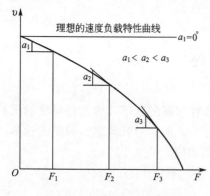

图 7.14 速度-负载特性曲线

各种调速回路可能的调速范围是不同的，人们希望能在较大的范围内调节执行元件的速度，在调速范围内能灵敏、平稳地实现无级调速。

2) 机械特性

机械特性即速度—负载特性，它是调速回路中执行元件运动速度随负载而变化的性能。一般来说，执行元件运动速度随负载增大而降低。图 7.14 所示为某调速回路中执行元件的速度—负载特性曲线。速度受负载影响的程度，常用速度刚度来描述。

速度刚度定义为负载对速度的变化率的负值，即

$$k_v = -\frac{\partial F}{\partial v} = -\frac{1}{\tan\alpha} \tag{7-4}$$

速度刚度的物理意义是：负载变化时，调速回路抵抗速度变化的能力，亦即引起单位速度变化时负载力的变化量。从图 7.14 可知，速度刚度是速度—负载特性曲线上某点处斜率的倒数。在特性曲线上某处的斜率越小，速度刚度就越大，亦即机械特性就硬，执行元件工作速度受负载变化的影响就越小，运动平稳性越好。

3) 功率特性

调速回路的功率特性包括回路的输入功率、输出功率、功率损失和回路效率，一般不考虑执行元件和管路中的功率损失。这样便于从理论上对各种调速回路进行比较。功率特性好，即能量损失小、效率高、发热少。

7.2.2 节流调速回路

节流调速回路是靠节流原理工作的，根据所用流量控制阀的不同，分为采用节流阀的节流调速回路和采用调速阀的节流调速回路；根据流量阀在回路中的位置不同，分为进油节流调速、回油节流调速和旁路节流调速 3 种回路。此外，根据在工作中供油压力是否随负载变化，分为定压式节流调速回路（进油节流、回油节流）和变压式节流调速回路（旁路节流）。

1. 进油节流调速回路

1) 回路结构和工作原理

如图 7.15 所示，将节流阀串联在液压缸的进油路上，用定量泵供油，且并联一个溢流阀。泵输出的油液一部分经节流阀进入液压缸的工作腔，推动活塞运动，多余的油液经溢流阀流回油箱。由于溢流阀处于溢流状态，因此泵的出口压力保持恒定。调节节流阀的通流面积即可调节通过节流阀的流量，从而调节液压缸的工作速度。

该节流调速回路的工作原理如下。

① 液压缸要克服负载 F 而运动，其工作腔的油液必须具有一定的工作压力，即稳定工作时活塞的受力平衡方程为

$$p_1 A_1 = p_2 A_2 + F \tag{7-5}$$

式中　F——液压缸的负载；

A_1，A_2——分别为液压缸无杆腔和有杆腔的有效面积；

p_1，p_2——分别为液压缸进油腔、回油腔的压力。

当回油腔直接通油箱时，可设 $p_2 \approx 0$，故液压缸无杆腔压力为

$$p_1 = \frac{F}{A_1} \tag{7-6}$$

这说明液压缸工作压力 p_1 取决于负载，随负载变化。

② 为了保证油液通过节流阀进入执行元件，节流阀上必须存在一个压力差 Δp，即泵的出口压力 p_p 必须大于液压缸工作压力 p_1，即

$$p_\mathrm{P} = p_1 + \Delta p$$

③ 调节通过节流阀的流量 q_1，才能调节液压缸的工作速度。因此定量泵多余的油液 q_y 必须经溢流阀流回油箱。必须指出，溢流阀溢流是该回路能调速的必要条件。注意，如果溢流阀不能溢流，定量泵的流量 q_P 只能全部进入液压缸，而不能实现调速功能。根据连续性方程，有

$$q_\mathrm{P} = q_1 + q_\mathrm{y} = 常数$$

进入液压缸的流量 q_1 越小，液压缸的工作速度就越低，溢流量 q_y 也就越大。

④ 溢流阀工作在溢流状态，因此泵的出口压力 p_p 保持恒定。

⑤ 经节流阀进入液压缸的流量 q_1 为

$$q_1 = KA_\mathrm{T} \Delta p^m = KA_\mathrm{T} \left(p_\mathrm{P} - \frac{F}{A_1} \right)^m \tag{7-7}$$

式中　p_P——出口压力；

A_T——节流阀的通流面积；

Δp——节流阀两端的压力差，$\Delta p = p_\mathrm{P} - p_1$；

K——节流系数，对薄壁孔 $K = C_\mathrm{d}\sqrt{2/\rho}$，对细长孔 $K = d^2/(32\mu L)$，其中，C_d 为流量系数；ρ、μ 分别为液体密度和动力粘度；d、L 为细长孔直径和长度；

m——由孔口形状决定的指数，$0.5 < m < 1$，对薄壁孔 $m = 0.5$，对细长孔 $m = 1$。

调节节流阀通流面积 A_T，即可改变通过节流阀的流量 q_1，从而调节液压缸的工作速度。

根据上述讨论，液压缸的运动速度为

$$v = \frac{q_1}{A_1} = \frac{KA_\mathrm{T}}{A_1} \left(p_\mathrm{P} - \frac{F}{A_1} \right)^m \tag{7-8}$$

式(7-8)称为进油节流调速回路的速度—负载特性方程。由此式可知，液压缸的工作速度是节流阀通流面积 A_T 和液压缸负载 F 的函数，当 A_T 不变时，活塞的运动速度 v 受负载 F 变化影响；液压缸的运动速度 v 与节流阀的通流面积 A_T 成正比，调节 A_T 就可调节液压缸的速度。这种回路调速范围比较大，最高速度比可达 100 左右。

2) 性能分析

(1) 速度—负载特性。根据式(7-8)，取不同的 A_T 作图，可得一组描述进油节流调

速回路的速度—负载特性曲线,如图 7.15(b)所示。这组曲线表示液压缸运动速度随负载变化的规律,曲线越陡,说明负载变化对速度的影响越大,即速度刚度越差。从图 7.15 中可以看出:①当节流阀通流面积 A_T 一定时,负载 F 大的区域,曲线陡,速度刚度差,而负载 F 越小,曲线越平缓,速度刚度越好;②在相同负载下工作时,A_T 越大,速度刚度越小,即速度高时速度刚度差;③多条特性曲线交汇于横坐标轴上的一点,该点对应的 F 值即为最大负载,这说明速度调节不会改变回路的最大承载能力 F_{max}。因最大负载时缸停止运动($\Delta p=0,v=0$),由式(7-8)可知,该回路的最大承载能力为 $F_{max}=p_pA_1$。

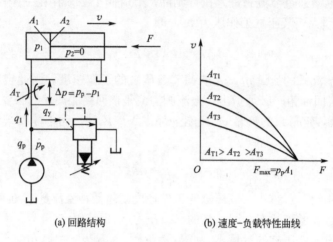

(a) 回路结构　　　　　　(b) 速度-负载特性曲线

图 7.15　进油节流调速回路

进油节流调速回路的速度刚度为

$$k_v=-\frac{\partial F}{\partial v}=\frac{A_1^{1+m}}{mKA_T(p_pA_1-F)^{m-1}}=\frac{p_pA_1-F}{vm} \tag{7-9}$$

(2) 功率特性。进油节流调速回路属于定压式节流调速回路,泵的供油压力 p_p 由溢流阀确定,所以液压泵的输出功率,即回路输入功率为一常值,即

$$P_P=p_pq_p=\text{const} \tag{7-10}$$

回路输出功率,即液压缸输出的有效功率为

$$P_1=Fv=F\frac{q_1}{A_1}=p_1q_1 \tag{7-11}$$

回路的功率损失 ΔP 为

$$\Delta P=P_P-P_1=p_pq_p-p_1q_1$$
$$=p_p(q_1+q_y)-(p_p-\Delta p)q_1=p_pq_y+\Delta pq_1 \tag{7-12}$$

这种调速回路的功率损失由溢流损失 p_pq_y 和节流损失 Δpq_1 两部分组成。溢流损失是在泵的输出压力 p_P 下,流量 q_y 流经溢流阀产生的功率损失,而节流损失是流量 q_1 在压差 Δp 下流经节流阀产生的功率损失。

回路效率为

$$\eta_C=\frac{P_1}{P_P}=\frac{Fv}{p_pq_p}=\frac{p_1q_1}{p_pq_p} \tag{7-13}$$

由于回路中存在溢流损失和节流损失共两种功率损失,所以回路效率比较低,特别是在低速、轻载场合,效率更低。为了提高效率,实际工作中应尽量使液压泵的流量 q_p 接近液压缸的流量 q_1。特别是当液压缸需要快速和慢速两种运动时,应采用双泵供油。

进油节流调速回路适用于轻载、低速、负载变化不大和对速度稳定性要求不高的小功率场合。

2. 回油节流调速回路

如图 7.16 所示,这种调速回路是将节流阀串接在液压缸的回油路上,定量泵的供油压力由溢流阀调定并基本上保持恒定不变。该回路的调节原理是:借助节流阀控制液压缸的回油量 q_2,实现速度的调节。由连续性原理可得

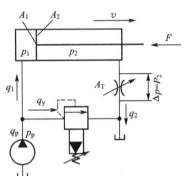

$$\frac{q_1}{A_1}=v=\frac{q_2}{A_2} \text{ 或 } q_1=\frac{A_1}{A_2}q_2 \qquad (7-14)$$

由此可知,用节流阀调节流出液压缸的流量 q_2,也就调节了流入液压缸的流量 q_1。定量泵多余的油液经溢流阀流回油箱。溢流阀处于溢流状态,泵的出口压力 p_P 保持恒定,且 $p_1=p_P$。

稳定工作时,活塞的受力平衡方程为

图 7.16 回油节流调速回路

$$p_P A_1 = p_2 A_2 + F \qquad (7-15)$$

由于节流阀两端存在压差,因此在液压缸有杆腔中形成背压 p_2,由式(7-15)可知,负载 F 越小,背压 p_2 越大,当负载 $F=0$ 时

$$p_2=\frac{A_1}{A_2}p_P \qquad (7-16)$$

液压缸的运动速度,亦即速度—负载特性方程为

$$v=\frac{q_2}{A_2}=\frac{KA_T}{A_2}\left(p_P\frac{A_1}{A_2}-\frac{F}{A_2}\right)^m \qquad (7-17)$$

式中 A_2——液压缸有杆腔的有效面积;

q_2——通过节流阀的流量;

其他符号意义与式(7-5)相同。

比较式(7-8)和式(7-17)可以发现,回油节流阀调速与进油节流阀调速的速度—负载特性基本相同,若缸两腔的有效面积相同(双出杆缸),则两种节流阀调速回路的速度—负载特性就完全一样。因此,前面对进油节流阀调速回路的分析和结论都适用于本回路。

上述两种回路也有不同之处。

(1) 承受负负载的能力。回油节流调速回路的节流阀使液压缸的回油腔形成一定的背压($p_2 \neq 0$),因而能承受负负载,并提高了液压缸的速度平稳性。而进油节流调速回路则要在回油路上设置背压阀后才能承受负负载。

(2) 实现压力控制的难易程度。进油节流调速回路容易实现压力控制。当工作部件在行程终点碰到死挡铁后,缸的进油腔压力会上升到等于泵的供油压力,利用这个压力变化,可使并联于此处的压力继电器发出信号,实现对系统的动作控制。回油节流调速时,液压缸进油腔压力没有变化,难以实现压力控制。虽然工作部件碰到死挡铁后,缸的回油

腔压力下降为零，可利用这个变化值使压力继电器失压复位，对系统的下步动作实现控制，但可靠性差，一般不采用。

(3) 调速性能。若回路使用单杆缸，无杆腔进油流量大于有杆腔回油流量。故在缸径、缸速相同的情况下，进油节流调速回路的节流阀开口较大，低速时不易堵塞。因此，进油节流调速回路能获得更低的稳定速度。

(4) 停车后的启动性能。长期停车后液压缸内的油液会流回油箱，当液压泵重新向缸供油时，在回油节流阀调速回路中，由于进油路上没有节流阀控制流量，活塞会出现前冲现象；而在进油节流阀调速回路中，活塞前冲很小，甚至没有前冲。

(5) 发热及泄漏。发热及泄漏对进油节流调速的影响均大于回油节流调速。在进油节流调速回路中，节流阀产生的能量损失会导致油液发热，发热后的油液进入了液压缸的进油腔，使系统发热；而在回油节流调速回路中，经节流阀发热后的油液直接流回油箱冷却。

为了提高回路的综合性能，一般常采用进油节流阀调速，并在回油路上加背压阀，使其兼有两者的优点。

3. 旁路节流调速回路

如图 7.17(a)所示，这种回路把节流阀接在与执行元件并联的旁油路上。通过调节节流阀的通流面积 A_T，控制定量泵流回油箱的流量，即可实现调速。溢流阀作安全阀用，正常工作时关闭，过载时才打开，其调定压力为最大工作压力的 1.1 倍～1.2 倍。在工作过程中，定量泵的压力随负载而变化。设泵的理论流量为 q_t，泵的泄漏系数为 k_1，其他符号意义同前，则缸的运动速度为

$$v=\frac{q_1}{A_1}=\frac{q_t-k_1\dfrac{F}{A_1}-KA_T\left(\dfrac{F}{A_1}\right)^m}{A_1} \tag{7-18}$$

按式(7-18)选取不同的 A_T 值可做出一组速度—负载特性曲线，如图 7.17(b)所示。由曲线可知，当节流阀通流面积一定而负载增加时，速度下降较前两种回路更为严重，即特性很软，速度稳定性很差；在重载高速时，速度刚度较好，这与前两种回路恰好相反。其最大承载能力随节流口 A_T 的增加而减小，即旁路节流调速回路的低速承载能力很差，调速范围也小。

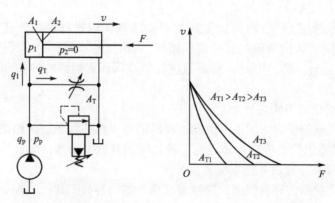

(a) 旁路节流调节回路　　(b) 速度-负载特性曲线

图 7.17　旁路节流调速回路

这种回路只有节流损失而无溢流损失。泵压随负载的变化而变化，节流损失和输入功率也随负载变化而变化。因此，本回路比前两种回路效率高。

由于本回路的速度—负载特性很软，低速承载能力差，故其应用比前两种回路少，只用于高速、重载、对速度平稳性要求不高的较大功率的系统，如牛头刨床主运动系统、输送机械液压系统等。

4. 采用调速阀的节流调速回路

采用节流阀的节流调速回路，节流阀两端的压差和液压缸工作速度随负载的变化而变化，故速度刚度差，速度平稳性差。若用调速阀代替节流阀，由于调速阀中的定差减压阀能在负载变化的条件下保证节流阀两端的压差基本不变，通过的流量也基本不变，所以回路的速度—负载特性得到很大改善。在图7.15中，若将节流阀改为调速阀，其速度—负载特性如图7.18所示。

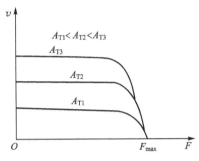

图 7.18 调速阀进油路调速回路速度-负载特性

5. 采用溢流节流阀的进油节流调速回路

这种回路是在进油节流调速回路中用溢流节流阀替代节流阀（或调速阀）而构成。泵不在恒压下工作（属变压系统），泵压随负载的大小而变，故效率比用节流阀（或调速阀）的进油节流调速回路高。此回路适用于运动平稳性要求较高、功率较大的节流调速系统。

6. 采用换向阀的节流调速回路

在现代工程机械的液压系统中，常用控制换向阀阀芯开口的大小来实现节流调速，而且常常构成复合节流调速方式，例如进油节流与回油节流复合调速，旁路节流与回油节流复合调速。

图7.19所示为采用手动换向阀的节流调速回路。图7.19(a)所示为M形三位四通手动换向阀控制进油节流和回油节流的调速回路。当阀芯在中间位置时，通液压缸的两个油口封闭，而泵出油口与油箱相通，泵卸荷。当手动控制换向阀阀芯右移时，阀口通流面积 a_1、a_2 将发生由小到大的变化，进入液压缸的流量及液压缸排出的流量也由小到大成比例地变化，从而实现无级调速。此回路兼顾有进油节流和回油节流调速的特性。

图7.19(b)所示为采用M形三位四通手动换向的旁路节流和进油、回油节流调速回路。该图表示换向阀从中间位置向左移动到图示位置时阀芯开口的状况。这种调速回路具有旁路节流和进油、回油节流调速的特性。

图7.20为采用先导远程控制的换向阀节流调速回路。操作人员通过操纵驾驶室内的先导远程控制阀1、2的操纵手柄，可使控制油经远程控制阀1、2流至液动换向阀3、4的阀芯的左端或右端，推动阀芯动作，改变执行元件的运动方向。必须指出的是：由于阀1、2为手动比例减压阀，它可以输出两路与手柄摆角大小成比例的压力去控制液动阀3、4，因此，液动阀阀芯的开口量与先导手柄摆角的大小成比例，从而实现无级节流调速。总之，通过操纵先导远程控制阀的手柄，不仅能控制执行元件的运动方向，还可以实现执行元件的无级调速。

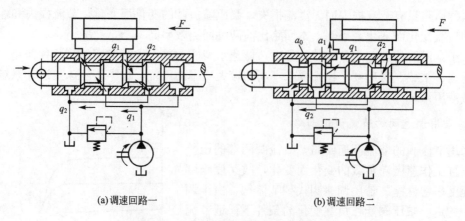

(a) 调速回路一　　　　　　　　(b) 调速回路二

图 7.19　采用手动换向阀的节流调速回路

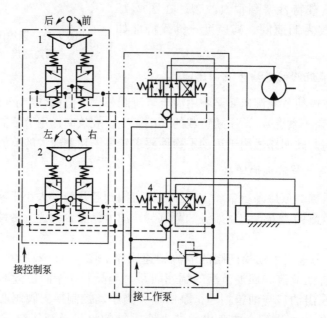

图 7.20　采用先导远程控制的换向阀节流调速回路
1，2—远程控制阀　3，4—换向阀

7.2.3　容积调速回路

节流调速回路由于有节流损失和溢流损失，所以只适用于小功率系统。通过改变泵或马达的排量来进行调速的方法称为容积调速，其主要优点是没有节流损失和溢流损失，因而效率高，系统温升小，适用于大功率系统。

容积调速回路根据油液的循环方式有开式回路和闭式回路两种。在开式回路中，液压泵从油箱吸油，执行元件的回油直接回油箱，油液能得到较好的冷却，便于沉淀杂质和析出气体，但油箱体积大，空气和污染物侵入油液的机会增加，侵入后影响系统正常工作；在闭式回路中，执行元件的回油直接与泵的吸油腔相连，结构紧凑，只需较小的补油箱，空气和脏物不易混入回路，但油液的散热条件差，为了补偿回路中的泄漏，并进行换油和冷却，需附设补油泵。

容积调速回路的主要性能有速度—负载特性、转速特性、转矩特性和功率特性。

1. 变量泵及定量执行元件调速回路

图 7.21(a)所示为变量泵和液压缸组成的开式回路。图 7.21(b)所示为变量泵和定量马达组成的闭式回路。显然，改变变量泵的排量即可调节液压缸的运动速度和液压马达的转速。两图中的溢流阀 2 均起安全阀作用，用于防止系统过载；单向阀 3 用来防止停机时油液倒流入油箱和空气进入系统。

这里重点讨论变量泵和定量马达容积调速回路。在图 7.21(b)中，为了补偿泵 1 和马达 7 的泄漏，增加了补油泵 8。补油泵 8 将冷油送入回路，而从溢流阀 9 溢出回路中多余的热油，进入油箱冷却。

辅助泵的工作压力由溢流阀 9 来调节。补油泵的流量为主泵的 10%～15%，工作压力为 0.5～1.4MPa。

1) 速度—负载特性

在图 7.21(b)回路中，引入泵和马达的泄漏系数，不考虑管道的泄漏和压力损失时，可得此回路的速度—负载特性方程为

$$n_M = \frac{q_P}{V_M} = \frac{V_P n_P - k_1 p_P}{V_M} = \frac{V_P n_P - k_1 \frac{2\pi T_M}{V_M}}{V_M} \tag{7-19}$$

相应的速度刚度为

$$k_v = -\frac{\partial T_M}{\partial n_M} = \frac{V_M^2}{2\pi k_1} \tag{7-20}$$

式中 k_1——泵和马达的泄漏系数之和；

n_P——变量泵的转速；

p_P——泵的工作压力，亦即液压马达的工作压力；

V_P、V_M——变量泵、马达的排量；

n_M、T_M——马达的输出转速、输出转矩。

此回路的速度—负载特性曲线如图 7.22(a)所示。由图可见，由于变量泵、液压马达有泄漏，马达的输出转速 n_M 会随负载 T_M 的加大而减小，即速度刚性要受负载变化的影响。负载增大到某值时，马达停止运动(图 7.22(a)中的 T_M')，表明这种回路在低速下的承载能力很差。所以在确定回路的最低速度时，应将这一速度排除在调速范围之外。

2) 转速特性

在图 7.21(b)中，若采用容积效率、机械效率表示液压泵和液压马达的损失和泄漏，则马达的输出转速 n_M 与变量泵排量 V_P 的关系为

$$n_M = \frac{q_P}{V_M} \eta_{vM} = \frac{V_P}{V_M} n_P \eta_{vP} \eta_{vM} \tag{7-21}$$

式中 η_{vP}、η_{vM}——泵、马达的容积效率。

上式表明，改变泵排量 V_P，可使马达的输出转速 n_M 成比例地变化。

3) 转矩特性

马达的输出转矩 T_M 与马达的排量 V_M 的关系为

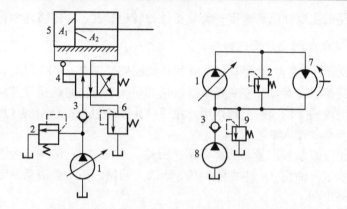

(a) 变量泵-缸回路　　　　(b) 变量泵-定量马达回路

图 7.21　变量泵定量执行元件容积调速回路

1—泵　2,6,9—溢流阀　3—单向阀　4—换向阀
5—液压缸　7—马达　8—补油泵

$$T_M = \frac{\Delta p_M V_M}{2\pi} \eta_{mM} \tag{7-22}$$

式中　Δp_M——液压马达两端的压差；

　　　η_{mM}——马达的机械效率。

上式表明，马达的输出转矩 T_M 与泵的排量 V_P 无关，不会因调速而发生变化。若系统的负载转矩恒定，则回路的工作压力 p 恒定不变（即 Δp_M 不变），此时马达的输出转矩 T_M 恒定，故此回路又称为"等转矩调速回路"。

4) 功率特性

马达的输出功率 P_M 与变量泵排量 V_P 的关系为

$$P_M = T_M 2\pi n_M = \Delta p_M V_M n_M \eta_{mM} \tag{7-23}$$

或者

$$P_M = \Delta p_M V_P n_P \eta_{vP} \eta_{vM} \eta_{mM} \tag{7-24}$$

上式表明，马达的输出功率 P_M 与马达的转速成正比，亦即与泵的排量 V_P 成正比。

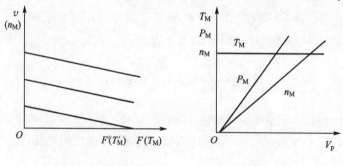

(a) 速度-负载特性曲线　　　　(b) 调速特性

图 7.22　变量泵-定量马达调速回路特性

上述的 3 条特性曲线如图 7.22(b)所示。必须指出，由于泵和马达存在泄漏，所以当 V_P 还未调到零值时，n_M、T_M 和 P_M 已都为零值。这种回路若采用高质量的轴向柱塞变量泵，其调速范围 R_P 可达 40，当采用变量叶片泵时，R_P 仅为 5～10。

2. 定量泵和变量马达调速回路

如图 7.23 (a)所示，在这种容积调速回路中，泵的排量 V_P 和转速 n_P 均为常数，输出流量不变。补油泵 4，溢流阀 2、5 的作用同变量泵－定量马达调速回路。该回路通过改变变量马达的排量 V_M 来改变马达的输出转速 n_M。当负载恒定时，回路的工作压力 p 和马达输出功率 P_M 都恒定不变，而马达的输出转矩 T_M 与马达的排量 V_M 成正比变化，马达的转速 n_M 与其排量 V_M 成反比（按双曲线规律）变化，其调速特性如图 7.23 (b)所示。从图 7.23 中可知，输出功率 P_M 不变，故此回路又称"恒功率调速回路"。

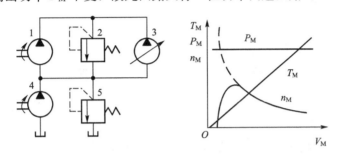

(a) 定量泵－变量马达容积调速回路图　　　　(b) 调速特性曲线

图 7.23　定量泵-变量马达调速回路
1，4—补油泵　2，5—溢流阀　3—泵

当马达排量 V_M 减小到一定程度，输出转矩 T_M 不足以克服负载时，马达便停止转动，这样不仅不能在运转过程中使马达通过 $V_M=0$ 点的方法来实现平稳的反向，而且其调速范围 R_M 也很小，即使采用高性能的轴向柱塞马达，R_M 也只有 4 左右。实际上，这种回路很少单独使用。

3. 变量泵和变量马达调速回路

图 7.24(a)所示为采用双向变量泵和双向变量马达的容积调速回路。在图 7.24(a)中，单向阀 6 和 8 用于使辅助泵 4 能双向补油，而单向阀 7 和 9 使安全阀 3 在两个方向都能起过载保护作用。

这种调速回路实际上是上述两种容积调速回路的组合。由于泵和马达的排量均可改变，故增大了调速范围，其调速特性曲线如图 7.24(b)所示。在工程中，一般都要求执行元件在启动时有低转速和大的输出转矩，而在正常工作时都希望有较高的转速和较小的输出转矩。因此，这种回路在使用中，先将变量马达的排量调到最大($V_M=V_{Mmax}$)，使马达能获得最大输出转矩，将变量泵的排量调到较小的适当位置上，逐渐增大泵的排量，直到最大值($V_P=V_{Pmax}$)，此时液压马达转速随之升高，输出功率也线性增加，回路处于等转矩输出状态；然后，保持泵在最大排量 $V_P=V_{Pmax}$ 下工作，由大到小改变马达的排量，使马达的转速继续升高，但其输出转矩却随之降低，而马达的输出功率恒定不变，这时回路处于恒功率工作状态。

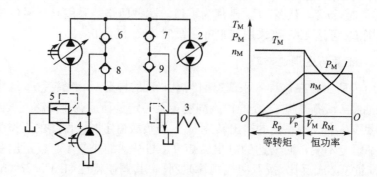

(a) 变量泵-变量马达容积调速回路　　(b) 调速特性曲线

图 7.24　变量泵-变量马达容积调速回路
1—双向变量泵　2—双向变量马达　3—安全阀
4—定量泵　5—溢流阀　6，7，8，9—单向阀

7.2.4　容积节流调速回路

容积节流调速回路的工作原理是用压力补偿变量泵供油，用流量控制阀调定进入或流出液压缸的流量来调节活塞运动速度，并使变量泵的输出流量自动与液压缸所需流量相适应。这种调速回路没有溢流损失，效率较高，速度稳定性也比单纯的容积调速回路好。

1. 限压式变量泵与调速阀组成的容积节流调速回路

如图 7.25(a)所示，该回路由限压式变量泵 1 供油，空载时泵以最大流量进入液压缸使其快进，进入工作进给(简称工进)时，电磁阀 3 应通电使其所在油路断开，压力油经调速阀 2 流入缸内。工进结束后，压力继电器 5 发出信号，使阀 3 和阀 4 换向，调速阀再被短接，缸快退。回油经背压阀 6 返回油箱。调速阀 2 也可放在回油路上，但对于单杆缸，为获得更低的稳定速度，应放在进油路上。

当回路处于工进阶段时，液压缸的运动速度由调速阀中节流阀的通流面积 A_T 来控制。变量泵的输出流量 q_P 和供油压力 p_P 自动保持相应的恒定值。由于调速阀中的减压阀具有压力补偿机能，当负载变化时，通过调速阀的流量 q_1 不变。变量泵输出流量 q_P 随泵的供油压力增减而自动增减，并始终和液压缸所需的流量 q_1 相适应，稳态工作时，有 $q_P=q_1$，所以又称这种回路为流量匹配回路。

这种回路流量匹配的动态过程是：当关小调速阀的瞬间，q_1 减小，而变量泵的排量还未来得及改变，流量 q_P 没有变，于是出现 $q_P>q_1$，由于回路中没有溢流阀，多余的油液迫使泵和调速阀之间的油路压力升高，即泵的出口压力升高，通过压力反馈作用使限压式变量泵的流量自动减小到 $q_P \approx q_1$ 为止。反之，开大调速阀的一瞬间，将出现 $q_P<q_1$，使限压式变量泵出口压力降低，输出流量自动增加至 $q_P \approx q_1$。

图 7.25(b)为回路的调速特性曲线。由图可见，限压式变量泵压力—流量特性曲线上的点 a 是泵的工作点，泵的供油压力为 p_P，流量为 q_1。调速阀在某一开度下的压力—流量

特性曲线上的点 b 是调速阀(液压缸)的工作点,压力为 p_1,流量为 q_1。当改变调速阀的开口量,使调速阀压力—流量特性曲线上下移动时,回路的工作状态便相应改变。限压式变量泵的供油压力应调节为

$$p_P \geqslant p_1 + \Delta p_{Tmin} \tag{7-25}$$

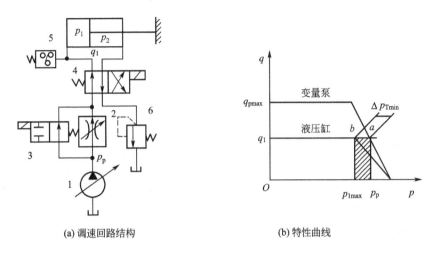

(a) 调速回路结构 (b) 特性曲线

图 7.25 限压式变量泵与调速阀式联合调速回路

1—变量泵 2—调速阀 3,4—电磁阀 5—压力继电器 6—背压阀

系统最大工作压力应为

$$p_{1max} \leqslant p_P - \Delta p_{Tmin} \tag{7-26}$$

一般地,限压式变量泵的压力—流量曲线在调定后是不会改变的,因此,当负载 F 变化,p_1 发生变化时,调速阀的自动调节作用使调速阀内节流阀上的压差 Δp 保持不变,流过此节流阀的流量 q_1 也不变,从而使泵的输出压力 p_P 和流量 q_P 也不变,回路就能保持在原工作状态下工作,速度稳定性好。

如果不考虑泵、缸和管路的损失,回路效率为

$$\eta = \frac{\left(p_1 - p_2 \dfrac{A_2}{A_1}\right) q_1}{p_P q_1} = \frac{p_1 - p_2 \left(\dfrac{A_2}{A_1}\right)}{p_P} \tag{7-27}$$

如果无背压 $p_2 = 0$,则

$$\eta = \frac{p_1}{p_P} = \frac{p_P - \Delta p_T}{p_P} = 1 - \frac{\Delta p_T}{p_P} \tag{7-28}$$

从上式可知,如果负载较小时,p_1 减小,使调速阀的压差 Δp_T 增大,造成节流损失增大。低速时,泵的供油流量较小,而对应的供油压力很大,泄漏增加,回路效率严重下降。因此,这种回路不宜用在低速、变载且轻载的场合。

必须指出,一般调速阀稳定工作的最小压差 $\Delta p_{Tmin} = 0.5$MPa 左右,为此应合理调节

变量泵的特性曲线,保证调速阀稳定工作,这样不仅液压缸的速度不随负载变化,而且通过调速阀的功率损失最小。这种回路适用于负载变化不大的中、小功率场合,如组合机床的进给系统等。

2. 差压式变量泵和节流阀组成的调速回路

如图 7.26 所示,当电磁阀 4 的电磁铁 1YA 通电时,节流阀 5 控制进入液压缸 6 的流量 q_1,并使变量泵 3 输出的流量 q_P 自动和 q_1 相适应。阀 7 为背压阀,阀 9 为安全阀。阻尼孔 8 用以增加变量泵定子移动阻尼,改善动态特性,避免定子发生振荡。

泵的变量机构由定子两侧的控制缸 1、2 组成,配油盘上的油腔对称于垂直轴,定子的移动(即偏心量的调节)靠控制缸两腔的液压力之差与弹簧力的平衡来实现。压力差增大时,偏心量减小,输油量减小。压力差一定时,输油量也一定。调节节流阀的开口量,即改变其两端压力差,也改变了泵的偏心量,使其输油量与通过节流阀进入液压缸的流量相适应。

设 p_P 和 p_1 分别为节流阀 5 前后的压力,F_s 为控制缸 2 中的弹簧力,A 为控制缸 2 活塞右端面积,A_1 为控制缸 1 和缸 2 的柱塞面积,则作用在泵定子上的力平衡方程式为

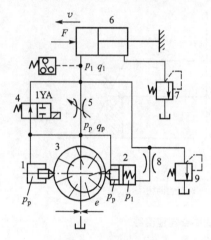

图 7.26 差压式变量泵和节流阀组成的回路

$$p_P A_1 + p_P (A - A_1) = p_1 A + F_s \tag{7-29}$$

故得节流阀前后压差为

$$\Delta p_T = p_P - p_1 = \frac{F_s}{A} \tag{7-30}$$

系统在图示位置时,泵排出的油液经阀 4 进入缸 6,故 $p_P = p_1$,泵的定子仅受 F_s 的作用,从而使定子与转子间的偏心距 e 为最大,泵的流量最大,缸 5 实现快进。快进结束,1YA 通电,阀 4 关闭,泵的油液经节流阀 5 进入缸 6,故 $p_P > p_1$,定子右移,使 e 减小,泵的流量就自动减小至与节流阀 5 调定的开度相适应为止。缸 6 实现慢速工进。

由于弹簧刚度小,工作中伸缩量也很小(不大于 e),所以 F_s 基本恒定,由式(7-30)可知,节流阀前后压差 Δp 基本上不随外负载而变化,经过节流阀的流量也近似等于常数。

当外负载 F 增大(或减小)时,缸 6 工作压力 p_1 就增大(或减小),则泵的工作压力 p_P 也相应增大(或减小),故又称此回路为变压式容积节流调速回路。由于泵的供油压力随负载而变化,回路中又只有节流损失,没有溢流损失,因而其效率比限压式变量泵和调速阀组成的调速回路要高。这种回路适用于负载变化大,速度较低的中、小功率场合,如某些组合机床进给系统。

7.2.5 3种调速回路的比较

3种调速回路主要性能比较见表7-1。

表 7-1 三种调速回路主要性能比较

主要性能		节流调速回路				容积调速回路	容积节流调速回路	
		用节流阀调节		用调速阀调节		变量泵—液压缸式	定压式	变压式
		定压式	变压式	定压式	变压式			
机械特性	机械刚性	差	很差	好		较好	好	
	承载能力	好	较差	好		较好	好	
调速特性(调速范围)		大	小	大		较大	大	
功率特性	效率	低	较高	低	较高	最高	较高	高
	发热	大	较小	大	较小	最小	较小	小
适用范围		小功率、轻载或低速的中、低压系统				大功率、重载高速的中、高压系统	中、小功率的中压系统	

7.3 速度换接回路

机械设备在做自动工作循环的过程中,执行元件往往需要有不同的运动速度。速度换接回路的功用是使液压执行元件在一个工作循环中,从一种运动速度换成另一种运动速度。如快速进给变换到慢速工作进给;从第一种工作进给速度变换到第二种工作进给速度等。

7.3.1 采用行程阀(或电磁换向阀)的速度换接回路

图7.27所示为用行程阀实现的速度换接回路。这一回路可使执行元件完成"快进→工进→快退→停止"这一自动工作循环。在图示位置,电磁换向阀2处在右位,液压缸7快进。此时,溢流阀处于关闭状态。当活塞所连接的液压挡块压下行程阀6时,行程阀关闭(处在上位工作),构成回油节流调速回路,液压缸右腔的油液必须通过节流阀5才能流回油箱,活塞运动速度转变为慢速工进,此时,溢流阀处于溢流恒压状态。当电磁换向阀2通电处于左位时,压力油经单向阀4

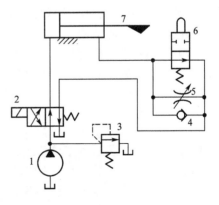
图7.27 采用行程阀实现的速度换接回路

进入液压缸右腔，液压缸左腔的油液直接流回油箱，活塞快速退回。这种回路的快速与慢速的换接过程比较平稳，换接点的位置比较准确。缺点是行程阀必须安装在装备上，管路连接较复杂。

若将行程阀改为电磁换向阀，安装比较方便，除行程开关需装在机械设备上，其他液压元件可集中安装在液压站中，但速度换接时平稳性以及换向精度较差。在这种回路中，当快进速度与工进速度相差很大时，回路效率很低。

7.3.2 采用差动连接的速度换接回路

图 7.28 所示为用差动连接实现的速度换接回路。当电磁阀 3 处在左位、电磁阀 5 处在右位工作时，液压缸实现差动连接快速运动；当阀 3 处在左位而阀 5 处在图示位置工作时，液压缸右腔的油液必须通过单向调速阀 4 才能流回油箱，活塞运动速度转变为慢速工进。在图示位置，压力油经阀 4 中的单向阀进入液压缸右腔，活塞快速向左返回。

当液压缸无杆腔有效工作面积等于有杆腔有效工作面积的两倍时，差动快进的速度等于非差动快退的速度。这种回路可以选择流量规格小一些的泵，这样效率得到提高，因此应用较多。

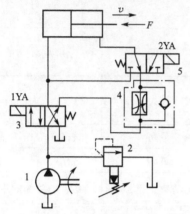

图 7.28 采用差动连接的速度换接回路

7.3.3 采用双泵供油的速度换接回路

如图 7.29 所示，回路中高压小流量泵 10 与低压大流量泵 1 并联构成双泵供油回路。液压缸快速运动时，由于系统压力低，液控顺序阀（卸荷阀）2 处于关闭状态，单向阀 3 打开，泵 1 与泵 10 同时向系统供油，实现快速运动；液压缸工作进给时，负载增大，系统压力升高，使液控顺序阀（卸荷阀）2 打开，泵 1 卸荷，这时单向阀 3 关闭，系统由小流量泵 10 单独供油，实现慢速运动。

在该回路中，溢流阀 8 按工进时系统所需最大工作压力调整；液控顺序阀 2 的调整压力应低于工作压力，但必须高于快进、快退时系统的工作压力。若不考虑液压缸的损失，该回路的回路效率为

$$\eta_c = \frac{Fv}{p_T q_P + \Delta p_1 q_1} \quad (7-31)$$

式中　F, v——液压缸的工作负载、工进速度；

　　　q_P, q_1——小流量泵 10、大流量泵 1 输出流量；

　　　p_T——溢流阀 8 的调整压力；

　　　Δp_1——大流量泵 1 卸荷压力损失。

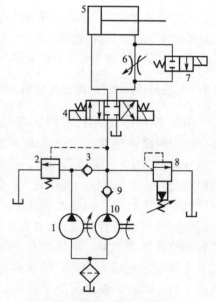

图 7.29 双泵供油的速度换接回路

这种回路的效率得到提高,应用较多。

7.3.4 两种工作速度的换接回路

1. 两个调速阀并联式速度换接回路

某些机械设备要求两种工作速度,可用两个调速阀并联或串联,用换向阀进行转换来实现。图7.30所示为两个调速阀并联实现两种工作进给速度的换接回路。液压泵输出的压力油经三位电磁阀D左位、调速阀A和电磁阀C进入液压缸,液压缸得到由阀A所控制的第一种工作速度。当需要第二种工作速度时,电磁阀C通电切换,使调速阀B接入回路,压力油经阀B和阀C的右位进入液压缸,这时活塞就得到阀B所控制的工作速度。这种回路中,调速阀A、B各自独立调节流量,互不影响,一个工作时,另一个没有油液通过。没有工作的调速阀中的减压阀开口处于最大位置。阀C换向,由于减压阀瞬时来不及响应,会使调速阀瞬时通过过大的流量,造成执行元件出现突然前冲的现象,速度换接不平稳。因此它不适合用在工作过程中实现速度换接,只可用在速度预选的场合。

2. 两个调速阀串联式速度换接回路

图7.31所示为两个调速阀串联的速度换接回路。在图示位置,压力油经电磁换向阀D、调速阀A和电磁换向阀C进入液压缸,执行元件的运动速度由调速阀A控制。当电磁换向阀C通电切换时,调速阀B接入回路,由于阀B的开口量调得比阀A小,压力油经电磁换向阀D、调速阀A和调速阀B进入液压缸,执行元件的运动速度由调速阀B控制。这种回路在调速阀B没起作用之前,调速阀A一直处于工作状态,在速度换接的瞬间,它可限制进入调速阀B的流量突然增加,所以速度换接比较平稳。但由于油液经过两个调速阀,因此能量损失比两调速阀并联时大。

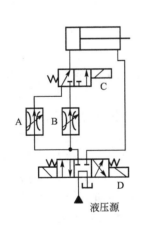

图7.30 调速阀并联的速度换接回路

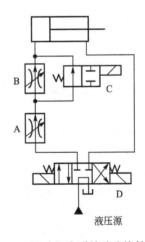

图7.31 调速阀串联的速度换接回路

7.4 方向控制回路

方向控制回路的作用是利用各种方向控制阀来控制液压系统中各油路油液的通、断及变向，实现执行元件的启动、停止或改变运动方向。方向控制回路主要有换向回路和锁紧回路两类。

7.4.1 换向回路

换向回路的作用是变换执行元件的运动方向。系统对换向回路的基本要求是：换向可靠、灵敏、平稳、换向精度合适。执行元件的换向过程一般包括执行元件的制动、停留和启动3个阶段。

1. 简单换向回路

采用普通二位或三位换向阀均可使执行元件换向，如图7.27和图7.29所示。三位换向阀除了能使执行元件向正反两个方向运动外，还有不同的中位滑阀机能可使系统得到不同的性能。一般液压缸在换向过程中的制动和启动，由液压缸的缓冲装置来调节；液压马达在换向过程中的制动则需要设置制动阀等。换向过程中的停留时间的长短取决于换向阀的切换时间，也可以通过电路来控制。

在闭式系统中，可采用双向变量泵控制液流的方向来实现执行元件的换向，如图7.32所示。液压缸5的活塞向右运动时，其进油流量大于排油流量，双向变量泵1的吸油侧流量不足，辅助泵2通过单向阀3来补充；改变双向变量泵1的供油方向，活塞向左运动，排油流量大于进油流量，泵1吸油侧多余的油液通过由缸5进油侧压力控制的二位四通阀4和溢流阀6排回油箱。溢流阀6和溢流阀8既可使活塞向左或向右运动时泵吸油侧有一定的吸入压力，又可使活塞运动平稳。溢流阀7是防止系统过载的安全阀。这种回路适用压力较高、流量较大的场合。

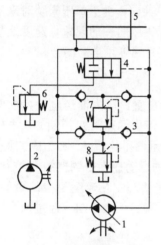

图 7.32 采用双向变量泵的换向回路

2. 连续换向回路

当需要频繁、连续自动作往复运动，并对换向过程有很多附加要求时，则需采用复杂的连续换向回路。

对于换向要求高的主机（如各类磨床），若用手动换向阀就不能实现自动往复运动。采用机动换向阀，利用工作台上的行程挡块推动连接在换向阀杆上的拨杆来实现自动换向，但工作台慢速运动时，当换向阀移至中间位置时，工作台会因失去动力而停止运动，出现"换向死点"，不能实现自动换向；当工作台高速运动时，又会因换向阀芯移动过快而引起换向冲击。若采用电磁换向阀由行程挡块推动行程开关发出换向信号，使电磁阀动作推动换向，可避免"死点"，但电磁阀动作一般较快，存在换向冲击，而且电磁阀还有换向频率不高、寿命低、易出故障等缺陷。为了解决上述矛盾，采用特殊设计的机动换向阀，以行程挡块推动机动先导阀，由它控制一个可调式液动换向阀来实现工作台的换向，既可避免"换向死点"，又可消除换向冲击。这种换向回路按换向要求不同分为时间控制制动式和行程控制制动式。

1) 时间控制制动式连续换向回路

如图7.33所示，这种回路中的主油路只受液动换向阀3控制。在换向过程中，例如，当先导阀 2 在左端位置时，控制油路中的压力油经单向阀 I_2 通向换向阀 3 右端，换向阀左端的油经节流阀 J_1 流回油箱，换向阀芯向左移动，阀芯上的制动锥面逐渐关小回油通道，活塞速度逐渐减慢，并在换向阀 3 的阀芯移过 l 距离后将通道闭死，使活塞停止运动。换向阀阀芯上的制动锥半锥角一般取 $\alpha=1.5°\sim3.5°$，在换向要求不高的地方还可以取大一些。制动锥长度可根据试验确定，一般取 $l=3\sim12\mathrm{mm}$。当节流阀 J_1 和 J_2 的开口大小调定之后，换向阀阀芯移过距离 l 所需的时间（即活塞制动所经历的时间）也就确定不变（不考虑油液粘度变化的影响）。因此这种制动方式称为时间控制制动式。

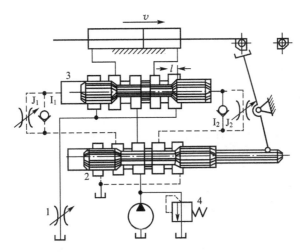

图 7.33 时间控制制动的连续换向回路

这种换向回路的主要优点是：其制动时间可根据主机部件运动速度的快慢、惯性的大小，通过节流阀 J_1 和 J_2 进行调节，以便控制换向冲击，提高工作效率；换向阀中位机能采用 H 形，对减小冲击量和提高换向平稳性都有利。其主要缺点是：换向过程中的冲击量受运动部件的速度和其他一些因素的影响，换向精度不高。这种换向回路主要用于工作部件运动速度较高，要求换向平稳，无冲击，但换向精度要求不高的场合，如用于平面磨床、插床、拉床和刨床液压系统中。

2）行程控制制动式连续换向回路

如图 7.34 所示，主油路除受液动换向阀 3 控制外，还受先导阀 2 控制。当先导阀 2 在换向过程中向左移动时，先导阀阀芯的右制动锥将液压缸右腔的回油通道逐渐关小，使活塞速度逐渐减慢，对活塞进行预制动。当回油通道被关得很小（轴向开口量留 $0.2\sim0.5\mathrm{mm}$），活塞速度变得很慢时，换向阀 3 的控制油路才开始切换，换向阀芯向左移动，切断主油路通道，使活塞停止运动，并随即使它在相反的方向启动。不论运动部件原来的速度快慢如何，先导阀总是要先移动一段固定的行程 l，将工作部件先进行预制动后，再由换向阀来使它换向。因此，这种制动方式称为行程控制制动式。先导阀制动锥半锥角一般取 $\alpha=1.5°\sim3.5°$，长度 $l=5\sim12\mathrm{mm}$，合理选择制动锥度能使制动平稳（而换向阀上没有必要采用较长的制动锥，一般制动锥长度只有 2mm，半锥角也较大，$\alpha=5°$）。

这种换向回路的换向精度较高，冲出量较小；但由于先导阀的制动行程恒定不变，制动时间的长短和换向冲击的大小将受运动部件速度的影响。这种换向回路主要用在主机工作部件运动速度不大,但换向精度要求较高的场合,如内、外圆磨床的液压系统中。

3) 压力控制的连续换向回路

连续换向回路的控制方式除了"时间控制"和"行程控制"外,还可采用"压力控制"。图 7.35 所示为压力控制的连续换向回路。由液控二位四通换向阀 2 控制摆动液压缸 4 换向。当换向阀 2 的上位接入回路时,泵 1 的压力油经换向阀 2 推动摆动液压缸 4 到达终端时,压力上升,打开顺序阀 3,从顺序阀 3 流出的压力油分作两路:一路去顶液控单向阀 6;另一路去推动换向阀 2,使其下位接入回路,摆动液压缸 4 换向。这样执行元件可连续换向。

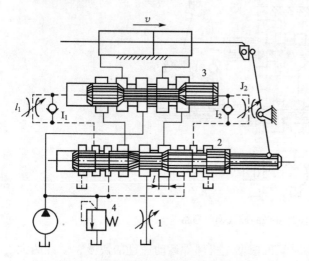

图 7.34 行程控制制动的连续换向回路

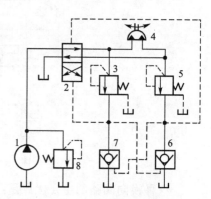

图 7.35 压力控制的连续换向回路

这种回路只适用于在执行元件终端处换向,由于它通过顺序阀直接控制液动换向阀,所以它比用压力继电器来控制电磁换向阀更为精确可靠。

7.4.2 锁紧回路

锁紧回路的作用是在液压执行元件下工作时,切断其进、出油路,使之不因外力的作用而发生位移或窜动,能准确地停留在原定位置上。

1. 用换向阀中位机能锁紧

采用三位换向阀的 O 形或 M 形中位机能可以构成锁紧回路。这种回路结构简单,但由于换向滑阀的环形间隙泄漏较大,故一般只用于锁紧要求不太高或只需短暂锁紧的场合。

2. 用液控单向阀锁紧回路

图 7.36 所示为用液控单向阀构成的锁紧回路。在液压缸的两油路上串接液控单向阀,它能在缸不工作时,使活塞在两个方向的任意位置上迅速、平稳、可靠且长时间地锁紧。其锁紧精度主要取决于液压缸的泄漏,而液控单向阀本身的密封性很好。两个液控单向阀

做成一体时，称为双向液压锁。

采用液控单向阀锁紧的回路，必须注意换向阀中位机能的选择。如图 7.36 所示，采用 H 型机能，换向阀中位时能使两控制油口 K 直接通油箱，液控单向阀立即关闭，活塞停止运动。如采用 O 型或 M 型中位机能，活塞运动途经换向阀中位时，由于液控单向阀控制腔的压力油被封住，液控单向阀不能立即关闭，直到控制腔的压力油卸压后，才能关闭，因而影响其锁紧的位置精度。

这种回路广泛应用于工程机械、起重运输机械等有较高锁紧要求的场合。

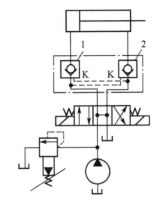

图 7.36 液控单向阀锁紧回阀

3. 用制动器锁紧

在用液压马达作执行元件的场合，利用制动器锁紧可解决因执行元件内泄漏影响锁紧精度的问题，实现安全可靠的锁紧目的。为防止突然断电发生事故，制动器一般都采用弹簧上闸制动，液压松闸的结构。如图 7.37 所示，有 3 种制动器回路连接方式。

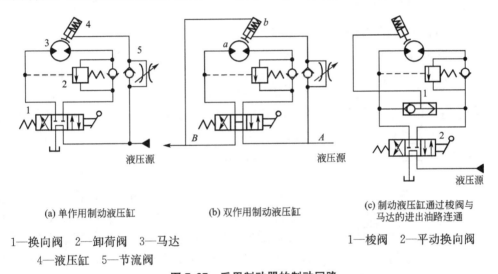

(a) 单作用制动液压缸　　　　(b) 双作用制动液压缸　　　　(c) 制动液压缸通过梭阀与
马达的进出油路连通

1—换向阀　2—卸荷阀　3—马达　　　　　　　　　　　1—梭阀　2—平动换向阀
4—液压缸　5—节流阀

图 7.37 采用制动器的制动回路

在图 7.37 (a) 中，制动液压缸 4 为单作用缸，它与起升液压马达 3 的进油路相连接。当系统有压力油时，制动器松开；当系统无压力油时，制动器在弹簧力作用下上闸锁紧。起升回路需放在串联油路的末端，即起升马达的回油直接通回油箱。若将该回路置于其他回路之前，则当其他回路工作而起升回路不工作时，起升马达的制动器也会被打开而容易发生事故。制动回路中单向节流阀的作用是：制动时快速，松闸时滞后，以防止开始起升时，负载因松闸过快而造成负载先下滑，再上升的现象。

在图 7.37 (b) 中，制动液压缸为双作用缸，其两腔分别与起升马达的进、出油路相连接。起升马达在串联油路中的布置不受限制，因为只有在起升马达工作时，制动器才会松闸。

在图 7.36 (c) 中，制动液压缸通过梭阀 1 与起升马达的进出油路相连接。当起升马达工作时，不论是负载起升或下降，压力油都会经梭阀与制动器液压缸相通，使制动器松闸。为了使起升马达不工作时制动器油缸的油与油箱相通而使制动器上闸锁紧，回路中的换向阀必须选用 H 形中位机能的换向阀。因此，制动回路也必须置于串联油路的末端。

7.5 多缸动作回路

在液压系统中，如果用一个液压源驱动多个液压执行元件按一定的要求工作时，称这种回路为多缸控制回路。注意，在多个执行元件同时工作时，会因压力和流量的相互影响而在工作上彼此牵制。

7.5.1 顺序动作回路

顺序动作回路的功用是使多个执行元件按预定顺序依次动作。按控制方式可分为行程控制、压力控制和时间控制 3 种。

1. 行程控制顺序动作回路

1) 用行程阀的行程控制顺序动作回路

如图 7.38 所示，在图示状态下，A、B 两液压缸的活塞均在右端。当推动手柄，使换向阀 C 左位工作，液压缸 A 左行，完成动作①；挡块压下行程阀 D 后，液压缸 B 左行，完成动作②；手动换向阀 C 复位后，液压缸 A 先复位，完成动作③；随着挡块后移，行程阀 D 复位后，液压缸 B 退回实现动作④，完成一个工作循环。

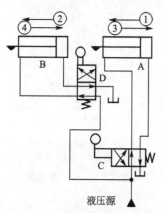

图 7.38 用行程阀的行程控制顺序动作回路

2) 用行程开关的行程控制顺序动作回路

如图 7.39 所示，当换向阀 C 通电换向时，液压缸 A 左行完成动作①；液压缸 A 触动行程开关 S_1，使行程阀 D 通电换向，控制液压缸 B 左行完成动作②；当液压缸 B 左行至触动行程开关 S_2，使换向阀 C 断电时，液压缸 A 返回，实现动作③；液压缸 A 触动 S_3，使行程阀 D 断电，液压缸 B 完成动作④；液压缸 B 触动开关 S_4，使泵卸荷或引起其他动作，完成一个工作循环。

2. 压力控制顺序动作回路

1) 采用顺序阀的压力控制顺序动作回路

如图 7.40 所示，图中液压缸 A 可看作夹紧液压缸，液压缸 B 可看作钻孔液压缸，它们按①→②→③→④的顺序动作。在当三位换向阀切换到左位工作，且顺序阀 D 的调定压力大于液压缸 A 的最大前进工作压力时，压力油先进入液压缸 A 的无杆腔，回油则经单向顺序阀 C 的单向阀、换向阀左位流回油箱，液压缸 A 向右运动，实现动作①（夹紧工件）。当工件夹紧后，液压缸 A 活塞不再运动，油液压力升高，压力油打开顺序阀 D 进入液压缸 B 的无杆腔，回油直接流回油箱，液压缸 B 向右运动，实现动作②（进行钻孔）；三位换向阀切换到右位工作,且顺序阀 C 的调定压力大于液压缸 B 的最大返回工作压力时,两液压缸按③和④的顺序返回,完成退刀和松开夹具的动作。

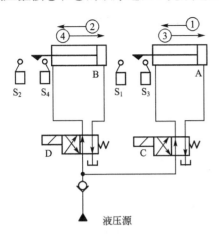

图 7.39 用行程开关的行程
控制顺序动作回路

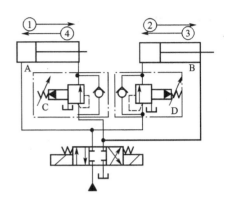

图 7.40 用顺序阀的压力控制
顺序动作回路

这种顺序动作回路的可靠性主要取决于顺序阀的性能及其压力的调定值。为保证动作顺序可靠,顺序阀的调定压力应比先动作的液压缸的最高工作压力高出 0.8~1MPa,以避免系统压力波动造成顺序阀产生误动作。

2) 采用压力继电器的压力控制顺序动作回路

图 7.41 所示为使用压力继电器的压力控制顺序动作回路。当电磁铁 1YA 通电时,压力油进入液压缸 A 左腔,实现运动①。液压缸 A 的活塞运动到预定位置,碰上死挡铁后,回路压力升高。压力继电器 1DP 发出信号,控制电磁铁 3YA 通电。此时压力油进入液压缸 B 左腔,实现运动②。液压缸 B 的活塞运动到预定位置时,控制电磁铁 3YA 断电,4YA 通电,压力油进入液压缸 B 的右腔,使液压缸 B 活塞向左退回,实现运动③。当它到达终点后,回路压力又升高,压力继电器 2DP 发出信号,使电磁铁 1YA 断电,2YA 通电,压力油进入液压缸 A 的右腔,推动活塞向左退回,实现运动④。

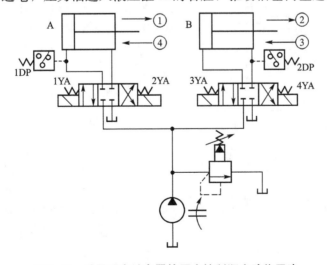

图 7.41 采用压力继电器的压力控制顺序动作回路

如此，完成①→②→③→④的动作循环。当运动④到终点时，压下行程开关，使2YA、4YA断电，所有运动停止。在这种顺序动作回路中，为了防止压力继电器误发信号，压力继电器的调整压力也应比先动作的液压缸的最高动作压力高0.3~0.5MPa。为了避免压力继电器失灵造成动作失误，往往采用压力继电器配合行程开关构成"与门"控制电路，要求压力达到调定值，同时行程也到达终点才进入下一个顺序动作。表7-2列出了图7.41回路中各电磁铁顺序动作结果，其中"＋"表示电磁铁通电；"－"表示电磁铁断电。

表7-2 电磁铁动作顺序表

动作＼元件	1YA	2YA	3YA	4YA	1DP	2DP
①	＋	－	－	－	－	－
②	＋	－	＋	－	＋	－
③	＋	－	－	＋	－	－
④	－	＋	－	＋	－	＋
复位	－	－	－	－	－	－

3．时间控制顺序动作回路

这种回路是利用延时元件（如延时阀、时间继电器等）使多个液压缸按时间完成先后动作的回路。

图7.42所示为用延时阀来实现液压缸3和液压缸4工作行程的顺序动作回路。当阀1电磁铁通电，左位接入回路后，液压缸3实现动作①；同时压力油进入延时阀2中的节流阀B，推动液动阀A缓慢左移，延续一定时间后，接通油路a、b，油液才进入液压缸4，实现动作②。通过调节节流阀开度，可以调节液压缸3和液压缸4先后动作的时间差。当阀1电磁铁断电时，压力油同时进入液压缸3和液压缸4右腔，使两液压缸反向，实现动作③。由于通过节流阀的流量受负载和温度的影响，所以延时不易准确，一般要与行程控制方式配合使用。

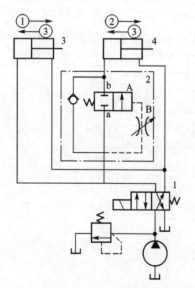

图7.42 用延时阀的时间控制顺序动作回路
1—二位四通阀 2—延时阀 3、4—液压缸

7.5.2 同步回路

同步回路的功用是保证系统中的两个或多个液压缸（马达）在运动中以相同的位移或相同的速度（或固定的速比）运动。在多缸系统中，影响同步精度的因素很多，如液压缸的外负载、泄漏、摩擦阻力、制造精度、结构弹性变形以及油液中含气量，都会使运动不同步。为此，同步回路应尽量克服或减少上述因素的影响。

同步运动分速度同步和位置同步两类：前者是指各液压缸的运动速度相同，后者是要求各缸在运动中和停止时位置处处相同。有的机构仅要求终点位置同步。

1. 采用同步缸和同步马达的容积式同步回路

容积式同步回路是将两相等容积的油液分配到尺寸相同的两执行元件，实现两执行元件的同步。这种回路允许较大偏载，由偏载造成的压差不影响流量的改变，而只有因油液压缩和泄漏造成的微量偏差。因而同步精度高，系统效率高。

图 7.43 所示为采用同步液压马达(分流器)的同步回路。两个等排量的双向马达同轴刚性连接作配流装置(分流器)，它们输出相同流量的油液分别送入两个有效工作面积相同的液压缸中，实现两液压缸同步运动。图 7.43 中，与马达并联的节流阀 5 用于修正同步误差。本回路常用于重载、大功率同步系统。

图 7.44 所示为采用同步液压缸的同步回路。同步液压缸 3 由两个尺寸相同的双杆液压缸连接而成，当同步液压缸的活塞左移时，油腔 a 与 b 中的油液使液压缸 1 与液压缸 2 同步上升。若液压缸 1 的活塞先到达终点，则油腔 a 的余油经单向阀 4 和安全阀 5 排回油箱，油腔 b 的油继续进入液压缸 2 下腔，使之到达终点。同理，若缸 2 的活塞先到达终点，也可使液压缸 1 的活塞相继到达终点。

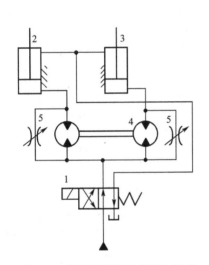
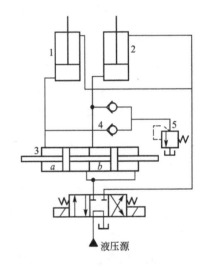

图 7.43　同步液压马达的同步回路　　　　图 7.44　同步液压缸的同步回路
1、2—液压缸　4—单向阀　5—安全阀　　　　1、2、3—液压缸　4—单向阀　5—安全阀

这种同步回路的同步精度取决于液压缸的加工精度和密封性，一般可达到 1‰～2‰。由于同步液压缸一般不宜做得过大，所以这种回路仅适用于小容量的场合。

2. 采用带补偿装置的串联缸同步回路

如图 7.45 所示，液压缸 1 的有杆腔 A 的有效面积与液压缸 2 的无杆腔 B 的面积相等，因此从 A 腔排出的油液进入 B 腔后，两液压缸便同步下降。由于执行元件的制造误差、内泄漏以及气体混入等因素的影响，在多次行程后，将使同步失调累积为显著的位置上的差异。为此，回路中设有补偿措施，使同步误差在每一次下行运动中都得到消除。其补偿原理是：当三位四通换向阀 6 右位工作时，两液压缸活塞同时下行，若液压缸 1 活

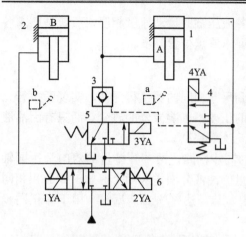

图 7.45 带补偿装置的串联缸同步回路
1、2—液压缸 3—液控单向阀
4、5—换向阀 6—三位四通换向阀

塞先下行到终点,将触动行程开关 a,使换向阀 5 的电磁铁 3YA 通电,换向阀 5 处于右位,压力油经换向阀 5 和液控单向阀 3 向液压缸 2 的 B 腔补油,推动液压缸 2 活塞继续下行到终点。反之,若液压缸 2 活塞先运动到终点,则触动行程开关 b,使换向阀 4 的电磁铁 4YA 通电,换向阀 4 处于上位,控制压力油经换向阀 4,打开液控单向阀 3,液压缸 1 下腔油液经液控单向阀 3 及换向阀 5 流回油箱,使液压缸 1 活塞继续下行至终点。这样两液压缸活塞位置上的误差即被消除。这种同步回路结构简单、效率高,但需要提高泵的供油压力,一般只适用于负载较小的液压系统中。

3. 采用流量阀控制的同步回路

图 7.46 所示为采用并联调速阀的同步回路。液压缸 5、6 并联,调速阀 1、3 分别串联在两液压缸的回油路上(也可安装在进油路上)。两个调速阀分别调节两液压缸活塞的运动速度。由于调速阀具有当外负载变化时仍然能够保持流量稳定这一特点,所以只要仔细调整两个调速阀开口的大小,就能使两个液压缸保持同步。换向阀 7 处于右位时,压力油可通过单向阀 2、4 使两液压缸的活塞快速退回。这种同步回路的优点是结构简单,易于实现多缸同步,同步速度可以调整,而且调整好的速度不会因负载变化而变化,但是这种同步回路只是单方向的速度同步,同步精度也不理想,效率低,且调整比较麻烦。

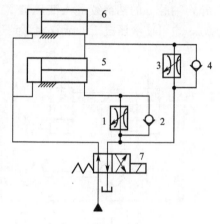

图 7.46 并联调速阀的同步回路
1、3—调速阀
2、4—单向阀 5、6—液压缸

4. 采用分流集流阀控制的同步回路

图 7.47 所示是采用分流集流阀控制的速度同步回路。这种同步回路较好地解决了同步效果不能调整或不易调整的问题。

图 7.47 中,液压缸 1 和 2 的有效工作面积相同。分流阀阀口的入口处有两个尺寸相同的固定节流器 4 和 5,分流阀的出口 a 和 b 分别接在两个液压缸的入口处,固定节流器与油源连接,分流阀阀体内并联了单向阀 6 和 7。阀口 a 和 b 是调节压力的可变节流口。

当二位四通阀 9 处于左位时,压力为 p_s 的压力油经过固定节流器,再经过分流阀上的 a 和 b 两个可变节流口,进入液压缸 1 和 2 的无杆腔,两液压缸的活塞向右运动。当作用在两液压缸的负载相等时,分流阀 8 的平衡阀芯 3 处于某一平衡位置不动,阀芯两端压力相等,即 $p_a = p_b$,固定节流器上的压力降保持相等,进入液压缸 1 和 2 的流量相等,所以液压缸 1、2 以相同的速度向右运动。如果液压缸 1 上的负载增大,分流阀左端的压力 p_a 上升,阀芯 3 右移,a 口加大,b 口减小,使压力 p_a 下降，p_b 上升，直到达到一个新的平衡位置时，再次达到 $p_a = p_b$，阀芯不再运动，此时固定节流器 4、5 上的压力降保持相等，液压缸速度仍然相等，保持速度同步。当电磁阀 9 断电复位时，液压缸 1 和 2 活塞反向运动，回油经单向阀 6 和 7 排回油箱。

分流集流阀只能实现速度同步。若某液压缸先到达行程终点，则可经阀内节流孔窜油，使各液压缸都能到达终点，从而消除积累误差。分流集流阀的同步回路简单、经济，纠偏能力大，同步精度可达 1%～3%。但分流集流阀的压力损失大，效率低，不适用于低压系统，而且其流量范围较窄。当流量低于阀的公称流量过多时，分流精度显著降低。

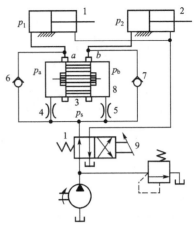

图 7.47 分流集流阀控制的速度同步回路
1、2—液压缸 3—平衡阀芯 4、5—固定
节流器 6、7—单向阀 8—分流阀

5. 采用电液比例调速阀或电液伺服阀的同步回路

如图 7.48 所示，回路中使用一个普通调速阀和一个电液比例调速阀（它们各自装在由单向阀组成的桥式节流油路中）分别控制着液压缸 3 和液压缸 4 的运动，当两活塞出现位置误差时，检测装置就会发出信号，调节比例调速阀的开度，实现同步。

如图 7.49 所示，伺服阀 6 根据两个位移传感器 3 和 4 的反馈信号持续不断地控制其阀口的开度，使通过的流量与通过换向阀 2 阀口的流量相同，从而保证两液压缸同步运动。此回路可使两液压缸活塞在任何时候的位置误差都不超过 0.05～0.2mm，但因伺服阀必须通过与换向阀同样大的流量，因此规格尺寸大、价格贵。此回路适用于两液压缸相距较远而同步精度要求很高的场合。

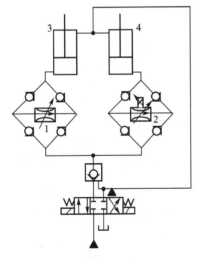

图 7.48 用比例调速阀的同步回路
1，2—调整阀 3，4—液压缸

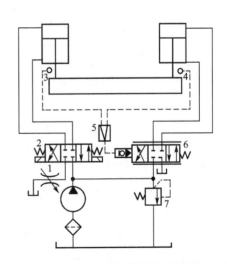

图 7.49 用电液伺服阀的同步回路
1—节流阀 2—换向阀 3，4—位移传感器
5，6—伺服阀 7—溢流阀

7.5.3 多缸工作时互不干涉回路

这种回路的功能是使系统中几个液压执行元件在完成各自工作循环时,彼此互不影响。在图 7.50 所示的回路中,液压缸 11、12 分别要完成快速前进、工作进给和快速退回的自动工作循环。液压泵 1 为高压小流量泵,液压泵 2 为低压大流量泵,它们的压力分别由溢流阀 3 和 4 调节(调定压力 $p_{y3} > p_{y4}$)。开始工作时,电磁换向阀 9、10 的电磁铁 1YA、2YA 同时通电,液压泵 2 输出的压力油经单向阀 6、8 进入液压缸 11、12 的左腔,使两液压缸活塞快速向右运动。这时如果某一液压缸(如液压缸 11)的活塞先到达要求位置,其挡铁压下行程阀 15,液压缸 11 右腔的工作压力上升,单向阀 6 关闭,液压泵 1 提供的油液经调速阀 5 进入液压缸 11,液压缸的运动速度下降,转换为工作进给,液压缸 12 仍可以继续快速前进。当两液压缸都转换为工作进给后,可使液压泵 2 卸荷(图中未表示卸荷方式),仅液压泵 1 向两液压缸供油。如果某一液压缸(如液压缸 11)先完成工作进给,其挡铁压下行程开关 16,使电磁线圈 1YA 断电,此时液压泵 2 输出的油液可经单向阀 6、电磁阀 9 和单向阀 13 进入液压缸 11 右腔,使活塞快速向左退回(双泵供油),液压缸 12 仍单独由液压泵 1 供油继续进行工作进给,不受液压缸 11 运动的影响。

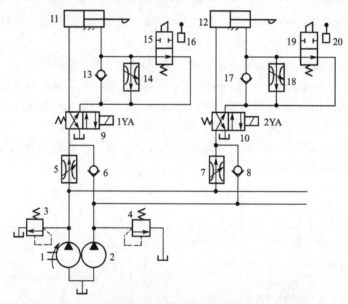

图 7.50 双泵供油的多缸快慢速互不干扰回路
1—高压小流量泵 2—低压大流量泵 3、4—溢流阀 5、7、14、18—调速阀
6、8、13、17—单向阀 9、10—电磁换向阀 11、12—液压缸 15—行程阀 16—行程开关

在这个回路中调速阀 5、7 调节的流量大于调速阀 14、18 调节的流量,这样两液压缸工作进给的速度分别由调速阀 14、18 决定。实际上,这种回路由于快速运动和慢速运动各由一个液压泵分别供油,所以能够达到两液压缸的快、慢运动互不干扰。

 习 题

1. 试说明由行程阀与液动阀组成的自动换向回路的工作原理如图 7.51 所示。

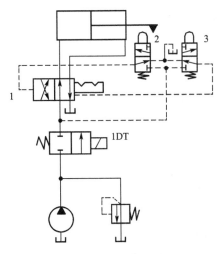

图 7.51 自动换向回路

2. 在图 7.52 所示的双向差动回路中，A_1、A_2 和 A_3 分别为液压缸左右腔和柱塞缸的工作面积，且 $A_1 > A_2$，$A_2 + A_3 > A_1$，输入流量为 q。试问图示状态液压缸的运动方向及正反向速度各多大？

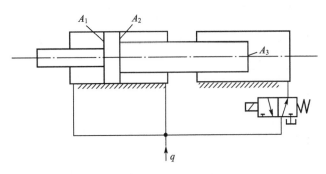

图 7.52 双向差动回路

3. 3 个溢流阀的调定压力如图 7.53 所示。试问泵的供油压力有几级？数值各多大？

4. 在 3 种采用节流阀的节流调速回路中，在节流阀口从全开到逐渐关小的过程中是否都能调节液压缸的速度？溢流阀是否都处于溢流稳压工作状态？节流阀口能起调速作用的通流面积临界值 A_{Tcr} 为多大？设负载为 F，液压缸左右两腔的工作面积分别为 A_1、A_2，液压泵的流量为 q（理论流量为 q_{tP}，泄漏系数为 k_l，溢流阀的调定压力为 p_Y，不计调压偏差），油液密度为 ρ，节流阀口看作是薄壁孔，流量系数为 C_q。

5. 图 7.54 所示的液压泵输出流量 $q_p = 10 \text{L/min}$。液压缸的无杆腔面积 $A_1 = 50 \text{cm}^2$，有杆腔面积 $A_2 = 25 \text{cm}^2$。溢流阀的调定压力 $p_y = 2.4 \text{MPa}$。负载 $F = 10 \text{kN}$。节流阀口视为薄壁孔，流量系数 $C_q = 0.62$。油液密度 $\rho = 900 \text{kg/m}^3$。试求：(1) 节流阀口通流面积 A_T 为 0.05cm^2 和 0.01cm^2 时的缸速 v、泵压 p_P、溢流功率损失 ΔP_y 和回路效率 η。(2) 当 $A_T = 0.01 \text{cm}^2$ 和 0.02cm^2 时，若负载 $F = 0$，则泵压和液压缸的两腔压力 p_1 和 p_2 多大？(3) 当 $F = 10 \text{kN}$ 时，若节流阀最小稳定流量为 $50 \times 10^{-3} \text{L/min}$，对应的 A_T 和缸速 $v_{\min}$ 多大？若将回路改为进油节流调速回路，则 A_T 和 $v_{\min}$ 多大？两项比较说明什么问题？

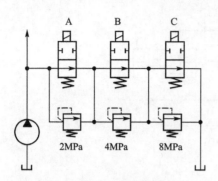
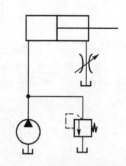

图 7.53　节流调速回路　　　　图 7.54　回路节流调速回路

6. 能否用普通的定值减压阀后面串联节流阀来代替调速阀工作？在 3 种节流调速回路中试用，其结果会有什么差别？为什么？

7. 如图 7.55 所示，A、B 为完全相同的两个液压缸，负载 $F_1 > F_2$。已知节流阀能调节液压缸速度并不计压力损失。试判断图 7.55(a) 和图 7.55(b) 中，哪个液压缸先动？哪个缸速度快？说明原因。

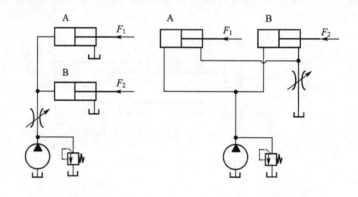

(a) 进油节流调速回路　　　　(b) 回油节流调速回路

图 7.55　节流调速回路

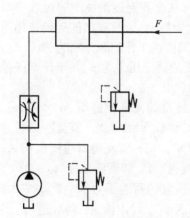

图 7.56　进油节流调速回路

8. 图 7.56 所示为采用调速阀的进油节流调速回路，回油腔加背压阀，负载 $F = 9000\text{N}$。液压缸的两腔面积 $A_1 = 50\text{cm}^2$，$A_2 = 20\text{cm}^2$。背压阀的调定压力 $p_b = 0.5\text{MPa}$。泵的供油流量 $q = 30\text{L/min}$。不计管道和换向阀压力损失。试问：

(1) 欲使缸速恒定。不计调压偏差，溢流阀最小调定压力 p_y 多大？

(2) 卸荷时能量损失多大？

(3) 背压若增加了 Δp_b，溢流阀定压力的增量 Δp_y 应有多大？

9. 如图 7.57 所示，双泵供油、差动快进—工进速度换接回路有关数据如下：泵的输出流量 $q_1 = 16\text{L/min}$，

$q_2=16\text{L/min}$,所输油液的密度 $\rho=900\text{kg/m}^3$,运动粘度 $\nu=20\times10^{-6}\text{m}^2/\text{s}$;缸的大小腔面积 $A_1=100\text{cm}^2$, $A_2=60\text{ cm}^2$;快进时的负载 $F=1\text{kN}$;油液流过方向阀时的压力损失 $\Delta p_v=0.25\text{MPa}$,连接液压缸两腔的油管 ABCD 的内径 $d=1.8\text{cm}$,其中 ABC 段因较长($L=3\text{m}$),计算时需计其沿程压力损失,其他损失及由速度、高度变化形成的影响皆可忽略。试求:(1)快进时液压缸速度 v 和压力表读数。(2)工进时若压力表读数为 8MPa,此时回路承载能力多大(因流量小,不计损失)?液控顺序阀的调定压力宜选多大?

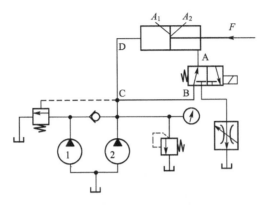

图 7.57 双泵供油、差动快进—工进速度换接回路

10. 图 7.58 所示的调速回路中,泵的排量 $V_P=105\text{ml/r}$,转速 $n_P=1000\text{r/min}$,容积效率 $\eta_{vP}=0.95$。溢流阀调定压力 $p_y=7\text{MPa}$。液压马达排量 $V_M=160\text{ml/r}$,容积效率 $\eta_{vM}=0.95$,机械效率 $\eta_{mM}=0.8$,负载扭矩 $T=16\text{N}\cdot\text{m}$。节流阀最大开度 $A_{T\max}=0.2\text{cm}^2$(可视为薄刃孔口),其流量系数 $C_q=0.62$,油液密度 $\rho=900\text{kg/m}^2$。不计其他损失。试求:(1)通过节流阀的流量和液压马达的最大转速 $n_{M\max}$、输出功率 P 和回路效率 η,并解释为何效率很低?(2)若将 p_y 提高到 8.5MPa,$n_{M\max}$ 将为多大?

11. 试说明在图 7.59 所示的容积调速回路中单向阀 A 和 B 的功用。在液压缸正反向移动时,为向系统提供过载保护,安全阀应如何接?试作图表示之。

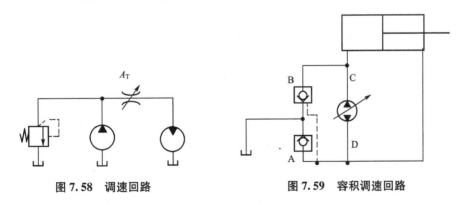

图 7.58 调速回路　　图 7.59 容积调速回路

12. 在图 7.60 所示的液压回路中,限压式变量叶片泵调定后的流量压力特性曲线如右图所示,调速阀调定的流量为 2.5L/min,液压缸两腔的有效面积 $A_1=2A_2=50\text{cm}^2$,不计管路损失,求:

(1)液压缸的左腔压力 p_1;

(2) 当负载 $F=0$ 和 $F=9000\text{N}$ 时的右腔压力 p_2；
(3) 设泵的总效率为 0.75，求系统的总效率。

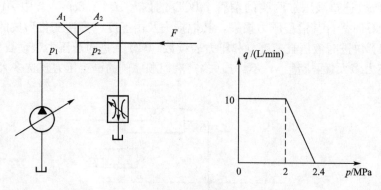

图 7.60　液压回路

第 8 章 典型液压传动系统

教学提示

液压传动因其输出力大,易于实现自动化等优点而在各种机械设备上有着广泛的应用。本章将通过几个不同类型的典型液压系统,介绍液压系统在各行各业中的应用,进一步熟悉组成系统的液压元件和基本回路,为液压系统的设计、调整、使用、维护奠定基础。

任何液压系统的分析都必须针对主机的工作性能要求,才能正确分析、了解系统的组成、元件的作用和各部分之间的相互联系。一个较复杂的液压系统,大致可按以下步骤分析。

(1) 了解设备的工艺对液压系统的动作要求。

(2) 了解系统的组成元件,并以各执行元件为核心将系统分为若干子系统。

(3) 分析各子系统,根据执行元件动作要求,搞清楚其中含有哪些基本回路,并根据各执行元件动作循环读懂子系统。

(4) 根据设备工作要求分析各执行元件间实现互锁、同步、防干扰等要求的方法以及各子系统之间的联系。

(5) 总结归纳系统的特点,加深理解。

教学要求

通过本章的学习,使学生了解工业上常用的各种液压回路的连接形式和特点,能对各种典型液压回路的工作状态和各个液压元件的动作顺序进行正确分析。

液压系统种类繁多，应用广泛。在学习完液压基本回路后，就能根据机械设备的具体工作要求，选用适当的液压基本回路组合达到工作需求了。本章将介绍一些典型的液压回路，以更好地加深对液压基本回路及其应用的理解。

8.1 组合机床动力滑台液压系统

动力滑台是组合机床上实现进给运动的一种通用部件，配上动力头和主轴箱后可以对工件完成各类孔的钻、镗、铰加工和端面铣削加工等工序。液压动力滑台用液压缸驱动，在电气和机械装置的配合下可以实现一定的工作循环。它对液压系统性能的主要要求是速度换接平稳，进给速度稳定，功率利用合理，效率高，发热少。

8.1.1 YT4543型动力滑台液压系统

YT4543型动力滑台的工作进给速度范围为6.6～660mm/min，最大快进速度为7300mm/min，最大推力为45kN。YT4543型动力滑台液压系统原理图如图8.1所示，该系统可实现的工作循环是：快进→一工进→二工进→死挡铁停留→快退→原位停止，其元件动作顺序见表8-1，其工作情况分析如下。

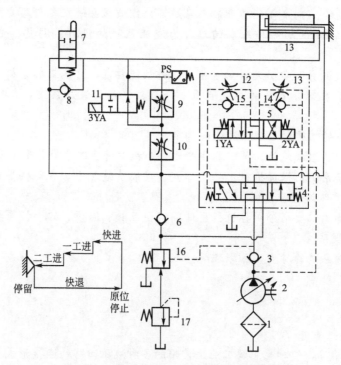

图 8.1 YT4543型动力滑台液压系统原理图
1—过滤器 2—变量泵 3,6,8,14,15—单向阀 4—液动阀 5—先导电磁阀
7—行程阀 9,10—调速阀 11—电磁阀 12,13—节流阀
16—顺序阀 17—背压阀

表 8-1 元件动作顺序表

动作\元件	1YA	2YA	3YA	PS	行程阀
快进	+				通
一工进	+				断
二工进	+		+		断
死挡铁停留	+		+	+	断
快退		+			断→通
原位停止					通

注：表中的"+"表示电磁铁得电，其余为电磁铁失电。

1. 快进

按下启动按钮，电磁铁 1YA 首先通电，先导电磁阀 5 的左位接入系统，由泵 2 输出的压力油液经先导电磁阀 5 的左位进入液动阀 4 的左侧，推动阀芯运动，使液动阀 4 换至左位工作，液动阀 4 右侧的控制油经阀 5 流回油箱。这时系统中主油路的油液流动线路如下。

进油路：变量泵 2→单向阀 3→液动阀 4 左位→行程阀 7→液压缸左腔(无杆腔)。

回油路：液压缸右腔→液动阀 4 左位→单向阀 6→行程阀 7→液压缸左腔(无杆腔)。

因为快进时滑台液压缸负载小，系统压力低，外控顺序阀 16 关闭，这样液压缸右腔的回油和液压泵出口处的油液一起进入液压缸左腔，液压缸为差动连接。又因变量泵 2 在低压下输出流量大，所以滑台为低压快速进给。

2. 一工进

当滑台快速前进到预定位置时，滑台上的液压挡块压下行程阀 7，切断快进油路。此时，电磁铁 1YA 通电，其控制油路未变，液动阀 4 左位仍接入系统；电磁阀 11 的电磁铁 3YA 仍处于断电状态，进油路经调速阀 10 进入液压缸左腔，因工作进给时要带动负载，使主系统压力升高，外控顺序阀 16 被打开，单向阀 6 关闭，液压缸右腔的油液经顺序阀 16 和背压阀 17 流回油箱。系统中油液的流动线路如下。

进油路：变量泵 2→单向阀 3→液动阀 4 左位→调速阀 10→电磁阀 11 左位→液压缸左腔。

回油路：液压缸右腔→液动阀 4 左位→外控顺序阀 16→背压阀 17→油箱。

因工作进给使系统压力升高，变量泵 2 的流量会自动减少，以便与调速阀 10 的开口相适应，动力滑台作第一次工作进给。

3. 二工进

当滑台以一工进速度运动到一定位置时，动力滑台压下电气行程开关，使电磁铁 3YA 通电，电磁阀 11 处于油路断开位置，这时进油路须经过调速阀 10 和调速阀 9 两个调速阀，实现第二次工作进给，进给量大小由调速阀 9 调定。而调速阀 9 调节的进给速度应小于调速阀 10 的工作进给速度，即调速阀 9 的开口应小于调速阀 10 的开口。这时系统中油液的流动线路如下。

进油路：变量泵 2→单向阀 3→液动阀 4 左位→调速阀 10→调速阀 9→液压缸左腔。

回油路：与一工进回油路相同。

4. 死挡铁停留

动力滑台以二工进速度运动行程终了碰到死挡铁时，不再前进，而变量泵仍在继续在供油，这样系统压力进一步升高，直到变量泵输出流量只能够补充系统泄漏时，压力不再升高，变量泵处于流量卸荷状态，同时在系统压力达到压力继电器 PS 调定压力时，使压力继电器动作而发出信号给控制电路中的时间继电器，使滑台在停留一定时间后开始下一个动作。调整时间继电器可调整希望停留的时间。

5. 快退

滑台停留一定时间后，时间继电器发出信号，动力滑台快速退回。电磁铁 1YA、3YA 断电，2YA 通电，先导电磁阀 5 的右位接入控制油路，使液动阀 4 右位接入主油路。这时主油路油液的流动情况如下。

进油路：变量泵 2→单向阀 3→液动阀 4 右位→液压缸右腔。
回油路：液压缸左腔→单向阀 8→液动阀 4→油箱。
这时系统压力较低，变量泵 2 输出流量大，动力滑台快速返回。

6. 原位停止

当动力滑台快速退回到原始位置时，挡块压下原位行程开关，使电磁铁 2YA 断电，先导电磁阀 5 和液动阀 4 都处于中位位置，液压缸失去动力来源，液压滑台停止运动。这时，变量泵输出油液经单向阀 3 和液控换向阀 4 中位流回油箱，液压泵卸荷。

由上述分析可知，外控顺序阀 16 在动力滑台快进时必须关闭，工进时必须打开，因此，外控顺序阀 16 的调定压力应介于快进时的系统压力和工进时的系统压力之间。

单向阀 3 除有保护液压泵免受液压冲击的作用外，主要是在系统卸荷时使电液换向阀的先导控制油路有一定的控制压力，确保实现换向动作。

8.1.2 YT4543 型动力滑台液压系统的特点

（1）采用限压式变量泵和调速阀组成容积节流进油路调速回路，减少了功率损失，并具有较好的调速刚性和较大的工作速度调节范围；在回油路上设置了背压阀，使动力滑台能获得稳定的低速运动。

（2）采用限压式变量泵和差动连接回路实现快进，能量利用比较合理。工进时变量泵只输出与液压缸工进速度相适应的流量；死挡铁停留时，变量泵只输出补偿泵及系统泄漏所需要的流量。系统无溢流损失，效率高。

（3）采用行程阀和顺序阀实现快进与工进的速度切换，动作平稳可靠、无冲击，转换位置精度高。两个工进速度的换接由于是在两个串联的调速阀之间变换，可以保证换接精度。

（4）动力滑台在死挡铁位置停留时，位置精度高，适用于镗端面、镗阶梯孔、锪孔和锪端面等工序使用；压力升高时，可以利用压力继电器发信号，控制下一步动作。

8.2 压力机液压系统

液压压力机是一种利用液压静压来加工金属、塑料、橡胶、粉末制品等的机械，在许多工业部门都得到广泛的应用。压力机的类型很多，其中四柱式液压机最为典型，应用也最广泛。这里简略介绍 YB32-200 型液压机液压系统的工作情况。

这种液压机在它的四个圆柱导柱之间安置有上、下两个液压缸，上液压缸驱动上滑

第8章 典型液压传动系统

块，实现"快速下行→慢速加压→保压延时→快速返回→原位停止"的动作循环；下液压缸驱动下滑块，实现"向上顶出→向下退回→原位停止"的动作循环。图8.2所示为该液压机的动作循环图。

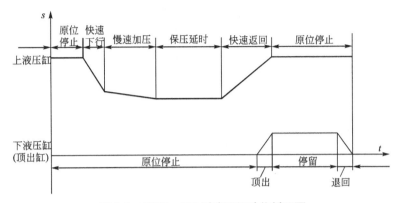

图8.2　YB32-200型液压机动作循环图

8.2.1　YB32-200型液压机的液压系统

在YB32-200型液压机上，可以进行冲剪、弯曲、翻边、拉深、装配、冷挤、成型等多种加工工艺。图8.3所示为这种液压机的液压系统图，表8-2为YB32-200型液压机的动作循环表。

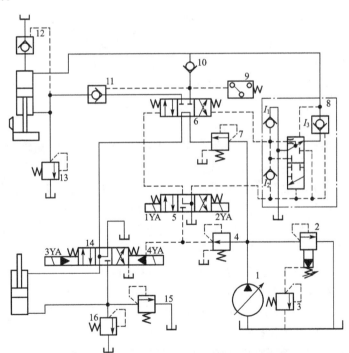

图8.3　YB32-200型液压机液压系统图

1—液压泵　2—先导式溢流阀　3—远程调压阀　4—减压阀　5—先导阀
6—上缸换向阀　7—顺序阀　8—释压阀　9—压力继电器　10—单向阀
11，12—液控单向阀　13，15，16—背压阀　14—下缸换向阀

表 8-2 YB32-200 型液压机液压系统的动作循环表

动作名称		信号来源	液压元件工作状态			
			先导阀 5	上液压缸换向阀 6	下液压缸换向阀 14	释压阀 8
上滑块	快速下行	1YA 通电	左位	左位	中位	上位
	慢速加压	上滑块接触工件				
	保压延时	压力继电器发信 1YA 断电	中位	中位		
	释压换向	时间继电器发信 2YA 通电	右位			下位
	快速返回			右位		
	原位停止	行程开关发信 2YA 断电				
下滑块	向上顶出	4YA 通电	中位	中位	右位	上位
	停留	下活塞触及缸盖				
	向下返回	4YA 断电、3YA 通电			左位	
	原位停止	3YA 断电			中位	

1. 液压机上滑块的工作原理

(1) 快速下行。电磁铁 1YA 通电，先导阀 5 和上缸主换向阀 6 左位接入系统，压力油进入上液压缸上腔，同时液控单向阀 11 被打开，上液压缸下腔油液可以经液控单向阀 11 流回油箱，上液压缸快速下行。这时，系统中油液流动的情况如下。

进油路：液压泵→顺序阀 7→上缸换向阀 6（左位）→单向阀 10→上液压缸上腔。

回油路：上液压缸下腔→液控单向阀 11→上缸换向阀 6（左位）→下缸换向阀 14（中位）→油箱。

上滑块在自重作用下迅速下降。由于液压泵的流量较小，这时油箱中的油经液控单向阀 12（也称补油阀）也流入上液压缸上腔进行补油。

(2) 慢速加压。上滑块开始接触工件后，上液压缸上腔压力升高，使液控单向阀 12 关闭，加压速度便由液压泵流量来决定，油液流动情况与快速下行时相同。

(3) 保压延时。当系统中压力升高到压力继电器 9 设定压力时，压力继电器 9 发出电信号，控制电磁铁 1YA 断电，先导阀 5 和上缸换向阀 6 都处于中位，此时系统进入保压。保压时间由电气控制线路中的时间继电器（图 8.3 中未画出）控制。保压时除了液压泵在较低压力下卸荷外，系统中没有油液流动。液压泵卸荷的油路如下。

液压泵→顺序阀 7→上液压缸换向阀 6（中位）→下液压缸换向阀 14（中位）→油箱。

(4) 快速返回。时间继电器延时到时后，保压结束，电磁铁 2YA 通电，先导阀 5 右位接入系统，释压阀 8 使上液压缸换向阀 6 也以右位接入系统（下文说明）。这时，液控单向阀 12 被打开，上液压缸快速返回。油液流动情况如下。

进油路：液压泵→顺序阀 7→上液压缸换向阀 6（右位）→液控单向阀 11→上液压缸下腔。

回油路：上液压缸上腔→液控单向阀 12→油箱。

(5) 原位停止。当上滑块上升至挡块撞上原位行程开关时，电磁铁 2YA 断电，先导阀 5 和上液压缸换向阀 6 都处于中位。这时上液压缸停止不动，液压泵在较低压力下卸荷。

液压系统中的释压阀 8 是为了防止保压状态向快速返回状态转变过快，在系统中引起压力冲击而使上滑块动作不平稳而设置的，它的主要功用是：在上液压缸上腔释压后，压力油才能通入该缸下腔。其工作原理如下：在保压阶段，这个阀上位接入系统；当电磁铁 2YA 通电，先导阀 5 右位接入系统时，控制油路中的压力油虽到达释压阀 8 阀芯的下端，但由于其上端的高压未曾释放，阀芯不动。而液控单向阀 I_3 是可以在控制压力低于其主油路压力下打开的，因此有如下工作顺序。

上液压缸上腔→液控单向阀 I_3→释压阀 8(上位)→油箱。

于是上液压缸上腔的压力便被卸除，释压阀阀芯向上移动，以其下位接入系统；控制油路中的压力油输到上液压缸换向阀 6 阀芯右端，使该阀右位接入系统，以便实现上滑块的快速返回。由图 8.3 可见，上液压缸换向阀 6 在由左位转换到中位时，阀芯右端由油箱经单向阀 I_1 补油；在由右位转换到中位时，阀芯右端的油经单向阀 I_2 流回油箱。

2. 液压机下滑块的工作原理

(1) 向上顶出。当电磁铁 4YA 通电时。

进油路：液压泵→顺序阀 7→上液压缸换向阀 6(中位)→下液压缸换向阀 14(右位)→下液压缸下腔，下液压缸活塞向上运动，下滑块顶出。

回油路：下液压缸上腔→下液压缸换向阀 14(右位)→油箱。

下滑块上移至下液压缸中活塞碰上液压缸盖时，便停在这个位置上。

(2) 向下退回。当电磁铁 4YA 断电、3YA 通电时。

进油路：液压泵→顺序阀 7→上液压缸换向阀 6(中位)→下液压缸换向阀 14(左位)→下液压缸上腔，下液压缸活塞向下运动，下滑块退回。

回油路：下液压缸下腔→下液压缸换向阀 14(左位)→油箱。

(3) 原位停止。电磁铁 3YA、4YA 都断电，下液压缸换向阀 14 处于中位。

3. 液压机拉深压边的工作原理

有些模具工作时需要对工件进行压紧拉深。当在压力机上用模具作薄板拉深压边时，要求下滑块上升到一定位置实现上下模具的合模，使合模后的模具既保持一定的压力将工件夹紧，又能使模具随上滑块的下压而下降(压边)。这时，换向阀 14 处于中位，由于上液压缸的压紧力远远大于下液压缸向上的上顶力，上液压缸滑块下压时下液压缸活塞被迫随之下行。上液压缸下腔的油液进入下液压缸上腔，下液压缸下腔的油经下液压缸溢流阀 16 流回油箱，这样可以通过调整溢流阀 16 的开启压力值来调整所需的下液压缸上顶力。

8.2.2 YB32-200 型液压机液压系统的特点

(1) 系统使用一个高压轴向柱塞式变量泵供油。系统压力由远程调压阀 3 调定。
(2) 系统中的顺序阀 7 规定了液压泵必须在 2.5MPa 的压力下卸荷，从而使控制油路能确保具有一定的控制压力;而在系统压力过高时,用减压阀 4 来降低控制油路压力。

(3) 系统采用了专用的 QF1 型释压阀来实现上滑块快速返回时上缸换向阀的换向,保证液压机动作平稳,不会在换向时产生液压冲击和噪声。

(4) 系统利用管道和油液的弹性变形来实现保压,方法简单,但对液控单向阀和液压缸等元件的密封性能要求高。

(5) 系统中上、下两液压缸的动作协调是由两个换向阀互锁来保证的。

(6) 系统中的两个液压缸各设有一个安全阀进行过载保护。

8.3 汽车起重机液压系统

汽车起重机是将起重机安装在汽车底盘上的一种起重运输设备。它主要由起升、回转、变幅、伸缩和支腿等工作机构组成,这些工作机构动作的完成由液压系统来实现。对于汽车起重机的液压系统,一般要求输出力大,动作要平稳,耐冲击,操作要灵活、方便、可靠、安全。

8.3.1 汽车起重机液压系统

图 8.4 所示为 Q2-8 型汽车起重机外形简图。这种起重机采用液压传动,最大起重量 80kN(幅度 3m 时),最大起重高度为 11.5m、起重装置连续回转。该机具有较高的行走速度,可与装运工具的车编队行驶,机动性好。当装上附加吊臂后(图中未表示),可用于建筑工地吊装预制件,吊装的最大高度为 6m。液压起重机承载能力大,可在有冲击、振动、温度变化大和环境较差的条件下工作。其执行元件要求完成的动作比较简单、位置精度较低。因此液压起重机一般采用中、高压手动控制系统,以方便操纵,同时系统对安全性要求也较高。

图 8.5 所示为 Q2-8 型汽车起重机液压系统原理图。该系统的液压泵由汽车发动机通过装在汽车底盘变速箱上的取力箱传动。液压泵工作压力为 21MPa,排量为 40mL,转速为 1500r/min。液压泵通过中心回转接头从油箱吸油,输出的压力油经手动阀组 A 和 B 输送到各个执行元件。溢流阀 12 是安全阀,用于防止系统过载,调整压力为 19MPa,其实际工作压力可由压力表读取。这是一个单泵、开式、串联(串联式多路阀)液压系统。

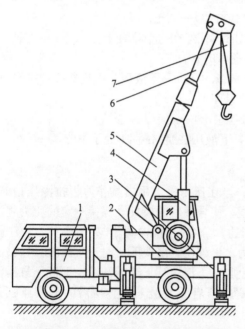

图 8.4 Q2-8 型汽车起重机外形图
1—载重汽车 2—回转机构 3—支腿
4—吊臂变幅缸 5—基本臂
6—伸缩吊臂 7—起升机构

第8章 典型液压传动系统

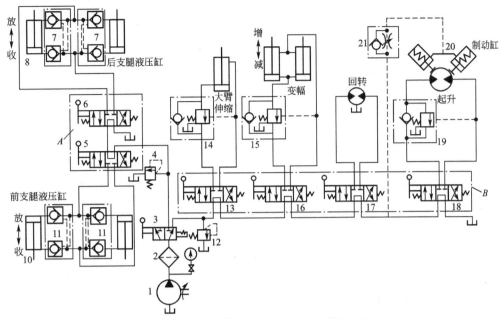

图8.5 Q2-8型汽车起重机液压系统原理图

1—液压泵 2—滤油器 3—二位三通手动换向阀 4、12—溢流阀
5、6、13、16、17、18—三位四通手动换向阀 7、11—液压阀 8—后支腿缸
9—锁紧缸 10—前支腿缸 14、15、19—平衡阀 20—制动缸 21—单向节流阀

系统中除液压泵、过滤器、安全阀、阀组A及支腿部分外,其他液压元件都装在可回转的上车部分。其中油箱也在上车部分,兼作配重。上车和下车部分的油路通过中心回转接头(液压系统原理图中未表示)连通。

起重机液压系统包含支腿收放、回转机构、起升机构、吊臂变幅等5个部分,各部分都有相对的独立性。

1. 支腿收放回路

由于汽车轮胎的支承能力有限,在起重作业时必须放下支腿,使汽车轮胎架空,形成一个固定的工作基础平台。汽车行驶时则必须收回支腿。前后各有两条支腿,每一条支腿的伸缩运动由一个液压缸驱动。两条前支腿用一个三位四通手动换向阀5控制其收放,而两条后支腿则用另一个三位四通阀6控制。换向阀都采用M型中位机能,油路上是串联的。每一个油缸都配有一个双向液压锁,以保证支腿被可靠地锁住,防止在起重作业过程中发生"软腿"现象(液压缸上腔油路泄漏引起)或行车过程中液压支腿自行下落(液压缸下腔油路泄漏引起)。

2. 起升回路

起升机构要求所吊重物可升降或在空中停留。速度要平稳、变速要方便、冲击要小、启动转矩和制动力要大,本回路中采用ZMD40型柱塞液压马达带动重物升降,换向通过操纵手动换向阀18来实现,变速主要通过改变发动机的转速来调节。用液控单向顺序阀(平衡阀)19来限制重物自由下降;单作用液压缸20是制动缸;单向节流阀21有两个作用,一是保证液压油先进入马达,使马达产生一定的转矩,再解除制动,以防止重物带动马达旋转而向下滑;二是保证吊物升降停止时,制动缸中的油马上与油箱相通,使马达迅速制动。

起升重物时，手动阀 18 切换至左位工作，液压泵 1 输出的油经过滤器 2、换向阀 3 右位、换向阀 13 中位、换向阀 16 中位、换向阀 17 中位、换向阀 18 左位、平衡阀 19 中的单向阀进入马达左腔。同时压力油经单向节流阀到制动液压缸 20，从而解除制动，使马达旋转。

重物下降时，手动换向阀 18 切换至右位工作。液压马达反转，回油经阀 19 的液控顺序阀和换向阀 18 右位回油箱。

当停止作业时，换向阀 18 处于中位，泵卸荷。制动缸 20 上的制动瓦在弹簧作用下使液压马达制动。

3. 吊臂伸缩回路

本机起重臂由基本臂和伸缩吊臂组成，吊臂伸缩采用一伸缩式液压缸驱动。在工作中，改变阀 13 的工作位和开口大小，即可使吊臂伸缩及调节吊臂运动速度。在行走时，应将吊臂缩回。吊臂缩回时，因液压力与负载力方向一致，为防止吊臂在重力作用下自行收缩，在收缩缸的下腔回油路安置了平衡阀 14，提高了收缩运动的可靠性。

4. 变幅回路

吊臂变幅机构用于改变作业高度，要求其能带载变幅，动作要平稳。本机采用两个液压缸并联，提高了变幅机构的承载能力。其要求以及油路与吊臂伸缩油路相同。

5. 回转油路

回转机构要求吊臂能在任意方位起吊。本机采用 ZMD40 柱塞液压马达驱动转盘，回转速度 1～3r/min。由于惯性小，一般不设制动机构，操作换向阀 17 可使马达正、反转或停止。

8.3.2 汽车起重机液压系统的特点

（1）系统中采用平衡回路、锁紧回路和制动回路来保证起重机工作可靠，操作安全。

（2）采用手动换向阀，不仅可以灵活方便地控制换向动作，还可通过手柄操纵来控制流量，以实现节流调速。在起升工作中，将此节流调速方法与控制发动机转速的方法结合使用，可以实现各工作部件微速动作。

（3）换向阀串联组合，可使任意一个或几个执行机构同时运动（不满载时）；采用 M 形中位机能，当换向阀处于中位时，各执行元件的进油路均被切断，液压泵出口通油箱使泵卸荷，减少了功率损失。

8.4　SZ-250A 型塑料注射成型机液压系统

塑料注射成型机简称注塑机。它将颗粒的塑料加热熔化到流动状态后，快速高压注入模腔并保压一定时间，冷却后即成型为塑料制品。

8.4.1　SZ-250A 型塑料注射成型机液压系统概述

SZ-250A 型注塑机属中小型注射机，每次最大注射容量为 250mL。该机要求液压系统完成的主要动作有：合模和开模、注射座整体前移和后退、注射、保压及顶出等。根据塑料注射成型工艺，注射机的工作循环如图 8.6 所示。

第8章 典型液压传动系统

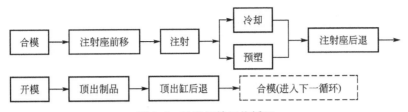

图8.6 注塑机的工作循环

图8.7所示为SZ-250A型注塑机液压系统原理图。表8-3是SZ-250A型注塑机动作循环及电磁铁动作顺序表。现将液压系统原理说明如下。

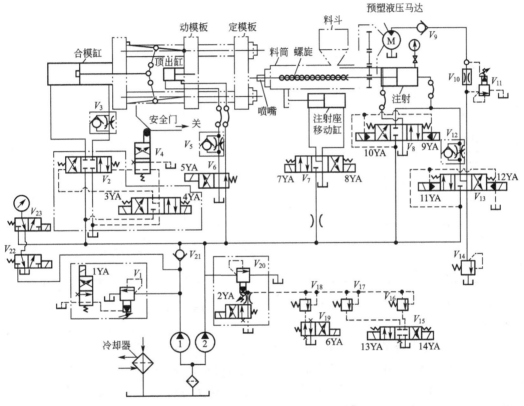

图8.7 SZ-250A型注塑机液压系统原理图

表8-3 SZ-250A型注塑机动作循环及电磁铁动作顺序表

动作循环		电磁铁 1YA	2YA	3YA	4YA	5YA	6YA	7YA	8YA	9YA	10YA	11YA	12YA	13YA	14YA
合模	慢速		+	+											
	快速	+	+	+											
	慢速		+	+											
	低压		+	+										+	
	高压		+	+											

（续）

电磁铁 动作循环		1YA	2YA	3YA	4YA	5YA	6YA	7YA	8YA	9YA	10YA	11YA	12YA	13YA	14YA
注射座前移			+					+							
注射	慢速		+				+		+			+			
	快速	+	+				+		+	+		+			
	保压		+				+		+			+			+
	预塑	+	+						+				+		
	防流涎		+						+		+				
	注射座后退		+					+							
开模	慢速				+										
	快速	+		+	+										
	慢速			+	+										
顶出	前进			+	+	+									
	后退			+											
（螺杆前进）			+									+			
（螺杆后退）			+								+				

1. 合模

合模过程按"慢—快—慢"3种速度进行。合模时首先应将安全门关上，如图 8.7 所示。此时行程阀 V_4 恢复常位，控制油液可以进入液动换向阀 V_2 阀芯右腔，使液动换向阀 V_2 在右位工作。

（1）慢速合模。为了避免冲击，让动模板慢速启动。电磁铁 2YA、3YA 通电，小流量泵 2 的工作压力由高压溢流阀 V_{20} 调整，电液换向阀 V_2 处于右位。由于 1YA 断电，大流量泵 1 通过溢流阀 V_1 卸荷，小流量泵 2 的压力油经换向阀 V_2 至合模缸左腔，推动活塞带动连杆进行慢速合模。合模缸右腔油液经单向节流阀 V_3、换向阀 V_2 和冷却器回油箱（系统所有回油都接冷却器）。

（2）快速合模。电磁铁 1YA、2YA 和 3YA 通电。液压泵 1 不再卸荷，开始供油，其输出的压力油通过单向阀 V_{21} 而与液压泵 2 输出的油汇合，同时向合模液压缸供油，实现快速合模。此时压力由 V_1 调整。

（3）慢速低压合模。电磁铁 2YA、3YA 和 13YA 通电。液压泵 2 的压力由溢流阀 V_{20} 的低压远程调压阀 V_{16} 控制。由于是慢速低压合模，缸的推力较小，所以即使在两个模板间有硬质异物，继续进行合模动作也不会损坏模具表面。

（4）慢速高压合模。电磁铁 2YA 和 3YA 通电。系统压力由高压溢流阀 V_{20} 控制。大流量泵 1 卸荷，小流量泵 2 的高压油用来进行高压合模；模具闭合并使连杆产生弹性变形，牢固地锁紧模具。

2. 注射座整体前移

电磁铁 2YA 和 8YA 通电。液压泵 1 卸荷,液压泵 2 的压力油经电磁阀 V_7 进入注射座移动液压缸右腔,推动注射座整体向前移动,注射座移动缸左腔液压油则经电磁换向阀 V_7 和冷却器而流回油箱。

3. 注射

(1) 慢速注射。电磁铁 1YA、2YA、6YA、8YA 和 11YA 通电。液压泵 1 和液压泵 2 的压力油经电液阀 V_{13} 和单向节流阀 V_{12} 进入注射缸右腔,注射缸的活塞推动注射头螺杆进行慢速注射,注射速度由单向节流阀 V_{12} 调节。注射缸左腔油液经电液阀 V_8 中位回油箱。

(2) 快速注射。电磁铁 1YA、2YA、6YA、8YA、9YA 和 11YA 通电。液压泵 1 和液压泵 2 的压力油经电液阀 V_8 进入注射缸右腔,由于未经过单向节流阀 V_{12},压力油全部进入注射缸右腔,使注射缸活塞快速运动。注射缸左腔回油经电液阀 V_8 回油箱。快、慢注射时的系统压力均由远程调节阀 V_{18} 调节。

4. 保压

电磁铁 2YA、8YA、11YA 和 14YA 通电。由于保压时只需要极少量的油液,所以大流量液压泵 1 卸荷,仅由小流量液压泵 2 单独供油,多余油液经溢流阀 V_{20} 溢回油箱。保压压力由远程调压阀 V_{17} 调节。

5. 预塑

电磁铁 1YA、2YA、8YA 和 12YA 通电。液压泵 1 和液压泵 2 的压力油经电液阀 V_{13}、节流阀 V_{10} 和单向阀 V_9 驱动预塑液压马达。液压马达通过齿轮减速机构使螺杆旋转,料斗中的塑料颗粒进入料筒,被转动着的螺杆带至前端,进行加热塑化。注射缸右腔的油液在螺杆反推力作用下,经单向节流阀 V_{12}、电液阀 V_{13} 和背压阀 V_{14} 回油箱,其背压力由背压阀 V_{14} 控制。同时,注射缸左腔产生局部真空,油箱的油液在大气压力作用下,经电液阀 V_8 中位而被吸入注射缸左腔。液压马达旋转速度可由节流阀 V_{10} 调节,并由于差压式溢流阀 V_{11}(由节流阀 V_{10} 和溢流阀 V_{11} 组成溢流节流阀)的控制,使节流阀 V_{10} 两端压差保持定值,故可得到稳定的转速。

6. 防流涎

电磁铁 2YA、8YA 和 10YA 通电。液压泵 1 卸荷,液压泵 2 的压力油经电磁换向阀 V_7,使注射座前移,喷嘴与模具保持接触。同时,压力油经电液阀 V_8 进入注射缸左腔,强制螺杆后退,以防止喷嘴端部流涎。

7. 注射座后退

电磁铁 2YA 和 7YA 通电。液压泵 1 卸荷,液压泵 2 的压力油经电磁换向阀 V_7 使注射座移动缸后退。

8. 开模

(1) 慢速开模。为了防止撕裂制品,慢速开模。电磁铁 2YA 和 4YA 通电。液压泵 1

卸荷，液压泵 2 的压力油经换向阀 V_2 和单向节流阀 V_3 进入合模缸右端，左腔则经换向阀 V_2 回油。

（2）快速开模。电磁铁 1YA、2YA 和 4YA 通电。液压泵 1 和液压泵 2 的压力油同时经先导减压阀 V_2 和单向节流阀 V_3 进入合模缸右腔，开模速度提高。

9. 顶出

（1）顶出缸前进。电磁铁 2YA 和 5YA 通电。液压泵 1 卸荷，液压泵 2 的压力油经电磁阀 V_6 和单向节流阀 V_5 进入顶出缸左腔，推动顶出杆顶出制品，其速度可由单向节流阀 V_5 调节。顶出缸右腔则经电磁阀 V_6 回油。

（2）顶出缸后退。电磁铁 2YA 通电。液压泵 2 压力油经电磁阀 V_6 进入顶出缸右腔使顶出缸后退。

10. 螺杆前进和后退

为了拆卸和清洗螺杆，有时需要螺杆后退。这时电磁铁 2YA 和 10YA 通电。液压泵 2 压力油经电液阀 V_8 使注射缸携带螺杆后退。当电磁铁 10YA 断电、11YA 通电时，注射缸携带螺杆前进。

在注塑机液压系统中，执行元件数量较多，因此它是一种速度和压力均变化的系统。在完成自动循环时，主要依靠行程开关，而速度和压力的变化主要靠电磁阀切换不同调压阀来得到。近年来，开始采用比例阀来改变速度和压力，这样可使系统中的元件数量减少。

8.4.2 注塑机液压系统的特点

（1）系统采用液压—机械组合式合模机构，合模液压缸通过具有增力和自锁作用的五连杆机构来进行合模和开模，这样可使合模缸压力相应减小，且合模平稳、可靠。最后合模是依靠合模液压缸的高压，使连杆机构产生弹性变形来保证所需的合模力，并能把模具牢固地锁紧。这样可确保熔融的塑料以 40~150MPa 的高压注入模腔时，模具闭合严密，不会产生塑料制品的溢边现象。

（2）系统采用双泵供油回路来实现执行元件的快速运动。这样可以缩短空行程的时间以提高生产率。合模机构在合模与开模过程中可按慢速—快速—慢速的顺序变化，平稳而不损坏模具和制品。

（3）系统采用了节流调速回路和多级调压回路。可保证在塑料制品的几何形状、品种、模具浇注系统不相同的情况下，压力和速度是可调的。采用节流调速可保证注射速度的稳定。为保证注射座喷嘴与模具浇口紧密接触，注射座移动液压缸右腔在注射时一直与压力相通，使注射座移动缸有足够的推力。

（4）注射动作完成后，注射缸仍通高压油保压，可使塑料充满容腔而获得精确形状，同时在塑料制品冷却收缩过程中，熔融塑料可不断补充，防止浇料不足而出现残次品。

（5）当注塑机安全门未关闭时，行程阀切断了电液换向阀的控制油路，这样合模缸不通压力油，合模缸不能合模，保证了操作安全。

该液压传动系统所用元件较多，能量利用不够合理，系统发热较大。近年来，多采用比例阀和变量泵来改进注塑机液压系统。如采用比例压力阀和比例流量阀，系统的元件数量可大为减少；以变量泵来代替定量泵和流量阀，可提高系统效率，减少发热。采用计算机控制其循环，可优化其注塑工艺。

8.5 加工中心液压系统

加工中心是机械、电气、液压、气动技术一体化的高效自动化机床。它可在一次装夹中完成铣、钻、扩、镗、锪、铰、螺纹加工、测量等多种工序及轮廓加工。在大多数加工中心中，液压传动主要用于实现下列功能。

(1) 刀库、机械手自动进行刀具交换及选刀的动作。
(2) 加工中心主轴箱、刀库机械手的平衡。
(3) 加工中心主轴箱的齿轮拨叉变速。
(4) 主轴松夹刀动作。
(5) 交换工作台的松开、夹紧及其自动保护。
(6) 丝杆等的液压过载保护等。

下面以卧式镗铣加工中心为例，简要介绍加工中心的液压系统。图 8.8 所示为卧式镗铣加工中心液压系统原理图。

1. 液压系统泵站启动时序

接通机床电源，启动电机 1，变量叶片泵 2 运转，调节单向节流阀 3，构成容积节流调速系统。溢流阀 4 起安全阀作用，手动阀 5 起卸荷作用。调节变量叶片泵 2，使其输出压力达到 7MPa，并把安全阀 4 调定压力设为 8MPa。回油滤油器过滤精度为 10，滤油器两端压力差超过 0.3MPa 时系统报警，此时应更换滤芯。

2. 液压平衡装置的调整

加工中心的主轴、垂直拖板、变速箱、主电机等连成一体，由 Y 轴滚珠丝杠通过伺服电机带动而上下移动，为了保证零件的加工精度，减少滚珠丝杠的轴向受力，整个垂直运动部分的重量需采用平衡阀加以处理。平衡回路有多种，本系统采用平衡阀与液压缸来平衡重量。

平衡阀 7、安全阀 8、手动卸荷阀 9、平衡缸 10 组成平衡装置，蓄油器 11 起吸收液压冲击作用。调节平衡阀 7 使平衡缸 10 处于最佳工作状态，这可通过测量 Y 轴伺服电机电流的大小来判断。

3. 主轴变速

当主轴变速箱需换挡变速时，主轴处于低转速状态。调节减压阀 12 至所需压力（由测压接头 16 测得），通过减压阀 12、换向阀 13、换向阀 14 完成高速向低速换挡。直接由系统压力经换向阀 13、换向阀 14 完成低速向高速换挡。换挡液压缸速度由双单向节流阀 15 调整。

4. 换刀时序

加工中心在加工零件的过程中，前道工序完成后需换刀，此时主轴应返回机床 Y 轴、Z 轴设定的换刀点坐标，主轴处于准停状态，所需刀具在刀库上已预选到位。

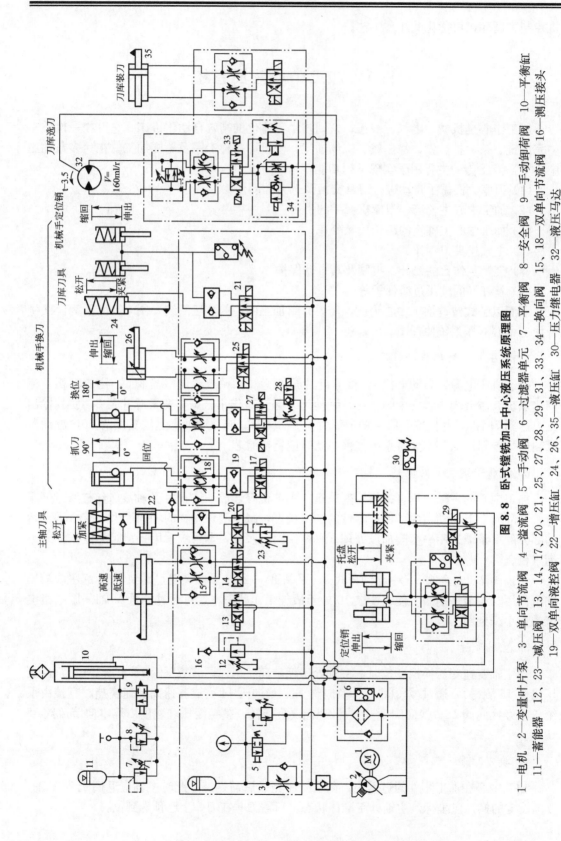

图 8.8 卧式镗铣加工中心液压系统原理图

1—电机 2—变量叶片泵 3—单向节流阀 4—溢流阀 5—手动阀 6—过滤器单元 7—平衡阀 8—安全阀 9—手动卸荷阀 10—平衡缸 11—蓄能器 12、23—减压阀 13、14、17、20、21、25、27、28、29、31、33、34—换向阀 15、18—双单向节流阀 16—测压接头 19—双单向液控阀 22—增压缸 24、26、35—液压缸 30—压力继电器 32—液压马达

(1) 机械手抓刀。当系统接收到换刀各准备信号后，控制电磁阀 17 处于左位，推动齿轮齿条组合液压缸活塞上移，机械手同时抓住安装在主轴锥孔中的刀具和刀库上预选的刀具。双单向节流阀 18 控制抓刀、回位速度，Z2S 型双液控单向阀 19 保证系统失压时位置不变。

(2) 刀具松开和定位。抓刀动作完成后发出信号，控制电磁阀 20 处于左位、控制电磁阀 21 处于右位，通过增压缸 22 使主轴锥孔中刀具松开，松开压力由减压阀 23 调节。同时，油缸 24 活塞上移，松开刀库刀具；机械手上两定位销在弹簧力作用下伸出，卡住机械手上的刀具。

(3) 机械手伸出。主轴、刀库上的刀具松开后，无触点开关发出信号，控制电磁阀 25 处于右位，机械手由液压缸 26 推动而伸出，使刀具从主轴锥孔和刀库链节上拔出。液压缸 26 带缓冲装置，防止其在行程终点发生撞击，引起噪声，影响精度。

(4) 机械手换刀。机械手伸出后，发出信号控制电磁 27 换位，推动齿条传动组合液压缸活塞移动，使机械手旋转 180°，转位速度由双单向节流阀调整，并根据刀具重量由换向阀 28 确定两种转位速度。

(5) 机械手缩回。机械手旋转 180°后发出信号，电磁阀 25 换位，机械手缩回，刀具进入主轴锥孔和刀库链节。

(6) 刀具夹紧和松销。此时电磁阀 20、电磁阀 21 换位，使主轴中的刀具和刀库链节上刀具夹紧，机械手上定位销缩回。

(7) 机械手回位。刀具夹紧信号发出后，电磁阀 17 换位，机械手旋转 90°，回到起始位置。至此，整个换刀动作结束，主轴启动进入零件加工状态。

5. NC 旋转工作台液压动作

(1) NC 工作台夹紧。零件连续旋转加工进入固定位置加工时，电磁阀 29 换至左位，使工作台夹紧，并由压力继电器 30 发出夹紧信号。

(2) 托盘交换。当交换工件时，电磁阀 31 处于右位，定位销缩回，同时松开托盘，由交换工作台交换工件，结束后电磁阀 31 换位，托盘夹紧，定位销伸出定位，即可进入加工状态。

(3) 刀库选刀、装刀。零件在加工过程中，刀库需将下道工序所需刀具预选到位。首先判断所需刀具所在刀库位置，确定液压马达 32 旋转方向，使电磁阀 33 换位，液压马达控制单元 34 控制马达启动、中间状态、到位旋转速度，刀具到位由旋转编码器组成的闭环系统控制发出信号。

液压缸 35 用于刀库装刀位置装卸刀具。

8.6 M1432B 型万能外圆磨床液压系统

外圆磨床主要用来磨削圆柱形、阶梯形、锥形外圆表面，在使用附加装置时还可以磨削圆柱孔和圆锥孔。液压系统完成的动作有：工作台的往复运动和抖动，砂轮架的间歇进给运动和快进、快退，工作台手动和机动的互锁，尾架的松开。这些运动中要求最高的是工作台的往复运动。其性能要求如下。

(1) 一般要求能在 0.05～6m/min 范围内无级调速。高精度外圆磨床在修整砂轮时要求最低稳定速度为 10～30mm/min。

(2) 自动换向。要求换向频繁，换向过程要平稳、无冲击，制动和反向启动迅速。

(3) 换向精度高。磨削阶梯轴和盲孔时，工作台应有准确的换向点。一般说来，在相同速度下，换向点变化应小于 0.02mm（称为同速换向精度）；在不同速度下，换向点变化应小于 0.2mm（称为换向精度）。

(4) 端点停留。磨削外圆时，砂轮一般不应越出工件，为避免工件两端由于磨削时间较短而尺寸偏大，要求工作台在换向点做短暂停留。停留时间在 0～5s 范围内。

(5) 抖动。切入磨削或加工工件长度略大于砂轮宽度时，为了改善工件表面粗糙度，工作台需做短行程频繁的往复运动，这种磨削运动称为抖动。抖动行程为 1～3mm，抖动频率为 100～150 次/min。

上述几项要求除调速要求一项外，其余四项都和工作台的换向有关，所以工作台换向问题是外圆磨床的核心问题。由于这些要求很难用标准液压换向阀来实现，往往用专门设计制造的操纵箱来实现这些要求。

8.6.1 M1432B 型外圆磨床的液压系统

M1432B 型万能外圆磨床的最大磨削直径为 320mm，最大磨削长度有 750mm、1000mm、1500mm 这 3 种规格。磨削精度可达 1～2 级，表面粗糙度可达 $Ra0.4$～$Ra0.1$。该磨床液压传动系统原理图如图 8.9 所示。该液压系统主要由工作台往复运动回路、砂轮架快速进退回路、砂轮进给回路和润滑回路 4 个部分组成。

1. 工作台的往复运动

工作台的往复运动是由 Z 型行程控制式液压操纵箱（HYY21/4P—25T）控制。其中，机动换向阀 E 是液动换向阀 A 的先导阀。

1) 工作台运动的实现

如图 8.9 所示，开停阀 C 处于"开"的位置，先导阀 E 及换向阀 A 的阀芯处于左端位置。此时，手摇机构松开、工作台向左运动。

手摇机构松开的油路如下。

滤油器 XU1→齿轮泵 B→单向阀 I→油路 1→换向阀 A→开停阀（C—4）→油路 10→液压缸 G_5，压缩弹簧，使手摇机构松开。

工作台向左运动的主油路如下。

进油路：XU1→齿轮泵 B→单向阀 I→油路 1→换向阀 A→油路 3→液压缸 G_1 左腔，推动工作台左移。

回油路：液压缸 G_1 右腔→油路 4→换向阀 A→油路 6→先导阀 E→油路 7→开停阀 C（C—1）→开停阀 C（C—2）→油路 8→节流阀 D（D—2）→节流阀 D（D—1）→油路 0→油箱。

若先导阀阀芯处于右端位置，则工作台向右运动。

2) 工作台的换向过程

在外圆磨床或万能外圆磨床上常需要磨削带台肩的轴和阶梯轴，万能外圆磨床上有时也磨不通孔，因此对工作台的换向精度要求很高。该磨床在换向时采用了行程制动换向回路，如图 8.10(a)所示。当工作台向左运动到调定位置时，固定在工作台右端的挡铁推动

第8章 典型液压传动系统

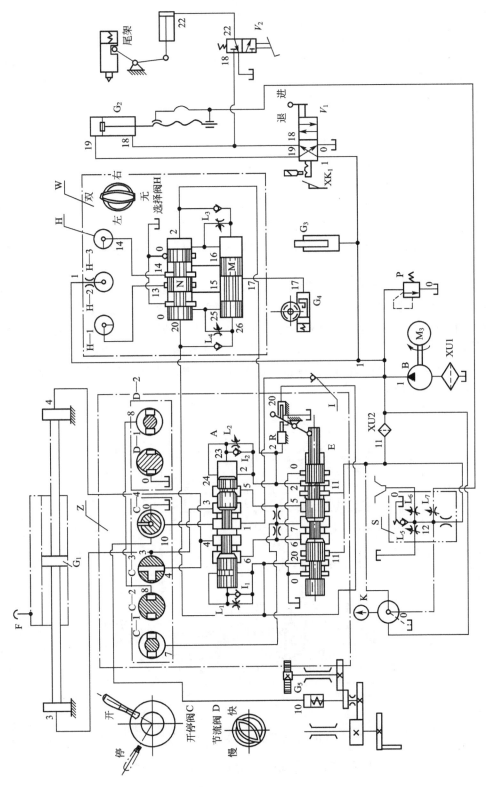

图 8.9 M1432B 型万能外圆磨床液压系统原理图

先导阀 E 的换向拨杆向左摆动，使阀 E 的阀芯移动到右端，切换控制油路。此时，控制油路如下。

进油路：滤油器 XU1→液压泵 B→精密滤油器 XU2→油路 11→先导阀 E→油路 20→单向阀 I_1→换向阀 A 阀芯左端。推动换向阀 A 的阀芯向右移动，但其右移速度受右端回油油路的控制。

回油路：为保证工作台的换向性能良好，回油路设计了 3 种不同的通道，使换向阀 A 的阀芯能够产生 3 种连续运动：第一次快跳、慢移和第二次快跳。这样使工作台的换向相应经历了迅速制动、端点停留和迅速反向启动 3 个阶段。

(1) 迅速制动时控制油路的回油路。换向阀 A 阀芯右端→油路 2→先导阀 E→油路 0→油箱。

由于控制油路的回路上无节流元件，使换向阀 A 阀芯快速右移即产生第一次快跳。这时液压缸 G_1 通过油路 3、4 使两腔互通压力油，工作台停止运动。

(2) 端点停留时控制油路的回油路。换向阀 A 阀芯右端→节流阀 L_2→油路 2→先导阀 E→油路 0→油箱。

当阀 A 快跳到其右端部遮住油路 2 的油口时，回油只能通过节流阀 L_2，开始慢移，如图 8.10(a)所示。调节节流阀 L_2 可以控制换向阀 A 的换向速度，从而控制工作台的端点停留时间。这一阶段换向阀芯慢速移动，液压缸 G_1 左右两腔通过油路 3、油路 4 继续互通压力油，工作台仍保持不运动。至图 8.10(b)时工作台停留阶段即将结束。

(3) 迅速反向启动时控制油路的回油路。换向阀 A 阀芯右端→油路 23→油路 24→油路 2→先导阀 E→油路 0→油箱。

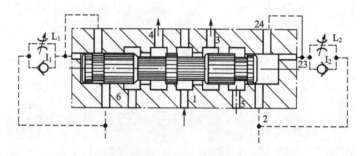

(a) 换向阀第一次快跳，工作台停止运动

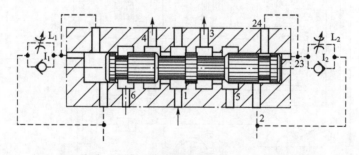

(b) 工作台停留阶段结束

图 8.10　工作台换向过程中液动换向阀所处的位置

I_1，I_2—单向阀　L_1，L_2—节流阀

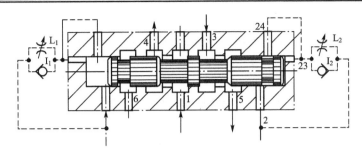

(c) 换向阀第二次快跳,工作台反向启动

图 8.10 工作台换向过程中液动换向阀所处的位置(续)

换向阀 A 的阀芯由图 8.10(b)所示的位置继续右移,换向阀 A 阀芯右端的沉割槽使油路 24 与油路沟通,这时换向阀 A 右端的回油压力油的回路畅通。换向阀 A 的阀芯在左端控制压力油的作用下快跳到右位终点,这就是换向阀 A 阀芯的第二次快跳。换向阀 A 使主油路迅速切换,工作台迅速反向启动,如图 8.10(c)所示。

换向阀 A 移到右端后的主油路为进油路:滤油器 XU1→齿轮泵 B→单向阀 I→油路 1→换向阀 A→油路 4→液压缸 G_1 的右腔;

回油路:液压缸 G_1 左腔→油路 3→换向阀 A→油路 5→先导阀 E→油路 7→开停阀 C(C—1)→开停阀 C(C—2)→油路 8→节流阀 D(D—2)→节流阀 D(D—1)→油路 0→油箱。

工作台的右端换向与上述相似。

工作台返回前的左右停留时间可分别调节节流阀 L_1 和节流阀 L_2 来实现。旋转节流阀 D 即可调节节流口通流面积的大小,因而可使工作台的往复运动无级调速。这里采用了回油节流调速,使液压缸的回油腔产生背压,因此工作台的运动比较平稳。

2. 工作台抖动

把工作台上的两个挡铁间的距离调整得很近,甚至夹住换向拨杆。这时磨床启动后,换向拨杆和先导阀在抖动阀的作用下进行左、右快跳,换向阀阀芯也同时作左、右快跳(这时节流阀 L_1 和节流阀 L_2 应调至最大),使工作台液压缸 G_1 两腔的压力油迅速交替变换,工做台便可做短距离的往复运动,即抖动。

3. 工作台位置的手动调整

根据被加工工件的磨削部位,往往需要调整磨床工作台的往返行程的大小及换向点的位置,这时需要通过手摇机构使工作台移动。置开停阀 C 于"停"的位置,主油路 7 与油路 8 被切断,油路 3 与油路 4 沟通,使液压缸 G_1 两端互通压力油,工作台停止运动。同时,手摇机构通道 10 与油路 0 相通回油箱,液压缸 G_5 靠弹簧力复位,使齿轮与工作台上的齿条啮合,通过手摇机构可使工作台实现手动。

4. 砂轮架快速进退

装卸工件和测量工件尺寸时要求砂轮架快速后退,磨削开始时砂轮架应快速移近工件,以节省辅助时间。砂轮架的快速进退由快动阀 V_1 控制快动油缸 G_2 来实现。图 8.9 所示的位置是快退位置。当扳动快动阀 V_1 使阀右位接入回路,砂轮架快速前进,这时的油路是进油路:油路 1→快动阀 V_1→油路 19→液压缸 G_2 后腔。压力油推动活塞向前,驱动砂轮架快速前进。

回油路：液压缸 G_2 前腔→油路 18→快动阀 V_1→油路 0→油箱。

砂轮架前进的同时，行程开关 XK_1 闭合，接通砂轮架电机及冷却泵电机，使砂轮旋转及提供冷却液。当砂轮架快退时，行程开关 XK_1 断开，使砂轮主轴和冷却泵停止转动。

为使砂轮架快进快退时不产生冲击和提高快进的重复精度，在液压缸 G_2 两端设有缓冲装置。同时设有闸缸 G_3，以消除丝杠和螺母之间的间隙。

5. 砂轮架的周期进给

M1432B 型外圆磨床的自动周期进给由进给操纵箱 W(M1432B—56/1)实现，该操纵箱包括选择阀 H、进给阀 M 和进刀阀 N。选择阀有 4 个不同的位置，即双进给、左进给、无进给和右进给。可以根据磨削工件的工艺要求来选择，其工作原理如下。

1) 双向进给

如图 8.9 所示，进给箱 W 内选择阀 H 置于"双进给"位置。当工作台的右撞块撞及杠杆而带动先导阀 E 换向后，辅助压力油经油路 11→油路 20，推动进刀阀 N 阀芯右移。压力油经油路 1→油路 13→油路 15→油路 17→进入进给液压缸 G_4 右端推动活塞向左移动。通过柱塞上的棘爪拨动棘轮转动，再通过齿轮、丝杠、螺母使砂轮架作微进给一次。

当阀 N 移动一段距离后，辅助压力油经油路 20→油路 25→节流阀 L_4→油路 26，推动进给阀 M 阀芯右移，阀芯的移动速度可调节 L_4，使进给液压缸有足够的通油时间。当阀 M 阀芯移动一段距离后，辅助压力油经油路 20→油路 25，推动进给阀 M 阀芯快速右移，使油路 15→油路 17 的油路切断，而油路 17→油路 16→油路 0，接通油箱。此时进给液压缸 G_4 在弹簧力的推动下使柱塞复位，为下次进给做好准备。

反之，当工作台左撞块撞及杠杆换向后，辅助压力油经油路 11→油路 2，推动进刀阀 N 阀芯左移，并经油路 1→选择阀 H→油路 14→进刀阀 N→油路 16→进给阀 M→油路 17，推动进给液压缸柱塞左移。进给液压缸 G_4 的进给原理同上所述。

2) 右端进给

将选择阀 H 从双向进给位置顺时针旋转 90°，置于"右进给"位置，这时选择阀 H 只连通油路 1 和油路 13。当工作台的右撞块撞及杠杆而带动先导阀 E 换向后，辅助压力经油路 11→油路 20，推动进刀阀 N 右移。压力油经油路 1→油路 13→油路 15→油路 17→进入液压缸 G_4 右端，进给原理同双向进给时的右端进给。而当工作台左撞块撞及杠杆换向时，辅助压力油经油路 11→油路 2，推动进刀阀 N 左移。这时由于油路 1 与油路 14 不相通，故不能实现工作台在左端换向时砂轮架的进给。

3) 左进给

将选择阀 H 从双向进给位置逆时针旋转 90°，置于"左进给"位置，这时选择阀 H 只连通油路 1 和油路 14。砂轮架的进给原理同右进给，这时仅实现砂轮架在工件左端的进给。

4) 两端无进给

将选择阀 H 置于"无进给"位置时，油路 13 及油路 14 均与油路 1 断开，所以进刀阀 N 及进给阀 M 虽然随着先导阀 E 的换向也相应作换向移动，但由于选择阀 H 将压力油的油路 1 与油路 13 及油路 14 均切断，压力油不能进入进给液压缸 G_4，故无进给动作。

6. 尾架顶尖的自动松开

这个动作由一个脚踏式尾架阀 V_2 操纵，由尾架缸实现。当砂轮架处于图示快退位置时,如欲装卸工作,脚踏尾架阀 V_2,使压力油经油路 1→油路 18→油路 22→进入尾架液压缸,通过铰链机构压缩弹簧,使尾架顶尖右移退出;不踏时,阀 V_2 靠弹簧复位,尾架液压缸储油经油路 22→油路 0 回油箱。尾架顶尖靠弹簧力复位,顶住工件。当砂轮架处于"快进"位置时,若误踏了尾架阀 V_2,并不能使压力油进入尾架液压缸,这是因为尾架液压缸通过油路 22→油路 18→快进退阀 V_2→油路 0 接通油箱。这样就实现了"在磨削时若误踏了尾架阀,工件也不会松落"的连锁作用。

7. 机床的润滑

导轨润滑油:油路 1→精滤油器 XU2→润滑油稳定器 S→

→ ├── 节流阀 L_5→平导轨润滑
　├── 节流阀 L_6→工作台三角导轨润滑
　└── 节流阀 L_7→丝杆、螺母副等润滑

为不导致因润滑油过多而使工作台浮升过高,所以采用了工作台开槽卸荷的润滑形式。

8.6.2 M1432B 型外圆磨床液压系统的特点

(1) 系统采用活塞杆固定式双杆液压缸,不仅保证了工作台左、右两个方向运动速度相等,而且减小了机床的占地面积。

(2) 系统采用 HYY 21/4P—25T 型快跳式操纵箱,结构紧凑、操纵方便、换向精度和换向平稳性都较高。此外,这种操纵箱设置了抖动阀 20,能使工作台高频抖动,有利于提高切入磨削时的加工质量。

(3) 系统采用出口节流的调速形式,液压缸回油腔中有背压,这样工作台工作稳定性好,有助于加速工作台的制动并能有效防止空气渗入系统。

(4) 尾架顶尖采用弹簧力顶紧工件,由液压油顶出。系统设计为顶尖退出与砂轮架进给互锁,可防止造成事故。

(5) 工作台液压驱动和手动操纵互锁。

1. 组合机床的液压系统包括哪几种典型回路?说明单向阀 3、6 的作用。
2. 分析 YB32-200 型液压机液压系统的特点,并说明上液压缸快速下行、保压和快速返回时管路中油的流向,说明液控单向阀 12 在系统工作过程中都有哪些作用。
3. SZ-250A 型塑料注射成型机液压系统由哪些基本回路组成?
4. 在加工中心液压系统中,主要完成哪些动作?
5. 在外圆磨床的液压系统中,工作台换向经历了哪几个阶段?

第9章
液压传动系统的设计计算

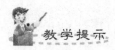 教学提示

  液压传动系统是机械设备动力传动系统,因此,它的设计是整个机械设备设计的一部分,必须与主机设计联系在一起同时进行。在分析主机的工作循环、性能要求、动作特点等基础上,经过认真分析比较,在确定全部或局部采用液压传动方案之后才会提出液压传动系统的设计任务。本章主要介绍液压系统的设计步骤、元器件的选择和计算、性能验算以及图纸绘制和技术文件的编制。

 教学要求

  通过本章的学习,使学生了解液压传动系统设计计算的一般方法,在将来生产实际中能应用这些方法、思想进行液压系统的设计与开发工作。

液压传动系统是机械设备动力传动系统，因此，它的设计是整个机械设备设计的一部分，必须与主机设计联系在一起同时进行。一般在分析主机的工作循环、性能要求、动作特点等基础上，经过认真分析比较，在确定全部或局部采用液压传动方案之后才会提出液压传动系统的设计任务。

液压系统设计必须从实际出发，注重调查研究，吸收国内外先进技术，采用现代设计思想，在满足工作性能要求、工作可靠的前提下，力求使系统结构简单、成本低、效率高、操作维护方便、使用寿命长。

液压系统设计步骤如下。
(1) 明确液压系统的设计要求及工况分析。
(2) 主要参数的确定。
(3) 拟定液压系统原理图，进行系统方案论证。
(4) 设计、计算、选择液压元件。
(5) 对液压系统主要性能进行验算。
(6) 设计液压装置，编制液压系统技术文件。

9.1　液压系统的设计依据和工况分析

9.1.1　液压系统的设计依据

设计要求是进行工程设计的主要依据。设计前必须把主机对液压系统的设计要求和与设计相关的情况了解清楚，一般要明确下列主要问题。

(1) 主机用途、总体布局与结构、主要技术参数与性能要求、工艺流程或工作循环、作业环境与条件等。

(2) 液压系统应完成哪些动作，各个动作的工作循环及循环时间；负载大小及性质、运动形式及速度快慢；各动作的顺序要求及互锁关系，各动作的同步要求及同步精度；液压系统的工作性能要求，如运动平稳性、调速范围、定位精度、转换精度、自动化程度、效率与温升、振动与噪声、安全性与可靠性等。

(3) 液压系统的工作温度及其变化范围，湿度大小，风沙与粉尘情况，防火与防爆要求，安装空间的大小、外廓尺寸与质量限制等。

(4) 经济性与成本等方面的要求。

只有明确了设计要求及工作环境，才能使设计的系统不仅满足性能要求，且具有较高的可靠性、良好的空间布局及造型。

9.1.2　液压系统的工况分析

工况分析的目的是明确在工作循环中执行元件的负载和运动的变化规律，它包括运动分析和负载分析。

1. 运动分析

运动分析就是研究工作机构根据工艺要求应以什么样的运动规律完成工作循环、运动速度的大小、加速度是恒定的还是变化的、行程大小及循环时间长短等。为此必须确定执行元件的类型，并绘制位移—时间循环图或速度—时间循环图。

液压执行元件的类型见表 9-1。

表 9-1　液压执行元件的类型

名称	特点	应用场合
双杆活塞缸	双向输出力、输出速度一样，杆受力状态一样	双向工作的往复运动
单杆活塞缸	双向输出力、输出速度不一样，杆受力状态不同。差动连接时可实现快速运动	往复不对称直线运动
柱塞缸	结构简单	长行程、单向工作
摆动缸	单叶片缸转角小于 300°，双叶片缸转角小于 150°	往复摆动运动
齿轮、叶片马达	结构简单、体积小、惯性小	高速小转矩回转运动
轴向柱塞马达	运动平稳、转矩大、转速范围宽	大转矩回转运动
径向柱塞马达	结构复杂、转矩大、转速低	低速大转矩回转运动

2. 负载分析

负载分析就是通过计算确定各液压执行元件的负载大小和方向，并分析各执行元件运动过程中的振动、冲击及过载能力等情况。

作用在执行元件上的负载有约束性负载和动力性负载两类。

约束性负载的特征是其方向与执行元件运动方向永远相反，对执行元件起阻止作用，不会起驱动作用。例如：库仑固体摩擦阻力、粘性摩擦阻力是约束性负载。

动力性负载的特征是其方向与执行元件的运动方向无关，其数值由外界规律所决定。执行元件承受动力性负载时可能会出现两种情况：一种情况是动力性负载方向与执行元件运动方向相反，起着阻止执行元件运动的作用，称为阻力负载（正负载）；另一种情况是动力性负载方向与执行元件运动方向一致，称为超越负载（负负载）。超越负载变成驱动执行元件的驱动力，执行元件要维持匀速运动，其中的流体要产生阻力功，形成足够的阻力来平衡超越负载产生的驱动力，这就要求系统应具有平衡和制动功能。重力是一种动力性负载，重力与执行元件运动方向相反时是阻力负载；与执行元件运动方向一致时是超越负载。对于负载变化规律复杂的系统必须画出负载循环图。不同工作目的的系统，负载分析的着重点不同。例如，对于工程机械的作业机构，着重点为重力在各个位置上的情况，负载图以位置为变量；机床工作台的着重点为负载与各工序的时间关系。

1) 液压缸的负载计算

一般说来，液压缸承受的动力性负载有工作负载 F_w、惯性负载 F_m、重力负载 F_g，约束性负载有摩擦阻力 F_f、背压负载 F_b、液压缸自身的密封阻力 F_{sf}。即作用在液压缸上的外负载为

$$F = \pm F_w \pm F_m \pm F_f \pm F_g \pm F_b \pm F_{sf} \tag{9-1}$$

(1) 工作负载 F_w。工作负载与主机的工作性质有关，它可能是定值，也可能是变值。一般工作负载是时间的函数，即 $F_w = f(t)$，需根据具体情况分析决定。

(2) 惯性负载 F_m。惯性负载是运动部件在启动加速或减速制动过程中产生的惯性力，

其值可按牛顿第二定律求出

$$F_m = ma = m\frac{\Delta v}{\Delta t} \tag{9-2}$$

式中　m——运动部件总质量；
　　　a——加速度；
　　　Δv——Δt 时间内速度的变化量；
　　　Δt——启动或制动时间。一般机械系统取 0.1～0.5s；行走机械系统取 0.5～1.5s；机床运动系统取 0.25～0.5s；机床进给系统取 0.05～0.2s。工作部件较轻或运动速度较低时取小值。

(3) 导向摩擦阻力 F_f。摩擦阻力是指液压缸驱动工作机构所需克服的导轨摩擦阻力，其值与导轨形状、安放位置和工作部件的运动状态有关。

对于平导轨

$$F_f = f(mg + F_N) \tag{9-3}$$

对于 V 形导轨

$$F_f = \frac{f(mg + F_N)}{\sin(\alpha/2)} \tag{9-4}$$

式中　F_N——作用在导轨上的垂直载荷；
　　　α——V 形导轨夹角，通常取 $\alpha = 90°$；
　　　f——导轨摩擦系数，其值可参阅相关设计手册。

(4) 重力负载 F_g。当工作部件垂直或倾斜放置时，自重也是一种负载，当工作部件水平放置时，$F_g = 0$。

(5) 背压负载 F_b。液压缸运动时还必须克服回油路压力形成的背压阻力 F_b，其值为

$$F_b = p_b A_2 \tag{9-5}$$

式中　A_2——液压缸回油腔有效工作面积；
　　　p_b——液压缸背压。在液压缸结构参数尚未确定之前，一般按经验数据估计一个数值。系统背压的一般经验数据为：中低压系统或轻载节流调速系统取 0.2～0.5MPa；回油路有调速阀或背压阀的系统取 0.5～1.5MPa；采用补油泵补油的闭式系统取 1.0～1.5MPa；采用多路阀的复杂的中高压工程机械系统取 1.2～3.0MPa。

(6) 液压缸自身的密封阻力 F_{sf}。液压缸工作时还必须克服其内部密封装置产生的摩擦阻力 F_{sf}，其值与密封装置的类型、油液工作压力，特别是液压缸的制造质量有关，计算比较烦琐；一般将它计入液压缸的机械效率 η_m 中考虑，通常取 $\eta_m = 0.90～0.97$。

2) 液压缸运动循环各阶段的负载

液压缸的运动分为启动、加速、恒速、减速制动等阶段，不同阶段的负载计算是不同的

启动时　　　　　　　　　$F = (F_f \pm F_g)/\eta_m \tag{9-6}$

加速时　　　　　　　　　$F = (F_m + F_f \pm F_g + F_b)/\eta_m \tag{9-7}$

恒速运动时　　　　　　　$F = (\pm F_w + F_f \pm F_g + F_b)/\eta_m \tag{9-8}$

减速制动时　　　　　　　$F = (\pm F_w - F_m + F_f \pm F_g + F_b)/\eta_m \tag{9-9}$

3. 工作负载图

对于复杂的液压系统，如有若干个执行元件同时或分别完成不同的工作循环，则有必要按上述各阶段计算总负载力，并根据上述各阶段的总负载力和它所经历的工作时间 t（或位移 s），按相同的坐标绘制液压缸的负载时间（$F-t$）或负载位移（$F-s$）图。图 9.1 所示为某机床主液压缸的速度图和负载图。

最大负载值是初步确定执行元件工作压力和结构尺寸的依据。

液压马达的负载力矩分析与液压缸的负载分析相同，只需将上述负载力的计算变换为负载力矩即可。

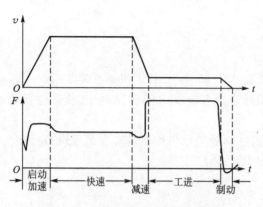

图 9.1 某液压缸的速度图和负载图

9.2 液压系统主要参数的确定

执行元件的工作压力和流量是液压系统最主要的两个参数。这两个参数是计算和选择元件、辅件和原动机的规格型号的依据。要确定液压系统的压力和流量，首先必须根据各液压执行元件的负载循环图，选定系统工作压力；再根据系统压力，确定液压缸有效工作面积 A 或液压马达的排量 V_M；最后根据位移—时间循环图（或速度—时间循环图）确定其流量。

1. 系统工作压力的确定

根据液压执行元件的负载循环图，可以确定系统的最大载荷点，在充分考虑系统所需流量、系统效率和性能要求等因素后，可参照表 9-2 或表 9-3 选择系统工作压力。

表 9-2 按负载选择系统工作压力

负载/kN	<5	5~10	10~20	20~30	30~50	>50
系统压力/MPa	<0.8~1	1.6~2	2.5~3	3~4	4~5	>5~7

表 9-3 按主机类型选择系统工作压力

设备类型	机床					农业机械 汽车工业 小型工程 机械及辅助机械	工程机械 重型机械 锻压设备 液压支架	船用系统
	磨床	组合机床 牛头刨床 插床 齿轮加工机床	车床 铣床 镗床	珩磨机床	拉床 龙门刨床			
压力/MPa	<2.5	<6.3	2.5~6.3		<10	10~16	16~32	14~25

工作压力是确定执行元件结构参数的主要依据。它的大小影响执行元件的尺寸和成本,乃至整个系统的性能。在系统功率一定时,一般选用较高的工作压力,使执行元件和系统的结构紧凑、质量轻、经济性好。但是,若工作压力选得过高,则会提高对元件的强度、刚度及密封要求和制造精度要求,不但达不到预期的经济效果,反而会降低元件的容积效率、增加系统发热、降低元件寿命和系统可靠性;反之,若工作压力选得过低,就会增大执行元件及整个系统的尺寸,使结构变得庞大。所以应根据实际情况选取适当的工作压力。

2. 执行元件参数的确定

前面初步选定的工作压力可以认为就是执行元件的输入压力 p_1,然后再初步选定执行元件的回油压力 p_2(背压),这样就可以确定执行元件的参数。液压缸的主要结构参数缸径 D、活塞杆径 d 和液压马达的排量 V_M 的计算详见第3章、第4章相应计算公式。注意计算所得的数值,应圆整为标准值。

3. 执行元件流量的确定

液压缸(液压马达)所需最大流量 q_{max} 按其实际有效工作面积 A(或液压马达的排量 V_M)及所要求的最高速度 v_{max}(或马达最高转速 n_{max})来计算,即

$$q_{max} = Av_{max}/\eta_V \quad (\text{或 } q_{max} = V_M n_{max}/\eta_V) \tag{9-10}$$

式中　η_V——执行元件的容积效率。

当单杆液压缸做差动连接时,实际有效工作面积 $A = A_1 - A_2$。

液压缸所需最小流量 q_{min} 按其实际有效工作面积 A 和所要求的最小速度 v_{min} 来计算,即

$$q_{min} = Av_{min}/\eta_V \tag{9-11}$$

上式所求得的液压缸最小流量应该等于或大于流量控制阀或变量泵的最小稳定流量。同样地,液压马达最小流量按其排量和所要求的最小转速来计算。

4. 执行元件的工况图

工况图包括压力图、流量图和功率图。压力图、流量图是执行元件在运动循环中各阶段的压力与时间或压力与位移、流量与时间或流量与位移的关系图;功率图则是根据压力 p 与流量 q 计算出各循环阶段所需功率,画出功率与时间或功率与位移的关系图。当系统中有多个同时工作的执行元件时,必须把这些执行元件的流量图按系统总的动作循环组合成总流量图。图9.2所示为某液压缸的工况图。

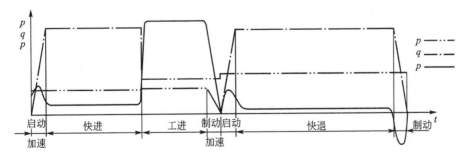

图9.2　液压缸的压力图、流量图和功率图示例

工况图是选择液压泵和计算电机功率等的依据。利用工况图可验算各工作阶段所确定的参数的合理性。例如，当多个执行元件按各工作阶段的流量或功率叠加，其最大流量或功率重合而使流量或功率分布很不均衡时，可在整机设计要求允许的条件下，适当调整有关执行元件的动作时间或速度，尽量避开或减小流量、功率的最大值，以提高整个系统的效率。

9.3 液压系统原理图的拟定和方案论证

拟定系统原理图是液压系统设计中最重要的一步，它从工作原理和结构组成上来具体体现设计任务中的各项要求，不需精确计算和选择元件规格，只需选择功能合适的元件和原理合理的基本回路组合成系统。

一般的方法是选择一种与本系统类似的成熟系统作为基础，对它进行适应性调整或改进，使其成为具有继承性的新系统。如果没有合适的相似系统可借鉴，可参阅设计手册和参考书中有关的基本回路加以综合完善，以构成自己设计的系统原理图。用这种方法拟定系统原理图时，包括确定系统类型、选择回路和组成系统3个方面的内容。

1. 选择系统的类型

系统有开式系统和闭式系统两种类型。选择系统的类型主要取决于它的调速方式和散热要求。一般来说，采用节流调速和容积节流调速的系统、有较大空间放置油箱且不需另设散热装置的系统、要求结构尽可能简单的系统等都宜采用开式系统；采用容积调速的系统、对工作稳定性和效率有较高要求的系统、行走机械上的系统等宜采用闭式系统。

2. 选择液压基本回路

液压基本回路是决定主机动作和性能的基础，是组成系统的骨架。要根据液压系统所需完成的任务和工作机械对液压系统的设计要求来选择液压基本回路。

在拟定液压系统原理图时，应根据各类主机的工作特点和性能要求，先确定对主机主要性能起决定性影响的主要回路，然后再考虑其他辅助回路。例如对于机床液压系统，调速和速度换接回路是主要回路；对于压力机液压系统，调压回路是主要回路；有垂直运动部件的系统要考虑平衡回路；有多个执行元件的系统要考虑顺序动作、同步或回路隔离；有空载运行要求的系统要考虑卸荷回路等。

在选择基本回路时，首先要抓住各类机器的液压系统的主要矛盾，如对变速、稳速要求严格的主机，速度的调节、换接和稳定是系统设计的核心。

对速度无严格要求，但对输出力、力矩或功率调节有主要要求的机器，功率的调节和分配是系统设计的核心。

压力控制方式的选择主要取决于液压系统的调速方式。节流调速时，多采用调压回路；容积调速或容积节流调速时，则多采用限压回路。卸荷回路的选择，主要由系统功率损失、温升、流量与压力的瞬时变化等因素决定。

3. 液压系统的合成

选定液压基本回路后，配以辅助性回路，如锁紧回路、平衡回路、缓冲回路、控制油路、润滑油路、测压油路等，就可以组成一个完整的液压系统。

合成液压系统时应特别注意以下几点：防止回路间可能存在的相互干扰；系统应力求简单，并将作用相同或相近的回路合并，避免存在多余回路；系统要安全可靠，要有安全、连锁等回路，力求控制油路可靠；组成系统的元件要尽量少，并应尽量采用标准元件；组成系统时还要考虑节省能源，提高效率，减少发热，防止液压冲击；测压点分布合理等。对可靠性要求高又不允许工作中停机的系统，应采用冗余设计方法，即在系统中设置一些备用的元件和回路，以替换故障元件和回路，保证系统持续可靠运转。

最重要的是实现给定任务有多种多样的系统方案，因此必须进行方案论证，对多个方案从结构、技术、成本、操作、维护等方面进行反复对比，最后组成一个结构完整、技术先进合理、性能优良的液压系统。

9.4 计算和选择液压元件

液压元件的计算是指计算液压元件在工作中承受的压力和通过的流量，以便选择元件的规格、型号。此外，还要计算原动机的功率和液压油箱的容量。选择元件时，应尽量选用标准元件。

9.4.1 液压泵的确定与驱动功率的计算

确定液压泵时要根据系统的工作压力和流量以及系统对泵的性能要求来进行。泵选定后，就可计算泵所需的电动机功率，并根据此功率和泵所需转速选择相应的电动机。

1. 确定液压泵的最大工作压力和流量

液压泵的最大工作压力 p_p 按下式计算

$$p_p \geqslant p_{1\max} + \sum \Delta p \tag{9-12}$$

式中 $p_{1\max}$——液压执行元件最大工作压力，由压力图($p-t$)选取最大值；

$\sum \Delta p$——从液压泵出口到执行元件入口之间所有沿程压力损失和局部压力损失之和。初算时按经验数据选取：当管路简单，管中流速不大时，取 $\sum \Delta p = 0.2 \sim 0.5$ MPa；当管路复杂，管中流速较大或有调速元件时，取 $\sum \Delta p = 0.5 \sim 1.5$ MPa。

液压泵的流量 q_p 按下式计算

$$q_P = K(\sum q)_{\max} \tag{9-13}$$

式中 K——考虑系统泄漏和溢流阀保持最小溢流量的系数，一般取 $K=1.1\sim1.3$，大流量取小值，小流量取大值；

$(\sum q)_{\max}$——同时工作的执行元件的最大总流量，由流量图($q-t$)选取最大值。

在选择液压泵时，可以参考液压元件手册（或 3.5 节），根据液压泵最大工作压力 p_p 选择液压泵的类型，根据液压泵的流量 q_p 选择液压泵的规格。选择液压泵的额定压力时应考虑到动态过程和制造质量等因素，要使液压泵有一定的压力储备。一般泵的额定工作压力应比上述最大工作压力高 20%~60%，泵的额定流量则应与系统所需的最大流量相适应。

2. 确定原动机的功率

当液压泵在额定压力和额定流量下工作时，其驱动电机的功率可从元件手册中查到。此外也可根据具体工况计算。电动机的转速应与泵的转速匹配。

在工作循环中，当液压泵的压力和功率变化较小时，液压泵所需的驱动功率为

$$P_P = p_P q_P / \eta_P \tag{9-14}$$

式中 η_P——液压泵的总效率，齿轮泵 $\eta_P = 0.6 \sim 0.8$，叶片泵 $\eta_P = 0.7 \sim 0.8$，柱塞泵 $\eta_P = 0.8 \sim 0.85$。具体数值可参阅产品样本。

限压式变量叶片泵的驱动功率可按泵的实际流量压力特性曲线拐点处的功率来计算。

在工作循环过程中，当液压泵的压力和功率变化较大时，液压泵所需的驱动功率应先分别计算出工作循环中各个阶段所需的驱动功率，然后求其均方根值即可

$$P_P = \sqrt{\sum_{i=1}^{n} P_i^2 t_i / \sum_{i=1}^{n} t_i} \tag{9-15}$$

式中 P_i, t_i——在整个工作循环中，第 i 个工作阶段所需的功率及所需的时间。

在选择电动机时，应将求得的功率值与各工作阶段的最大功率值比较，若电动机的超载量在允许范围之内（一般允许短时超载25%），则按平均功率选择电动机；否则应按最大功率选择电动机。

9.4.2 液压控制阀的选择

阀类元件的规格应按阀所在回路的最大工作压力和通过该阀的最大流量从产品样本中选定。选用阀类元件时应考虑其结构形式、特性、压力等级、连接方式、集成方式及操纵方式等。

在选择压力控制阀时，应考虑压力阀的压力调节范围、流量变化范围、所要求的压力灵敏度和平稳性等。特别是溢流阀的额定流量必须满足液压泵最大流量的要求。

在选择流量控制阀时，应考虑流量阀的流量调节范围、流量-压力特性、最小稳定流量、压力补偿要求或温度补偿要求，对油液过滤精度的要求，阀进、出口压差大小及阀内泄漏量的大小等。

在选择方向控制阀时，应考虑方向阀的换向频率、响应时间、操纵方式、滑阀机能、阀口压力损失及阀内泄漏量的大小等。对于单杆液压缸系统，若无杆腔有效作用面积为有杆腔有效作用面积的几倍，当有杆腔进油时，则回油流量为进油流量的几倍，此时，应以几倍的流量来选择方向控制阀。

通过各类阀件的实际流量最多不应超过其额定值的120%。

9.4.3 液压辅件的计算与选择

1. 确定管道尺寸

管道的尺寸取决于需要通过的最大流量和管中允许流速。
（1）管内油液的推荐流速。
参照液压传动设计手册确定管内油液的推荐流速。

(2) 管道内径的计算。

$$d \geqslant \sqrt{\frac{4q}{\pi v}} \tag{9-16}$$

式中　d——管道内径；
　　　q——通过管道油液的流量；
　　　v——管内油液的流速，按推荐流速选取。

(3) 管道壁厚的计算。

$$\delta \geqslant \frac{pd}{2[\sigma]} \tag{9-17}$$

式中　δ——金属管壁厚；
　　　d——管道内径；
　　　p——工作压力；
　　　$[\sigma]$——许用应力，对于钢管，$[\sigma]=\frac{\sigma_b}{n}$，$\sigma_b$ 为抗拉强度，n 为安全系数，当 p 在 $7\sim17.5$MPa 之间时，取 $n=6$；当 $p>17.5$MPa 时，取 $n=4$；对于铜管，取 $[\sigma]\leqslant25$MPa。

计算出管道内径和壁厚之后，应按标准选取相应规格的油管。

在实际设计中，管道通常按选定液压元件油口的大小及管接头尺寸来确定其尺寸。

2. 确定油箱容量

液压系统的散热主要依靠油箱，油箱越大，散热越快，但占地面积也越大；油箱小，则油温较高。初始设计时，油箱容量可按下列经验公式确定。

$$V = \alpha q_V \tag{9-18}$$

式中　q_V——液压泵每分钟排出的液体体积(m^3)；
　　　α——经验系数，低压系统取 $2\sim4$，中压系统取 $5\sim7$，高压系统取 $6\sim12$，行走机械取 $1\sim2$。

系统设计完成后，应按散热或温升要求验算油箱容积。滤油器、蓄能器和冷却器的选择可参阅液压设计手册。

9.5　液压系统性能验算

在液压系统设计完成后，就需要对它的技术性能进行验算，以便判断设计质量。

液压系统性能的验算主要是计算系统压力损失、调整压力、泄漏量、系统效率、系统温升、运动平稳性等。这里只介绍系统压力损失和温升的验算，其他验算可参阅液压设计手册。

9.5.1 液压系统压力损失验算

在选定了液压元件的规格及管道、滤油器等辅件,确定了安装方式,绘制出管路安装图之后,就可以对管路系统的总压力损失进行验算。总压力损失包括管道的沿程压力损失、局部压力损失和各种液压控制阀的局部压力损失。总压力损失的计算请参阅第 2 章。

验算压力损失的目的之一是为了正确确定系统的调整压力,即系统溢流阀的调整压力,以便指导系统的调试。当系统执行元件的工作压力已确定时,系统的调整压力可根据管路中的压力损失进行计算。各种阀类元件的局部压力损失可从产品样本中查出。

液压泵应有一定的压力储备量,如果计算出的系统调整压力大于液压泵额定压力的 75%,则应该重新选择元件规格和管道尺寸以减小压力损失,或者另选额定压力较高的液压泵。

9.5.2 液压系统发热和温升验算

液压系统中各种能量损失都转化为热量,使油温升高。在系统连续工作一段时间后,当系统所产生的热量和散发到空气中的热量平衡时,系统油温不再升高,此时的油温应不超过允许值。油温超过允许值时,必须采取适当的冷却措施或修改液压系统的设计。

1. 液压系统的发热功率

液压系统发热的原因主要来自于液压泵和执行元件的功率损失、管道的压力损失及溢流阀的溢流损失。管道的发热较少,与它自身的散热基本平衡,可以忽略不计。

1) 液压泵的损失功率

$$\Delta P_P = \frac{1}{T} \sum_{i=1}^{n} P_{Pi}(1 - \eta_{Pi}) t_i \tag{9-19}$$

式中　P_{Pi}——各液压泵的输入功率;
　　　η_{Pi}——各液压泵的总效率;
　　　t_i——各液压泵的运行时间;
　　　T——工作周期;
　　　n——液压泵数量。

2) 液压执行元件的损失功率

$$\Delta P_2 = \frac{1}{T} \sum_{j=1}^{m} P_{2j}(1 - \eta_{2j}) t_j \tag{9-20}$$

式中　P_{2j}——各执行元件的输入功率;
　　　η_{2j}——各执行元件的总效率;
　　　t_j——各执行元件的运行时间;
　　　m——执行元件数量。

3) 溢流阀的损失功率

$$\Delta P_y = \sum_{i=1}^{k} p_{Yi} q_{Yi} \tag{9-21}$$

式中 p_{Yi}——各溢流阀的调整压力；
q_{Yi}——各溢流阀的溢流量；
k——溢流阀数量。

4）节流功率损失

$$\Delta P_j = \sum_{i=1}^{k} \Delta p_{ji} q_{ji} \tag{9-22}$$

式中 Δp_{ji}——各流量阀进出口压差；
q_{ji}——通过各流量阀的流量；
k——流量阀数量。

5）液压系统的发热功率

$$\Delta P = \Delta P_P + \Delta P_2 + \Delta P_y + \Delta P_j \tag{9-23}$$

液压系统的发热功率也可以用下面的公式进行估算

$$\Delta P = P_i - P_o \quad \text{或} \quad \Delta P = P_i(1-\eta) \tag{9-24}$$

式中 P_i——各液压泵输入的总功率；
P_o——各执行元件输出的总功率；
η——系统效率，包括泵效率、回路效率和执行元件效率。

2. 液压系统的散热功率

液压系统中产生的热量由系统中的各散热面散发到空气中去，其中油箱是最主要的散热面。当只考虑油箱的散热时，则液压系统的散热功率为

$$P_c = KA\Delta\theta \tag{9-25}$$

式中 $\Delta\theta$——油箱温度与环境温度之差（℃）；
A——油箱散热面积（m^2）；
K——散热系数（$W/m^2 \cdot ℃$），其值见表9-4。

表9-4 散热系数及值

散热条件	通风较差	通风良好	风扇冷却	循环水冷却
散热系数	8～9	15～17.5	23	110～175

3. 系统温升计算

当液压系统的发热功率 ΔP 与油箱的散热功率 P_c 相等时，系统处于热平衡状态。此时系统温升为

$$\Delta\theta = \frac{\Delta P}{KA} \tag{9-26}$$

按上式计算出的温升不应超过允许的温升值。一般机床液压系统取 $\Delta\theta \leqslant 25\sim30℃$。一般低、中压系统正常工作油温为 30～55℃，最高不允许超过 70℃；高压系统正常工作油温为 50～80℃，最高不允许超过 90℃，可取 $\Delta\theta \leqslant 35\sim40℃$。

9.6 绘制正式工作图、编制技术文件

液压系统装配图是液压系统的安装施工图，一般包括正式的液压系统原理图、液压站装配图（包括油箱装配图、液压泵机架、集成块装配图等）、液压装置的总体结构图、管路布置图以及各种非标准元件的零件图等。在管路安装图中应画出各油管的走向、固定装置结构、各种管接头的形式、规格等。

1. 绘制液压系统原理图的要求

绘制液压系统原理图的要求如下。
(1) 液压系统原理图应按系统不工作状态时画出。
(2) 所有元件均按国家标准图形符号绘制。
(3) 序号栏中应标明液压元件的名称、规格、型号和调整值。
(4) 在执行元件的上方应绘出动作循环示意图。复杂的系统，按各执行元件的动作程序绘制动作循环图和电磁铁、压力继电器、行程开关的动作程序表。

2. 液压装置的结构设计

在液压系统原理图确定之后，可根据所选择的液压元件、辅助元件进行液压装置的设计。这时，必须对液压装置的总体结构形式、液压元件的配置形式做出选择。

1) 液压装置的结构形式

在通常情况下，液压装置可以设计成集中式和分散式两种形式。集中式结构是将液压系统的动力源、控制阀组等独立设置于主机之外，组成液压泵站。其优点是：安装维修方便，油源的振动、发热不会影响主机，但占地面积较大。分散式结构是将液压系统的动力源、控制阀组等分别安装在设备的适当位置。其优点是：结构紧凑，占地面积小，但安装维修困难，系统的振动、发热对主机性能有一定影响。

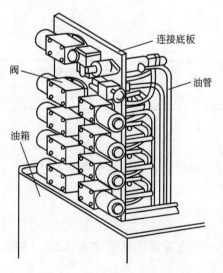

图 9.3 液压元件的板式配置

2) 液压控制阀的配置形式

液压阀可以采用油路板式配置与集成式配置两种形式。板式配置是将板式元件及其底板固定在连接底板上，用油管连接成液压系统，如图 9.3 所示。

集成式配置主要有集成块式和叠加阀式两种形式。集成块式配置是用标准回路集成块或自行设计的典型回路集成块组合成各种液压系统。集成块是一块通用化的六面体，四周除一面装通向执行元件的管接头之外，其余三面用于安装阀类元件，块内由钻孔形成油路，通常一个块就是一个典型基本回路。一个液压系统往往由几个集成块组成，块的上下两面作为块与块之间的结合面，各集成油路块与顶盖、底板一起用长螺栓叠装起来，即组成整个液压系统。总进油口开在底板上通过集成块的公共孔

道直接通顶盖。

叠加阀式配置则是用叠加阀叠加成各种液压回路和系统。叠加阀与一般管式、板式标准元件相比，其工作原理没有多大差别，但具体结构却不相同。它是自成系列的新型元件，每个叠加阀既起控制阀的作用，又起通道的作用。因此，叠加阀式配置不需要另外的连接块，只需用长螺栓直接将各叠加阀叠装在底板上，即可组成所需的液压系统。

集成式配置的优点是：结构紧凑，体积小，节省管件，可标准化，便于设计与制造，更改设计方便，油路压力损失小，减小了泄漏，提高了系统的工作可靠性，因而得到了广泛应用。图9.4所示是集成块式配置的外观图。

除此以外还有管式连接，这种连接形式多用于工程机械等，在此不再赘述。

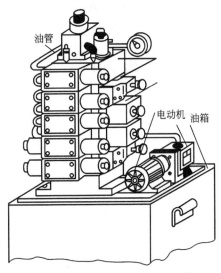

图 9.4 液压元件的集成块式配置

3. 编制技术文件

液压系统的技术文件主要包括：设计任务书、设计计算说明书、液压设备操作使用说明书（其中应有液压系统原理图）、零部件目录表、标准件、通用件和外购件总表等。

9.7 液压系统设计计算举例

本节介绍某工厂汽缸加工自动线上的一台卧式单面多轴钻孔组合机床液压系统的设计实例。

已知：该钻孔组合机床主轴箱上有 16 根主轴，加工 14 个 $\phi 13.9$mm 的孔和两个 $\phi 8.5$mm 的孔；刀具为高速钢钻头，工件材料是硬度为 240HB 的铸铁件；机床工作部件总重量为 $G=9810$N；快进、快退速度为 $v_1=v_3=7$m/min，快进行程长度为 $l_1=100$mm，工进行程长度为 $l_2=50$mm，往复运动的加速、减速时间希望不超过 0.2s；动力滑台采用平导轨，其静摩擦系数为 $f_s=0.2$，动摩擦系数为 $f_d=0.1$；液压系统中的执行元件使用液压缸。

要求设计出驱动它的动力滑台的液压系统，以实现"快进→工进→快退→原位停止"的工作循环。下面是该液压系统的具体设计过程。

9.7.1 负载分析

1. 工作负载

由切削原理可知，高速钢钻头钻铸铁孔时的轴向切削力 F_t 与钻头直径 D(mm)、每转进给量 s(mm/r)和铸件硬度 HB 之间的经验计算式为

$$F_t = 25.5 D s^{0.8} (\mathrm{HB})^{0.6} \tag{9-27}$$

根据组合机床加工的特点，钻孔时的主轴转速 n 和每转进给量 s 可选用下列数值。

对 $\phi 13.9$mm 的孔来说，$n_1=360$r/min，$s_1=0.147$mm/r。

对 $\phi 8.5$mm 的孔来说，$n_2=550$r/min，$s_2=0.096$mm/r。

利用式(9-27)，求得

$$F_t = 14 \times 25.5 \times 13.9 \times 0.147^{0.8} \times 240^{0.6} + 2 \times 25.5 \times 8.5 \times 0.096^{0.8} = 30468(N)$$

2. 惯性负载

$$F_m = \frac{G}{g}\frac{\Delta v}{\Delta t} = \frac{9810}{9.81} \times \frac{7}{60 \times 0.2} = 583(N)$$

3. 阻力负载

静摩擦阻力　　　　　$F_{fs} = 0.2 \times 9810 = 1962(N)$

动摩擦阻力　　　　　$F_{fd} = 0.1 \times 9810 = 981(N)$

液压缸的机械效率取 $\eta_m = 0.9$，由此得出液压缸在各工作阶段的负载值见表9-5。

表9-5　液压缸在各工作阶段的负载值

工况	负载组成	负载值 F/N	推力 $\dfrac{F}{\eta_m}$/N
启动	$F = F_{fs}$	1962	2180
加速	$F = F_{fd} + F_m$	1564	1500
快进	$F = F_{fd}$	981	1090
工进	$F = F_{fd} + F_t$	31449	34943
快退	$F = F_{fd}$	981	1090

4. 负载图和速度图的绘制

已知快进行程 $l_1 = 100$mm、工进行程 $l_2 = 50$mm、快退行程 $l_3 = l_1 + l_2 = 150$mm。负载图按上面计算的数值绘制，如图9.5(a)所示。速度图则按已知数值 $v_1 = v_3 = 7$m/min 和工进速度 v_2 等绘制，如图9.5(b)所示。其中 v_2 由主轴转速及每转进给量求出，即 $v_2 = n_1 s_1 = n_2 s_2 \approx 0.053$m/min。

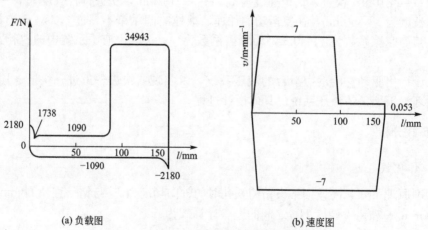

(a) 负载图　　　　　(b) 速度图

图9.5　组合机床液压缸的负载图和速度图

9.7.2 液压缸主要参数的确定

由表 9-2(按负载选定工作压力)及表 9-3(按主机类型选择系统压力)可知,组合机床液压系统在最大负载约为 35000N 时宜取 $p_1=4$MPa。

鉴于动力滑台要求快进、快退速度相等,这里的液压缸可选用单杆式的,并在快进时做差动连接。在这种情况下,液压缸无杆腔工作面积 A_1 应取为有杆腔工作面积 A_2 的两倍,即活塞杆直径 d 与缸筒直径 D 的关系为 $d=0.707D$。

在钻孔加工时,液压缸回油路上必须具有背压 p_2,以防孔被钻通时滑台突然前冲。根据经验取 $p_2=0.8$MPa。快进时液压缸虽作差动连接,但由于油管中有压差 Δp 存在,有杆腔的压力必须大于无杆腔,估算时可取 $\Delta p \approx 0.5$MPa。快退时回油腔中也是有背压的,这时 p_2 亦可按 0.5MPa 估算。

由工进时的推力计算液压缸面积

$$\frac{F}{\eta_m}=A_1 p_1 - A_2 p_2 = A_1 p_1 - \left(\frac{A_1}{2}\right)p_2$$

故有

$$A_1 = \left(\frac{F}{\eta_m}\right) \Big/ \left(p_1 - \frac{p_2}{2}\right) = 34943 \Big/ \left[\left(4-\frac{0.8}{2}\right)\times 10^6\right] = 0.0097(\text{m}^2)$$

$$D=\sqrt{4A_1/\pi}=0.1112(\text{m}), \quad d=0.707D=0.0786(\text{m})$$

按 GB/T 2348—1993 将这些直径圆整成标准值,为 $D=110$mm,$d=80$mm。由此求得液压缸两腔的实际有效面积为

$$A_1=\pi D^2/4=9.503\times 10^{-3}(\text{m}^2), \quad A_2=\pi(D^2-d^2)/4=4.477\times 10^{-3}(\text{m}^2)$$

经验算,活塞杆的强度和稳定性均符合要求。

根据上述 D 与 d 的值可估算液压缸在各个工作阶段中的压力、流量和功率见表 9-6,并据此绘出工况图如图 9.6 所示。

表 9-6 液压缸在不同工作阶段的压力、流量和功率值

工况		负载 F/N	回油腔压力 p_2/MPa	进油腔压力 p_1/MPa	输入流量 q/(L/min)	输入功率 P/kW	计算式
快进 (差动)	启动	2.180	$p_2=0$	0.434	—	—	$p_1=\dfrac{(F+A_2\Delta p)}{(A_1-A_2)}$
	加速	1.738	$p_2=p_1+\Delta p$ ($\Delta p=0.5$MPa)	0.791	—	—	$q=(A_1-A_2)v_1$
	恒速	1.090		0.662	35.19	0.39	$P=p_1 q$
工进		34.943	0.8	4.054	0.5	0.34	$p_1=\dfrac{(F+p_2 A_2)}{A_1}$ $q=A_1 v_2$ $P=p_1 q$
快退	启动	2.180	$p_2=0$	0.487	—	—	$p_1=\dfrac{(F+p_2 A_1)}{A_2}$
	加速	1.738	0.5	1.45	—	—	$q=A_2 v_2$
	恒速	1.090		1.305	31.34	0.68	$P=p_1 q$

9.7.3 液压系统图的拟订

1. 液压回路的选择

首先选择调速回路。由图 9.6 中的一些曲线得知，这台机床液压系统的功率小，滑台运动速度低，工作负载变化小，可采用进口节流的调速形式。为了解决进口节流调速回路在孔钻通时的滑台突然前冲现象，回油路上要设置背压阀。

由于液压系统选用了节流调速的方式，系统中油液的循环必然是开式的。

从工况图中可以清楚地看到，在这个液压系统的工作循环内，液压缸交替地要求油源提供低压大流量和高压小流量的油液。最大流量与最小流量之比约为 70，而快进、快退所需的时间比工进所需的时间少得多。因此从提高系统效率、节省能量的角度来看，采用单个定量泵作为油源显然是不合理的，宜采用双泵供油系统，或者采用限压式变量泵加调速阀组成的容积节流调速系统。这里决定采用双泵供油回路，如图 9.7(a) 所示。

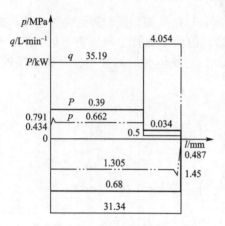

图 9.6 组合机床液压缸工况图

其次是选择快速运动和换向回路。系统中采用节流调速回路后，不管采用什么油源形式都必须有单独的油路直接通向液压缸两腔，以实现快速运动。在本系统中，单杆液压缸要作差动连接；而且当滑台由工进转为快退时，回路中通过的流量很大：进油路中通过的流量为 31.34L/min，回油路中通过的流量为 $31.34\times(95/44.77)=66.50$ L/min。为了保证换向平稳起见，采用电液换向阀式换接回路，所以它的快进、快退换向回路应采用图 9.7(b) 所示的形式。

由于这一回路要实现液压缸的差动连接，换向阀必须是五通的。

再次是选择速度换接回路。由工况图 9.6 中的 $q-l$ 曲线可知，当滑台从快进转为工进时，输入液压缸的流量由 35.19L/min 降为 0.5L/min，滑台的速度变化较大，宜选用行程阀来控制速度的换接，以减少液压冲击，如图 9.7(c) 所示。

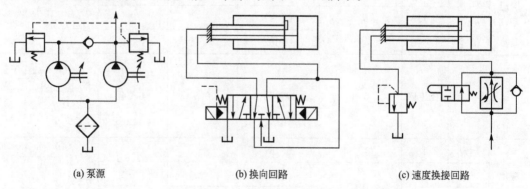

(a) 泵源　　　　　　(b) 换向回路　　　　　　(c) 速度换接回路

图 9.7 液压回路的选择

最后再考虑压力控制回路。系统的调压问题已在油源中解决。卸荷问题如采用中位机能为 H 形的三位换向阀来实现，因此就不需再设置专用的元件或油路。

2. 液压回路的综合

把上面选择的各种回路组合画在一起就可以得到图 9.8 所示的、未设置虚线圆框内元件时的系统原理图。将此图仔细检查一遍，可以发现，这个原理图在工作中还存在问题，必须进行如下的修改和整理。

(1) 为了解决滑台工进时图中进油路、回油路相互接通，无法建立压力的问题，必须在液动换向回路中串接一个单向阀 a，将工进时的进油路、回油路隔断。

(2) 为了解决滑台快速前进时回油路接通油箱，无法实现液压缸差动连接的问题，必须在回油路上串接一个液控顺序阀 b，以阻止油液在快进阶段返回油箱。

(3) 为了解决机床停止工作时系统中的油液流回油箱，导致空气进入系统，影响滑台运动平稳性的问题，另外考虑到电液换向阀的启动问题，必须在电液换向阀的出口处增设一个单向阀 c。在泵卸荷时，使电液换向阀的控制油路中保持一个满足换向要求的压力。

(4) 为了便于系统自动发出快速退回信号，在调速阀输出端需增设一个压力继电器 d。

(5) 如果将顺序阀 b 和背压阀的位置对调一下，就可以将顺序阀与油源处的卸荷阀合并。

经过修改、整理后的液压系统原理图如图 9.9 所示。

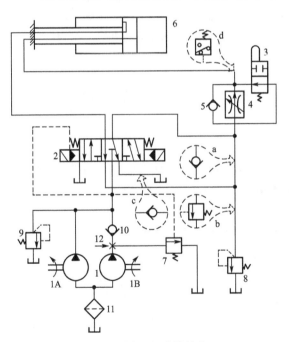

图 9.8 液压回路的综合
1—双联叶片泵　1A—小流量泵　1B—大流量泵
2—换向阀　3—行程阀　4—调速阀
5—单向阀　6—液压缸　7—卸荷阀
8—背压阀　9—溢流阀　10—单向阀
11—过滤器　12—压力表开关　a—单向阀
b—顺序阀　c—单向阀　d—压力继电器

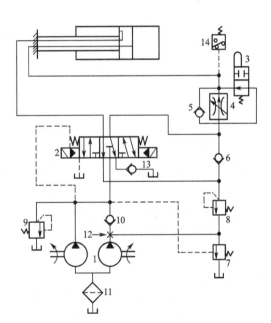

图 9.9 液压回路的综合和整理
1—双联叶片泵　2—换向阀　3—行程阀
4—调速阀　5—单向阀　6—单向阀
7—顺序阀　8—背压阀　9—溢流阀
10—单向阀　11—过滤器
12—压力表开关
13—单向阀　14—压力继电器

9.7.4 液压元件的选择

1. 液压泵

液压缸在整个工作循环中的最大工作压力为 4.054MPa，如取进油路上的压力损失为 0.8MPa，压力继电器调整压力高出系统最大工作压力之值为 0.5MPa，则小流量泵的最大工作压力应为

$$p_{P1}=(4-054+0.8+0.5)=5.354(\text{MPa})$$

大流量泵是在快速运动时才向液压缸输油的，由图 9.6 可知，快退时液压缸中的工作压力比快进时大，如取进油路上的压力损失为 0.5MPa，则大流量泵的最高工作压力为

$$p_{P2}=(1.305+0.5)=1.805(\text{MPa})$$

两个液压泵应向液压缸提供的最大流量为 35.19L/min(图 9.6)。若回路中的泄漏按液压缸输入流量的 10% 估计，则两个泵的总流量为

$$q_P=1.1\times35.19=38.71(\text{L/min})$$

由于溢流阀的最小稳定溢流量为 3L/min，而工进时输入液压缸的流量为 0.5L/min，所以小流量泵的流量规格最少应为 3.5L/min。

根据以上压力和流量的数值查阅产品目录，最后确定选取 PV2R12 型双联叶片泵。

由于液压缸在快退时输入功率最大，这相当于液压泵输出压力 1.805MPa、流量 40L/min 时的情况。如取双联叶片泵的总效率为 $\eta_P=0.75$，则液压泵驱动电机的功率为

$$P=\frac{p_P q_P}{\eta_P}=\frac{1.805\times10^6\times40\times10^{-3}}{0.75\times60\times10^3}=1.6(\text{kW})$$

根据此数值查阅电机产品目录，最后选定 Y100L1—4 型电动机，其额定功率为 2.2kW，满载时转速 1430r/min。

2. 阀类元件及辅助元件

根据液压系统的工作压力和通过各个阀类元件和辅助元件的实际流量，可选出这些元件的型号及规格。表 9-7 所示为选出的一种方案。

表9-7 元件的型号及规格

序号	元件名称	流量	型号	规格	生产厂家
1	双联叶片泵	—	PV2R12	14MPa，36L/min 和 6L/min	阜新液压件厂
2	三位五通电液阀	75	35DY3Y-E10B	16MPa，通径 10	高行液压件厂
3	行程阀	84			
4	调速阀	<1	AXQF-E10B		
5	单向阀	75		16MPa，通径 10	高行液压件厂
6	单向阀	44	AF3-En10B		
7	液控顺序阀	35	XF3-E10B		
8	背压阀	<1	YF3-E10B		

(续)

序号	元件名称	流量	型号	规格	生产厂家
9	溢流阀	35	AF3-E10B		
10	单向阀	35	AF3-En10B		
11	过滤器	40	YYL-105-10	21MPa,90L/min	新乡116厂
12	压力表开关	—	KF3-E3B	16MPa,3测点	
13	单向阀	75	AF3-Ea20B	16MPa,通径20	高行液压件厂
14	压力继电器	—	PF-B8C	14MPa,通径8	榆次液压件厂

3. 油管

各元件间连接管道的规格一般按元件接口处尺寸决定。液压缸进、出油管则按输入、排出的最大流量计算。由于液压泵具体选定之后液压缸在各个阶段的进、出流量已与原定数值不同，所以要重新计算，见表9-8。

表9-8 液压缸的进、出流量

	快进	工进	快退
输入流量 /(L/min)	$q_1=(A_1q_p)/(A_1-A_2)=(95\times 42)/(95-4.77)=79.43$	$q_1=0.5$	$q_1=q_p=42$
排出流量 /(L/min)	$q_2=(A_2q_1)/A_1=(44.77\times 79.43)/95=37.43$	$q_2=(A_2q_1)/A_1=(0.5\times 44.77)/95=0.24$	$q_2=(A_1q_1)/A_2=(42\times 95) 44.77=89.12$
运动速度 /(m/min)	$v_1=q_p/(A_1-A_2)=(4_2\times 10)/(95-44.77)=8.36$	$v_1=q_1/A_1=(0.5\times 10)/95=0.053$	$v_3=q_1/A_2=42\times 10/44.77=9.38$

根据这些数值，当油液在压力管中流速取3m/min时，按下式算得和液压缸无杆腔及和有杆腔相连的油管内径分别为

$$d_1=2\times\sqrt{(79.43\times 10^6)/(\pi\times 3\times 10^3\times 60)}=23.7\text{mm}$$

$$d_2=2\times\sqrt{(42\times 10^6)/(\pi\times 3\times 10^3\times 60)}=17.2\text{mm}$$

这两根油管都按JB 827—66标准，选用内径20mm、外径28mm的无缝钢管。

4. 油箱

油箱容积估算，当取 K 为6时，求得其容积为 $V=6\times 40=240\text{L}$，按GB 2876—81规定，取最接近的标准值 $V=250\text{L}$。

9.7.5 液压系统的性能验算

由于系统的具体管路布置尚未确定，整个回路的压力损失无法估算，仅阀类元件对工进时液压缸的有效功率为

$$P_o=p_2q_2=Fv=\frac{31449\times 0.053}{60\times 10^3}=0.03\text{kW}$$

这时，大流量泵通过液控顺序阀 7 卸荷，小流量泵在高压下供油，所以两个泵的总输出功率为

$$P_\text{i} = \frac{p_\text{P1} q_\text{P1} + p_\text{P2} q_\text{P2}}{\eta_\text{P}} = \frac{0.3 \times 10^6 \times 36 \times 10^{-3} + 4.978 \times 10^6 \times 6 \times 10^{-3}}{0.75 \times 60 \times 10^3} = 0.74 (\text{kW})$$

由此得液压系统的发热量为

$$\Delta P = P_\text{i} - P_\text{o} = 0.71 \text{kW}$$

求油液温升近似值。当通风良好时，取散热系数 $K=16$，则油液温升为

$$\Delta \theta = \frac{\Delta P}{KA} = 18 ℃$$

温升没有超出允许范围，所以液压系统中不需要设置冷却器。

习 题

1. 设计液压系统一般经过哪些步骤？要进行哪些计算？
2. 如何拟定液压系统原理图？
3. 设计一台板料折弯机液压系统。要求完成的动作循环为：快进→工进→快退→停止，且动作平稳。根据实测，最大推力为 15kN，快进、快退速度为 3m/min，工作进给速度为 1.5m/min，快进行程为 0.1m，工进行程为 0.15m。
4. 一台专用铣床的铣头驱动电动机功率为 7.5kW，铣刀直径为 120mm，转速为 350r/min。工作行程为 400mm，快进、快退速度为 6m/min，工进速度为 60~1000mm/min，加、减速时间为 0.05s。工作台水平放置，导轨摩擦系数为 0.1，运动部件总重量为 4000N。试设计该机床的液压系统。

第10章 液压比例与伺服控制技术

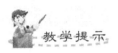

教学提示

比例是指控制元件的输出量与输入量成比例变化，液压比例控制是指通过按比例地控制输入电信号来控制液压元件相关参数的输出。伺服系统又称随动系统或跟踪系统，是一种自动控制系统。在伺服系统中，执行元件能以一定的精度自动地按照输入信号的变化规律而动作。用液压元件组成的伺服系统称为液压伺服系统。液压伺服系统主要分为机液伺服系统和电液伺服系统，除了具有液压传动的各种优点外，还具有体积小、反应快、系统刚度大和控制精度高等优点。本章主要介绍液压比例控制与伺服控制系统的基本工作原理，电液比例和电液伺服阀等主要比例和伺服控制元件的结构和应用实例。

教学要求

掌握液压比例控制和液压伺服控制系统的概念和工作原理，了解常用的液压比例控制和伺服控制元件。

电液比例控制和电液伺服控制技术在当今方兴未艾，源自于它把大功率的液压传动与精准灵便的电气控制融合在了一起。在普通开关式液压传动与电液伺服控制之间曾经有一道无形的坎，电液比例控制技术则成功实现了这一跨越。电液比例技术既可实现液压动力传动又具备了电子控制的灵活性。标准液压元件加上信号放大电路仅此简单的系统构成而已，因此比例伺服技术能得到普遍运用，相应的系列化和专用化设备更是层出不穷。

目前工业界广泛采用电液比例伺服控制技术来设计现代液压设备，大都采用开环或闭环的液压控制，因此理解并掌握这方面的技术知识十分重要。

随着科技的进步，许多液压系统都要求流量和压力能连续地、成比例地实现调节。20世纪60年代出现的电液比例阀较好地解决这种需求。比例伺服阀是一种输出量与输入量成比例的液压阀，它可以按给定的输入信号连续地按比例调节液体的流量、压力，并控制流体的方向。

现有的电液比例伺服阀一类是将传统的液压阀中的手轮、普通电磁铁改为比例电磁铁而成的，阀体部分不变；另一类则是简化伺服阀的结构，适当降低加工精度而发展成的。前者为开环控制，后者为闭环控制，后者的控制性能高于前者。根据作用不同比例阀可分为比例流量阀、比例压力阀和比例方向阀三大类。

10.1 比 例 技 术

所谓比例是指控制元件的输出量与输入量成比例变化，就比例阀而言，控制的对象应用于比例电磁铁，输出的是电磁力，它正比于输入的电流或电压信号。图10.1的理想力—电流特征曲线中表示力控制型比例电磁铁特征曲线。

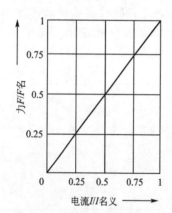

图 10.1 理想力—电流特征曲线

当电磁铁加上弹簧负载时，其输出信号变为阀芯位移了，位移正比于力，因而正比于输入电流或电压信号。在许多情况下输出信号和输入信号间优良的比例控制关系，可以用测量位移的传感器和装在控制电器上的电控器来达到。电控器将实际信号和输入信号进行比较，并对任何偏差进行补偿。比例控制在液压系统中控制流程如图10.2所示。

输入电信号通常为0至10V电压，由信号放大器成比例地转化为电流，即输入变量。如1mV相当于1mA，比例电磁铁产生一个与输入变量成比例的力或位移输出，液压阀以这些输出变量力或位移作为输入信号就可成比例地输出流量或压力。这些成比例输出的流量或压力，对于液压执行机构或机器动作单元而言意味着不仅可进行方向控制而且可进行速度和压力的无级调控。同时执行机构运行的加速或减速也实现了无级可调，如流量在某一时间段内的连续性变化等。

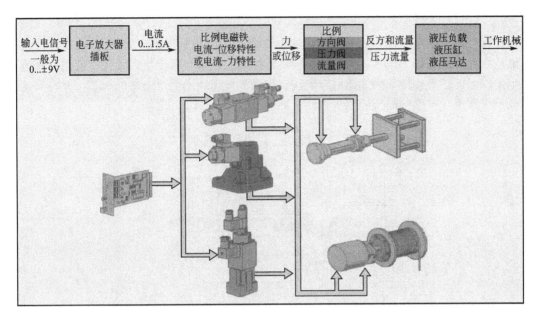

图 10.2 比例控制信号流程图

10.1.1 比例电磁铁

比例电磁铁是电子技术与比例液压技术的连接环节。它是一种直流行程式电磁铁，它产生输出量与输入量成正比的量：力和位移。按实际使用情况可分为以下两种。

力调节型电磁铁——在一定行程内，保持力与电流的线性关系。

行程调节型电磁铁——在一定行程内，保持位移与电流的线性关系。

目前只有直流电磁铁可以产生于输入电流成正比的力和位移，对于交流电磁铁由于输入电流与衔铁行程有关，因此工作时必须尽可能快地达到其行程终了位置。

10.1.2 力调节型电磁铁

对于力调节型电磁铁，在衔铁行程没有明显改变的情况下，通过改变电流 I 来调节输出的电磁力。力调节型电磁铁的基本特性是控制电流不变时，电磁力在其工作行程内保持恒定。如图 10.3 所示，电磁铁的有效工作行程约为 1.5mm，由于行程较小，力控制型电磁铁的结构非常紧凑，可以用于比例方向阀和比例压力阀的先导级，将电磁力转换为液压力。这种比例电磁铁是一种可调节型直流比例电磁铁，衔铁腔中处于油浴状态。

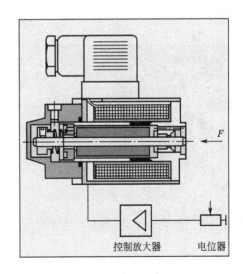

图 10.3 力调节型电磁铁

10.1.3 行程调节型电磁铁

在行程调节型电磁铁中，衔铁的位置由一个闭环回路来控制，如图 10.4 所示。只要电磁铁在允许区域内工作，其衔铁的位置就保持不变，而与所受反力无关。使用行程调节型电磁铁，能够直接推动诸如比例方向阀、比例流量阀及比例压力阀的阀芯，并将其控制在任意位置上。电磁阀的行程因规格而不同，一般为 3～5mm 之间。

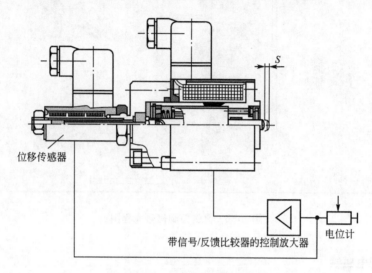

图 10.4 行程调节型电磁铁

10.2 比例方向阀

比例方向阀有别于传统的开关量电磁铁控制的方向阀，它既可以控制液流的方向，也可以控制流量大小。

10.2.1 直动式比例方向阀

和普通方向阀以电磁铁直接驱动一样，比例电磁铁也是直接驱动直动式比例方向阀控制阀芯的。图 10.5 为直动式比例方向阀 4MRE10 及其控制器。图 10.6 为直动式比例方向阀的结构原理及职能符号。

阀的基本组成部分有：阀体 1，一个或两个具有相近位移—电流特性的比例电磁铁 2，电感式位移传感器 3，控制阀芯 4，复位弹簧 5。比例电磁铁不通电时控制阀芯由复位弹簧保持中位。

阀芯在图 10.6 所示的位置时，P、A、B

图 10.5 带电反馈的直动式比例方向阀 4MRE10 及其电控器 VT5006

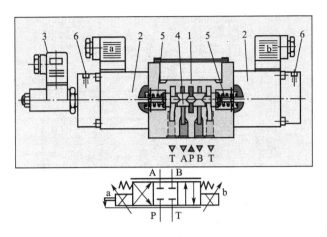

图 10.6 直动式比例方向阀的结构原理
1—阀体 2—比例电磁铁 3—位移传感器
4—阀芯 5—弹簧 6—泄漏口

和 T 之间互不相同。如电磁铁 a 通电，阀芯右移，则 P 与 B，A 与 T 分别相通。来自控制器的控制信号值越高，控制阀芯的位移也越大。这样，阀芯行程与电信号成正比。阀芯行程越大，阀口的通流面积也就越大。阀左侧配有电感式位移传感器，它检测出阀芯的实际位置，并把与之成正比的电信号反馈给控制器。由于位移传感器的量程按照两倍的阀芯行程设计，所以阀芯在两个方向的实际位置都可检测。

在放大器中，实际值（控制阀芯的实际位置）与设定值进行比较，检测出两者的差值后，以相应的电信号传输给对应的电磁铁，修正实际值，因而构成了位置反馈闭环。

10.2.2 先导式比例方向阀

与开关阀一样，大通径的比例阀也采用先导式结构。其根本原因还是推动主阀芯的操纵力较大。通常 10 通径及其以下的采用直动式，10 通径以上采用先导式。先导式比例方向阀的外形图如图 10.7 所示，结构如图 10.8 所示。先导式比例方向阀由几部分组成：带比例电磁铁 1、2 的先导阀 3，带主阀芯 8 的主阀体 7，对中弹簧 9。先导阀配备的具有力—电流特性的力调节型比例电磁铁。

先导式比例方向阀的工作原理：来自控制信号的电信号，在比例电磁铁 1 或 2 中按比例地转换为作用在先导阀芯上的力。与此作用力相对应，在先导阀 3 的出口 A 或 B，得到一个压力，此压力作用于主阀芯 8 的端面上，克服弹簧 9 的弹力推动主阀芯位移，直到液压力和弹簧力平衡。

主阀芯位移的大小，即相应的阀口开度大小，取决于作用在主阀端面先导控制油压

图 10.7 4WRZ 先导控制比例方向阀及其
电控制器 VT3000

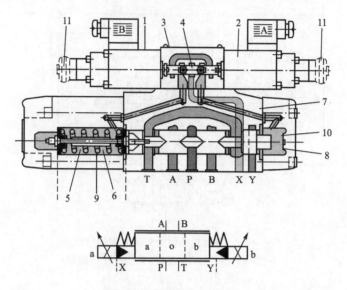

图 10.8 先导式比例方向阀

1、2—比例电磁铁 3—先导阀阀体 4—先导阀阀芯 5—连杆 6—弹簧腔腔体
7—主阀体 8—主阀芯 9—弹簧 10—主阀芯腔体 11—先导阀推杆

的高低。一般可用溢流阀或减压阀来得到这个先导控制油压。比例方向阀以减压阀为先导级优点在于，不必持续不断地消耗先导控制油。图 10.9 主要由两个比例电磁铁 1 和 2，壳体 3，控制阀芯 4 和两个测压活塞 5 和 6 组成。在电磁铁未通电时，控制阀芯 4 由弹簧保持中位。此时 A 和 B 与油口 T 相同，因而在这些油口没有压力，油口 P 封闭。现假设电磁铁 B 通电，电磁力通过测压活塞 5 作用在控制阀芯 4 上，使它向右移动。由此，油从 P 流向 A，B 仍和 T 相通。在 A 油口建立起来的压力，通过控制阀芯 4 上的径向孔，作用在测压活塞 6 上。由此产生的液压力克服电磁力推动控制阀芯 4 向阀口关闭方向移动，直到两个力达到平衡为止。在此过程中测压活塞 6 静止于电磁铁的衔铁中。

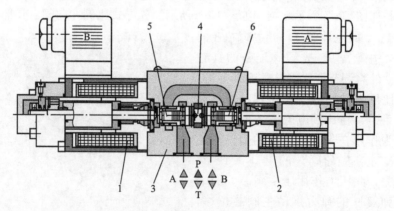

图 10.9 先导减压阀

1、2—比例电磁铁 3—先导阀阀体 4—先导阀阀芯 5、6—测压活塞

P 至 A 的油路断开，工作口 A 液压力将保持不变。假若电磁力有所减小，则作用在控制阀芯的液压力推动控制阀向左移动，使油口 A 和 T 相通，引起控制阀芯 4 压力上升而左移。先导压力油可通过 A 口流向 T 而泄压，力的再度平衡，意味着压力维持恒定，然而却处于较低值。控制阀中位时比例电磁铁失电，这时 A 与 B 口均与 T 相通，也即油液在 A、B 泄压，同时 P 与 A、B 均不相通，通过改变先导阀输入电信号，成比例地改变 A、B 口的压力。如果主阀左右两腔 10 和 6 失压，也即 A 和 B 先导阀泄荷，则在对中弹簧 9 的作用下主阀芯回归中位。

主阀芯的控制作用：当电磁铁 B 通电时，先导压力油或由内部 P 口，或经外部 X 口经过先导阀进入腔体 10，控制腔中建立起的压力与输入电信号成正比。由此产生的液压力克服弹簧 9(图 10.8)，使主阀芯 8 移动，直至弹簧力和液压力平衡为止。控制油压力的高低，决定了主阀芯的位置，也就决定了节流阀口的开度，以及相应的流量。

主阀芯的结构与直动式比例方向阀的结构类似。当 A 电磁铁 2 通入控制信号时，则在腔体 6 内产生与输入信号相对应的液压力。这个液压力，通过固定在阀芯上的连杆 5，克服弹簧 9 使主阀芯移动。弹簧 9 连同两个弹簧座无间隙地安装在阀体与阀盖之间，它有一定的于压缩量，采用一根弹簧与阀芯两个运动方向上的液压力平衡的结构，经过适当地调整可保证在相同输入信号时，左右两个方向上阀芯移动相等。另外，弹簧座的悬置方式有利于滞环的减小。当主阀压力腔泄荷后弹簧力使控制阀芯重新回到中位。

比例方向阀有如下优点。
(1) 结构上与普通三位四通弹簧对中型方向阀相似。
(2) 对污染的敏感性较小。
(3) 一个阀可以同时控制方向和流量。在过程控制中可以在没有附加方向和节流阀的情况下，实现快速和低速控制。速度的变化过程是无级的，不跃变的。
(4) 具有先导控制方向阀一样的较大阀芯行程。
(5) 流入和流出执行元件的液流，都要受到两个控制阀口的约束。
(6) 与电控制器配合，能方便可靠地实现加速及减速过程。加减速时间可由电控器调节，而与油液特征无关。

10.3 比例压力阀

比例压力阀可实现压力遥控，压力的大小可通过电信号进行调节。根据生产过程的需要，通过改变电信号的设定值来设定压力阀的工作压力，从而决定系统的压力大小。

10.3.1 直动式比例溢流阀

图 10.10 所示为比例压力阀的外形图，图 10.11 为直动式比例溢流阀结构原理图，这种比例溢流阀采用座阀式结构，它由如下几个部分构成：壳体 1，带电感式位移传感器 3 的比例电磁铁 2，阀座 4，阀芯 5，压力弹簧 6。这里采用的比例电磁铁是位置调节型电磁铁，用它取代普通溢流阀里面的手动调节机构。

系统控制时，给出的压力控制信号，经放大信号产生一个与设定值成正比的电磁铁位移。它通过弹簧座 7 对压力弹簧 6 进行预加压缩力，并把阀芯压在阀座上，弹簧座的位置即电磁铁衔铁的位置，也即压力的调节值，由电感式位移传感器检测，与设定值进行比较由反馈进行调节和修正。按照这个原理消除了电磁铁衔铁的摩擦力影响，得到了精度高、重复性好的调节特性。弹簧 8 用来在信号为 0 时，将衔铁等运动件反推回去，以得到尽可能低的 $p_{\min}$。如果阀垂直安装，弹簧 8 还要平衡衔铁的重量。

图 10.10　DBETR 直动式比例溢流阀及 VT5003 型放大器

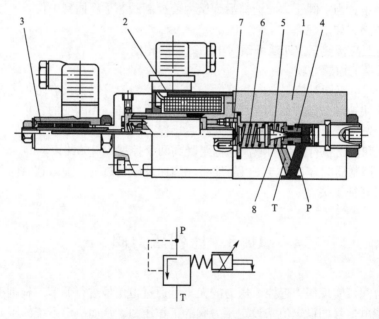

图 10.11　直动式比例溢流阀
1—阀体　2—比例电磁铁　3—电感式位移传感器　4—阀座
5—阀芯　6—压力弹簧　7—压力弹簧座　8—反推复位弹簧

10.3.2　先导式比例溢流阀

大流量阀一般采用先导式结构。这种阀外形如图 10.12 所示，结构原理如图 10.13 所示，由以下几个部分组成：带有比例电磁铁 2 的先导级 1，主阀芯 5 和阀体 4。先导式比例溢流阀与一般先导式溢流阀的基本功能一样，其区别在于用比例电磁铁代替了一般的调压弹簧,它是一个力调节型比例电磁铁。如果在电控器中预调一个给定的电流值,对应地就有一个与之成正比的电磁力作用在先导阀的锥阀阀芯 6 上。较大的输入电流意味着较大的电磁力,相应产生较大的调节压力,反之亦然。由系统(油口 A)来的压力作用于主阀芯 5 上。同时系统压力通过液阻 7、8、9 及控制回路 10 作用在主阀芯的弹簧腔 11 上,通过液阻 12,系统压力作用在先导锥阀 6 上,并与电磁铁 2 的电磁力相比较,当系统压力超过相应电磁力设定值时,先导阀打开,控制油流经 Y 通道回油箱。

图 10.12　DBE 先导式比例溢流阀及 VT2010 型放大器

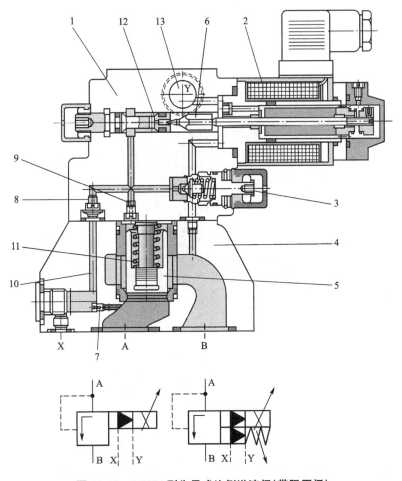

图 10.13　DBEM 型先导式比例溢流阀(带限压阀)

1—先导阀　2—比例电磁铁　3—限压调节　4—主阀阀体　5—主阀阀芯　6—先导锥阀芯
7、8、9、12—液阻通道　10—控制通道　11—主阀弹簧腔　13—外泄油口由于控制回路液阻的作用，主阀芯5上下两端产生压力差，使主阀芯抬起，打开A到B的阀口。

10.3.3 先导式比例减压阀

先导式比例减压阀外形如图10.14所示，结构原理如图10.15所示，与前述溢流阀一样，电磁力直接作用于先导锥阀，通过调节比例电磁铁2的电流来调整通道A中的压力。在调定值为0的原始位置（在通道B中没有压力或流量），弹簧10使主阀芯组件处于其输出口位置，A与B之间的通道关闭，由此抑制了启动阶跃效应。

图10.14 DBEM20先导比例减压阀及其电控器VT2010

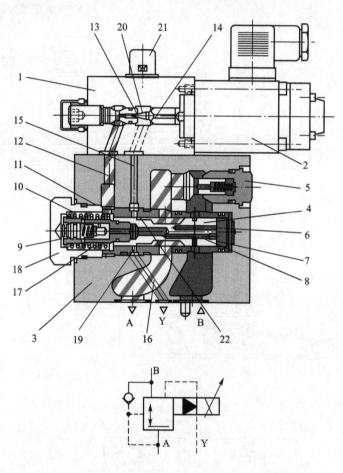

图10.15 先导式比例减压阀

1—先导阀体 2—比例电磁铁 3—主阀阀座 4—主阀阀体 5—单向阀 6—控制油通道
7—主阀芯端面 8—油液通道 9—小流量调节器 10—弹簧腔 11、12—孔道
13—锥阀阀座 14、15、16—Y口通道 17—弹簧 18—螺堵 19—控制阀口
20—锥阀 21—压力限制调节器 22—泄漏口

A 通道的压力通过控制通道 6，作用到主阀芯端面 7 上。B 中的油经过通道 8，通过主阀芯引到小流量调节器 9。小流量调节器使从 B 通道来的控制油流量保持为常数，而与 A、B 通道间的压力差无关。从小流量调解器 9 流出的控制油进入弹簧腔 10，通过孔道 11 和 12，并经阀座 3，由 Y 通道 14、15、16 流回油箱。A 通道希望达到的压力，由配套的放大器预调。比例电磁铁把锥阀芯 20 压向阀座 13，并把弹簧腔 10 中压力限定在调定压力之上。如果 A 通道之中的压力低于预调的设定值。则弹簧腔 10 中较高的压力驱使主阀芯向右移动，打开 A 与 B 之间的通道。当 A 通道的压力达到调定值时，主阀芯的力也达到平衡。

10.4 比例流量阀

比例流量调节阀，可以通过给定的电信号，在较大范围内控制流量，且流量大小不受压力和温度的影响。二通电液比例调速阀外形如图 10.16 所示，结构原理如图 10.17 所示，

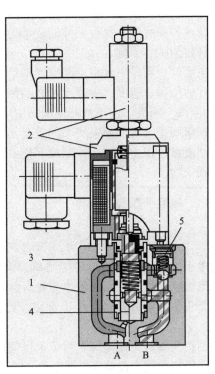

图 10.16　2FRE6 二通比例调速阀及其
　　　　　电控器 VT5010

图 10.17 比例调速阀结构原理图
1—阀体　2—比例电磁铁
3—压力控制阀口
4—压力补偿器　5—单向阀

其主要组成部分为：壳体1，带有电感式位移传感器的比例电磁铁2，控制阀口3，压力补偿器4和可供取舍的单向阀15。流量的调节，是由电位器给定的电信号来确定。这个设定的电信号，在电位器中产生相应的电流，并在比例电磁铁中产生一个与之成比例的行程。与此相应，控制口3向下移动，形成一个通流截面。控制窗口的位置，由电感式位移传感器测出。与设定值间的偏差，由闭环调节器加以修正。压力补偿器保证控制窗口上的压降始终为定值。因此，流量与负载变化无关。选用合适的控制窗口结构可使温度漂移较小。

从0开始增大电流，可得到一个无超调的起始过程。通过电控器可实现控制窗口的延时打开和关闭。反向液流可经单向阀5由B流向A。

在控制信号为0时，控制窗口关闭。当控制电流出现故障，或位移传感器接线断开时，控制窗口也关闭。

10.5 电液伺服阀

液压伺服系统是一种采用液压伺服机构，根据液压传动原理建立起来的自动控制系统。在这种系统中，执行元件的运动随着控制机构信号的改变而改变。因此液压伺服控制系统又称为随动系统。

电液伺服阀是一种将小功率模拟量电控制信号转换为大功率液压能输出，以实现对执行元件的位移、速度、加速度及力的控制的伺服阀。电液伺服阀可分为"流量伺服阀"和"力伺服阀"两类。由于电液伺服阀应用比较广泛，通常又简称为伺服阀。

伺服阀是液压伺服系统中的重要元件，它是一种通过改变输入信号，连续的、成比例的控制流量、压力的液压控制阀。根据输入信号的方式不同，又分为电液伺服阀和机液伺服阀两大类。

10.5.1 电液伺服阀的分类

1. 按液压放大级数分类

单级伺服阀。此类阀结构简单、价格低廉，但由于力矩马达或力马达输出力矩或力小、定位刚度低，使阀的输出流量有限，对负载动态变化敏感，阀的稳定性在很大程度上取决于负载动态，容易产生不稳定状态。只适用于低压、小流量和负载动态变化不大的场合。

两级伺服阀。此类阀克服了单级伺服阀缺点，是最常用的形式。

三级伺服阀。此类阀通常是由一个两级伺服阀作前置级控制第三级功率滑阀。功率级滑阀阀芯位移通过电气反馈形成闭环控制，实现功率级滑阀阀芯的定位。三级伺服阀通常只用在大流量的场合。

2. 按第一级阀的结构形式分类

可分为：滑阀、单喷嘴挡板阀、双喷嘴挡板阀、射流管阀和偏转板射流阀。

在电液伺服阀中力矩马达的作用是将电信号转换为机械运动，因而是一个电气-机械转换器。电气-机械转换器是利用电磁原理工作的。它由永久磁铁或激磁线圈产生极化磁场。电气控制信号通过控制线圈产生控制磁场，两个磁场之间相互作用产生与控制信号成比例并能反映控制信号极性的力或力矩，从而使其运动部分产生直线位移或角位移的机械运动。

10.5.2 电液伺服阀的组成

电液伺服阀的结构和类型很多，但是都是由电—机械转换器、液压放大器和反馈装置所构成，如图 10.18 所示。其中电—机械转换器是将电能转换为机械能的一种装置，根据输出量的不同分为力马达(输出直线位移)和力矩马达(输出转角)；液压放大器是实现控制功率的转换和放大。由前置放大级和功率放大级组成，由于电-机械转换器输出的力或力矩很小，无法直接驱动功率级，必须由前置放大级先进行放大。前置放大级可以采用滑阀、喷嘴挡板阀或射流管阀，功率级几乎都采用滑阀。反馈装置既可以解决滑阀的定位问题，又可使整个阀变成一个闭环控制系统，从而具有闭环控制的全部优点。

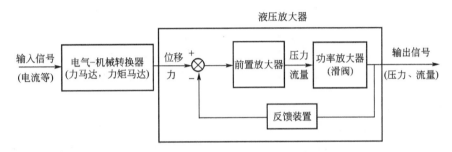

图 10.18 电液伺服阀的基本组成

10.5.3 电液伺服阀的工作原理

图 10.19 所示为电液伺服阀的结构原理图，它由力矩马达、喷嘴挡板式液压前置放大级和四边滑阀功率放大级 3 个部分组成。衔铁 3 与挡板 7 连接在一起，由固定在阀座上的弹簧管 6 支撑着。挡板 7 下端为一球头，嵌放在滑阀 9 的凹槽内，永久磁铁 1 和导磁体 2、4 形成一个固定磁场，当线圈 5 中没有电流通过时，导磁体 2、4 和衔铁 3 间 4 个气隙中的磁通都是 Φ_g，且方向相同，衔铁 3 处于中间位置。当有控制电流通入线圈 5 时，一组对角方向的气隙中的磁通增加，另一组对角方向的气隙中的磁通减小，于是衔铁 3 就在磁力作用下克服弹簧管 6 的弹性反作用力而偏转一角度，并偏转到磁力所产生的转矩与弹性反作用力所产生的反转矩平衡时为止。同时，挡板 7 因随衔铁 3 偏转而发生挠曲，改变了它与两个喷嘴 8 间的间隙，一个间隙减小，另一个间隙加大。

通入伺服阀的压力油经滤油器 11、两个对称的节流孔 10 和左右喷嘴 8 流出，通向回油。当挡板 7 挠曲，出现上述喷嘴-挡板的两个间隙不相等的情况时，两喷嘴后侧的压力就不相等，它们作用在滑阀 9 的左、右端面上，使滑阀 9 向相应方向移动一段距离，压力油就通过滑阀 9 上的一个阀口输向液压执行机构，由液压执行机构回来的油则经滑阀 9 上的另一个阀口通向回油。滑阀 9 移动时，挡板 7 下端球头跟着移动。在衔铁挡板组件上产生了一个转矩，使衔铁 3 向相应方向偏转，并使挡板 7 在两喷嘴 8 间的偏移量减少，这就是反馈作用。反馈作用的后果是使滑阀 9 两端的压差减小。当滑阀 9 上的液压作用力和挡板 7 下端球头因移动而产生的弹性反作用力达到平衡时，滑阀 9 便不再移动，并一直使其

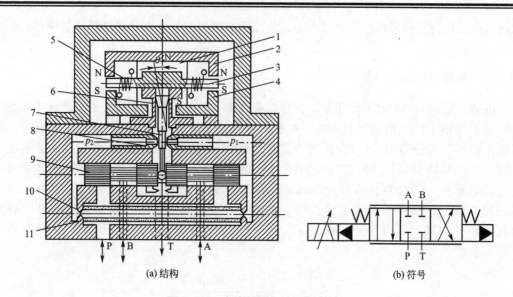

图 10.19 电液伺服阀的结构原理图
1—永久磁铁 2、4—导磁体 3—衔铁 5—线圈 6—弹簧管 7—挡板
8—喷嘴 9—滑阀 10—固定节流孔 11—滤油器

阀口保持在这一开度上。

通入线圈 5 的控制电流越大,使衔铁 3 偏转的转矩、挡板 7 挠曲变形、滑阀 9 两端的压差以及滑阀 9 的偏移量就越大,伺服阀输出的流量也越大。由于滑阀 9 的位移、喷嘴 8 与挡板 7 之间的间隙、衔铁 3 的转角都依次和输入电流成正比,因此这种阀的输出流量也和电流成正比。输入电流反向时,输出流量也反向。

10.5.4 液压放大器的结构形式

液压放大器的结构形式有滑阀、喷嘴—挡板阀和射流管阀 3 种。

1. 滑阀

根据滑阀上控制边数(起控制作用的阀口数)的不同,有单边、双边和四边滑阀控制式 3 种结构类型。

图 10.20 为单边控制式滑阀。它由一个控制边开口量 x_s 控制着液压缸右腔的压力和流量,从而控制液压缸运动的速度和方向。来自泵的压力油进入单杆液压缸的有杆腔,通过活塞上小孔 a 进入无杆腔,压力由 p_s 降为 p_1,再通过滑阀唯一的节流边流回油箱。在液压缸不受外负载作用的条件下,$p_1 A_1 = p_s A_2$。当阀芯根据输入信号往左移动时,开口量 x_s 增大,无杆腔压力 p_1 减小,于是 $p_1 A_1 < p_s A_2$,缸体向左移动。由于缸体和阀体刚性连接在一起,故阀体左移又使 x_s 减小(负反馈),直至平衡。

图 10.21 为双边控制滑阀。它有两个控制边 x_{s1} 和 x_{s2}。压力油一路直接进入液压缸有杆腔,另一路经滑阀左控制边的开口 x_{s1} 和液压缸无杆腔相通,并经滑阀右控制边 x_{s2} 流回油箱。当滑阀向左移动时,x_{s1} 减小,x_{s2} 增大,液压缸无杆腔压力 p_1 减小,两腔受力不平衡,缸体向左移动。反之缸体向右移动。双边滑阀比单边滑阀的调节灵敏度高,工作精度高。

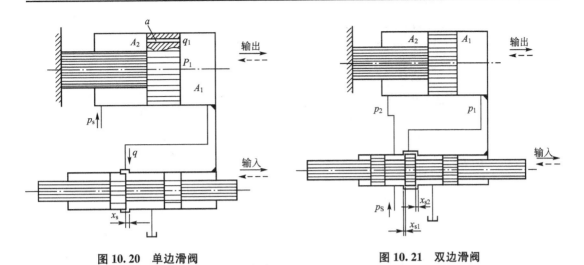

图 10.20 单边滑阀　　　　　　　　图 10.21 双边滑阀

以上两种形式只用于控制单杆的液压缸。

图 10.22 为四边控制滑阀。它有 4 个控制边 x_{s1}、x_{s2}、x_{s3}、x_{s4}。有两个负载口、供油口和回油口 4 个通道，故又称为四通伺服阀。开口 x_{s1}、x_{s2} 分别控制进入液压缸两腔的压力油，开口 x_{s3}、x_{s4} 分别控制液压缸两腔的回油。当滑阀向左移动时，液压缸左腔的进油口 x_{s1} 减小，回油口 x_{s3} 增大，使 p_2 迅速减小；与此同时，液压缸右腔的进油口 x_{s2} 增大，回油口 x_{s4} 减小，使 p_1 迅速增大，这样就使活塞迅速左移。与双边滑阀相比，四边滑阀能同时控制液压缸两腔的压力和流量，故调节灵敏度更高，工作精度也更高。这种滑阀的结构形式既可用来控制双杆的液压缸，也可用来控制单杆的液压缸。

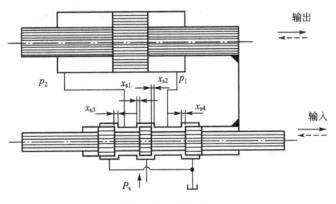

图 10.22 四边滑阀

由以上分析可知，3 种结构形式滑阀的控制作用是相同的。四边滑阀的控制性能最好，双边滑阀居中，单边滑阀最差。但是单边滑阀容易加工、成本低，双边滑阀居中，四边滑阀工艺性差，加工困难，成本高。一般四边滑阀用于精度和稳定性要求较高的系统；单边和双边滑阀用于一般精度的系统。

滑阀在初始平衡的状态下，阀的开口有负开口（$x_s < 0$）、零开口（$x_s = 0$）和正开口（$x_s > 0$）3 种形式，如图 10.23 所示。具有零开口的滑阀，其工作精度最高；负开口有较大的不灵敏区，较少采用；具有正开口的滑阀，工作精度较负开口高，但功率损耗大，稳定性也较差。

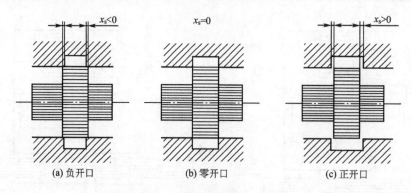

(a) 负开口　　　　(b) 零开口　　　　(c) 正开口

图 10.23　滑阀在零位时的开口形式

2. 射流管阀

如图 10.24 所示，射流管阀由射流管 1 和接收板 2 组成。射流管可绕 O 轴左右摆动一个较小的角度，接收板上有两个并列的油孔 a、b，分别与液压缸两腔相通。压力油从管道进入射流管后从锥形喷嘴射出，经油孔 a、b 进入液压缸两腔。当喷嘴处于两油孔的中间位置时，液压缸左右两腔内油液的压力相等，这时缸不动。当输入信号使射流管绕 O 轴向左摆动一小角度时，进入孔 b 的油液压力就比进入孔 a 的油液压力大，这时液压缸向左移动。由于接收板和缸体连接在一起，接收板也向左移动，形成负反馈，喷嘴恢复到中间位置，液压缸停止运动。同理，当输入信号使射流管绕 O 轴向右摆动一小角度时，进入孔 a 的油液压力大于孔 b 的油液压力，液压缸向右移动，在负反馈信号的作用下，喷嘴逐渐恢复到中间位置，缸停止运动。

射流管的优点是结构简单、加工精度低、抗污染能力强。缺点是惯性大、响应速度低、功率损耗大。因此这种阀只适用于低压及功率较小的伺服系统。

3. 喷嘴挡板阀

喷嘴挡板阀有单喷嘴式和双喷嘴式两种，两者的工作原理基本相同。图 10.25 所示为

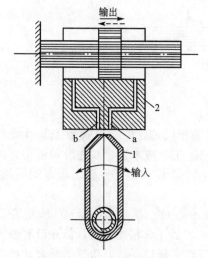

图 10.24　射流管阀工作原理
1—射流管　2—接收板

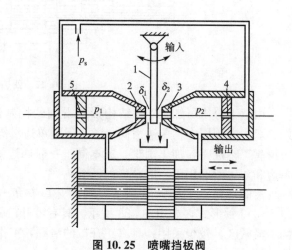

图 10.25　喷嘴挡板阀
1—挡板　2、3—喷嘴　4、5—节流小孔

双喷嘴挡板阀的工作原理,它主要由挡板 1、喷嘴 2 和 3、固定节流小孔 4 和 5 等元件组成。挡板和两个喷嘴之间形成两个可变截面的节流缝隙 δ_1 和 δ_2。当挡板处于中间位置时,两缝隙所形成的节流阻力相等,两喷嘴腔内的油液压力则相等,即 $p_1 = p_2$,液压缸不动。压力油经孔道 4 和 5、缝隙 δ_1 和 δ_2 流回油箱。当输入信号使挡板向左偏摆时,可变缝隙 δ_1 关小,δ_2 开大,p_1 上升,p_2 下降,液压缸缸体向左移动。因负反馈作用,当喷嘴跟随缸体移动到挡板两边对称位置时,液压缸停止运动。

喷嘴挡板阀的优点是结构简单、加工方便、运动部件惯性小、反应快、精度和灵敏度高;缺点是无功损耗大,抗污染能力较差。喷嘴挡板阀常用作多级放大伺服控制元件中的前置级。

10.5.5 典型电液伺服阀的工作原理

1. 机械手伸缩运动伺服系统

一般机械手应包括 4 个伺服系统,它们分别控制机械手的伸缩、回转、升降和手腕的动作。由于每一个液压伺服系统的原理均相同,现仅以伸缩伺服系统为例,介绍它的工作原理。

图 10.26 所示是机械手手臂伸缩电液伺服系统原理图。它主要由电液伺服阀 1、液压缸 2、活塞杆带动的机械手手臂 3、齿轮齿条机构 4、电位器 5、步进电机 6 和放大器 7 等元件组成。当电位器的触头处在中位时,触头上没有电压输出。当它偏离这个位置时,就会输出相应的电压。电位器触头产生的微弱电压,须经放大器放大后才能对电液伺服阀进行控制。电位器触头由步进电机带动旋转,步进电机的角位移和角速度由数控装置发出的脉冲数和脉冲频率控制。齿条固定在机械手手臂上,电位器固定在齿轮上,所以当手臂带动齿轮转动时,电位器同齿轮一起转动,形成负反馈。机械手伸缩系统的工作原理如下。

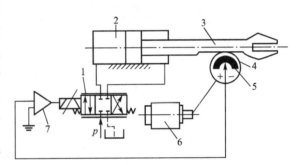

图 10.26 机械手手臂伸缩电液伺服系统原理图
1—电液伺服阀 2—液压缸 3—机械手手臂
4—齿轮齿条机构 5—电位器
6—步进电机 7—放大器

由数控装置发出的一定数量的脉冲,使步进电机带动电位器 5 的动触头转过一定的角度 θ_i(假定为顺时针转动),这时动触头偏离电位器中位,产生微弱电压 u_1,经放大器 7 放大成 u_2 后输入电液伺服阀 1 的控制线圈,使伺服阀产生一定的开口量。这时压力油以流量 q 流经阀的开口进入液压缸的左腔,推动活塞连同机械手手臂一起向右移动,行程为 x_v;液压缸右腔的回油经伺服阀流回油箱。由于电位器的齿轮和机械手手臂上齿条相啮合,手臂向右移动时,电位器跟着顺时针方向转动。当电位器的中位和触头重合时,动触头输出电压为零,电液伺服阀失去信号,阀口关闭,手臂停止移动。手臂移动的行程决定于脉冲数量,速度决定于脉冲频率。当数控装置发出反向脉冲时,步进电机逆时针方向转动,手臂缩回。

图 10.27 所示为机械手手臂伸缩运动电液伺服系统方块图。

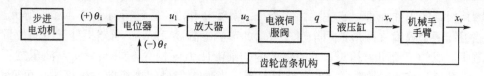

图 10.27　机械手手臂伸缩运动电液伺服系统方块图

2. 钢带张力控制系统

在钢带生产过程中，常要求控制钢带的张力。为此，常用伺服系统来实现恒张力控制。如图 10.28 所示，2 为牵引辊，8 为加载装置，它们使钢带具有一定的张力。但由于种种原因，张力可能有波动，为此在转向辊 4 的轴承上设置一力传感器 5，以检测钢带的张力，并用伺服液压缸 1 带动浮动辊 6 来调节张力。当实测张力与要求张力有偏差时，偏差电压经放大器 9 放大后，使得电液伺服阀 7 有输出，活塞带动浮动辊 6 调节钢带的张紧程度以减少其偏差，所以这是一个力控制系统。

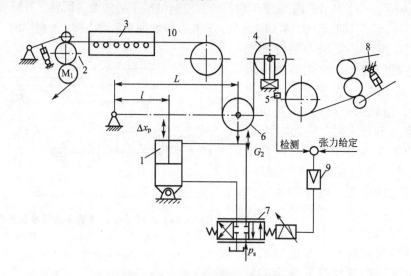

图 10.28　带钢恒张力控制系统

1—液压缸　2—牵引辊　3—加热装置　4—转向辊　5—力传感器
6—浮动辊　7—电液伺服阀　8—加载装置　9—放大器　10—钢带

10.6　机液伺服阀

机液伺服阀的工作原理与电液伺服阀基本相同，不同点是电液伺服阀的输入信号是通过力（力矩）马达产生的，而机液伺服阀的输入信号为机动或手控的位移。

机液伺服阀广泛应用于仿形加工和车辆的转向系统，下面以这两类系统为例说明机液伺服系统的工作原理。

1. 液压仿形刀架

车床液压仿形刀架是由位置控制机—液伺服系统驱动，按照样件（靠模）的轮廓形状，对工件进行仿形车削加工的装置。用这种仿形刀架对工件进行加工时，只要先用普通方法加工一个样件，然后用这个样件就可以复制出一批零件来。它不但可以保证加工的质量，生产率高，而且调整简单，操作方便，因此在批量车削加工中(尤其是对特形面的加工)被广泛地采用。

图 10.29 为某车床上液压仿形刀架的示意图。液压仿形刀架倾斜安装在车床溜板 5 的上面，工作时，随溜板作纵向运动。靠模 12 安装在床身支架上固定不动。仿形刀架液压缸的活塞杆固定在刀架的底座上，缸体 6、阀体 7 和刀架 3 连成一体，可在刀架底座的导轨上沿液压缸轴向移动。伺服阀芯 10 在弹簧的作用下通过阀杆 9 使杠杆 8 的触销 11 紧压在靠模上。

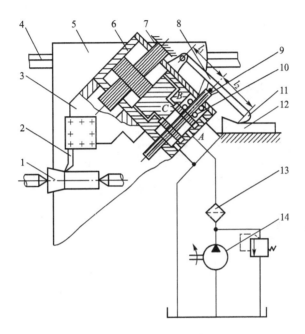

图 10.29　车床液压仿形刀架

1—工件　2—车刀　3—刀架　4—床身导轨　5—溜板　6—缸体　7—阀体
8—杠杆　9—阀杆　10—伺服阀芯　11—触销　12—靠模
13—过滤器　14—液压泵

车削圆柱面时，溜板沿床身导轨 4 纵向移动。杠杆触销在靠模上方水平段内滑动，伺服阀阀口不打开，没有油液进入液压缸，整个仿形刀架只是跟随拖板一起纵向移动，车刀在工件 1 上车出圆柱面。

车削圆锥面时，溜板仍沿床身导轨 4 纵向移动，触销沿靠模斜线段滑动，杠杆向上偏摆，从而带动阀芯上移，打开阀口，压力油进入液压缸上腔，液压缸下腔油液流回油箱，液压力推动缸体连同阀体和刀架一起沿液压缸轴线方向向上运动。此两运动的合成就使刀具在工件上车出圆锥面。

其他曲面形状或凸肩也都是在这样的合成运动下，由刀具在工件上仿形加工出来的。仿形加工结束时，通过电磁阀(图中未画出)使杠杆抬至最上方位置，这时伺服阀阀芯上移，压力油进入液压缸上腔，其下腔的油液通过伺服阀流回油箱，仿形刀架快速退回原位。

2. 滑阀式液压伺服转向机构

为减轻司机的体力劳动，通常在机动车辆上采用转向液压助力器。这种液压助力器是一种位置控制的液压伺服机构。图 10.30 是转向液压助力器的原理图，它主要由液压缸和控制滑阀两部分组成。液压缸活塞杆 1 的右端通过铰销固定在汽车底盘上，液压缸缸体 2 和控制滑阀阀体连在一起形成负反馈，由方向盘 5 通过摆杆 4 控制滑阀阀芯 3 的移动。当缸体 2 前后移动时，通过转向连杆机构 6 等控制车轮偏转，从而操纵汽车转向。当阀芯 3 处于图示位置时，各阀口均关闭，缸体 2 固定不动，汽车保持直线运动。由于控制滑阀采用负开口的形式，故可以防止引起不必要的扰动。当旋转方向盘，假设使阀芯 3 向右移动时，液压缸中压力 p_1 减小，p_2 增大，缸体也向右移动，带动转向连杆 6 向逆时针方向摆动，使车轮向左偏转，实现左转弯，反之，缸体若向左移就可实现右转弯。

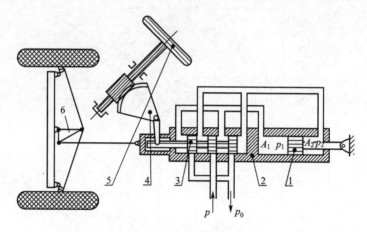

图 10.30 转向液压助力器
1—活塞 2—缸体 3—阀芯 4—摆杆
5—方向盘 6—转向连杆机构

实际操作时，方向盘旋转的方向和汽车转弯的方向是一致的。为使驾驶员在操纵方向盘时能感觉到转向的阻力，在控制滑阀端部增加两个油腔，分别与液压缸前后腔相通（图 10.30），这时移动控制滑阀阀芯时所需要的力就和液压缸的两腔压力差（$\Delta p = p_1 - p_2$）成正比，因而具有真实感。

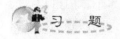

1. 若将液压仿形刀架上的控制滑阀与液压缸分开，成为一个系统中的两个独立部分，仿形刀架能工作吗？试作分析说明。
2. 如果双喷嘴挡板式电液伺服阀有一喷嘴被堵塞，会出现什么现象？
3. 试述电液伺服阀的功用、主要结构及工作原理，拟出原理方块图。
4. 电液比例阀与普通阀相比有何特点？与电液数字阀相比有何特点？

附录　常用液压与气动元件图形符号

(摘自 GB/T 786.1—1993)

附表1　基本符号、管路及连接

名称	符号	名称	符号
工作管路	 ———	管端连接于油箱底部	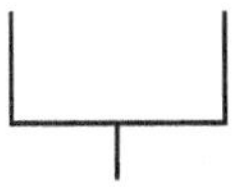
控制管路	 - - - - -	密闭式油箱	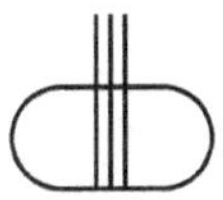
连接管路		直接排气	
交叉管路	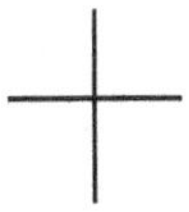	带连接措施的排气口	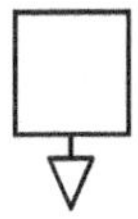
柔性管路		带单向阀的快换接头	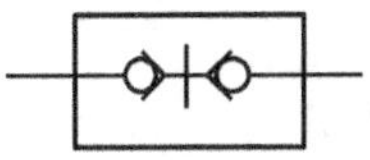
组合元件线	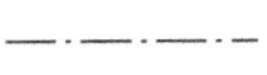 —·—·—	不带单向阀的快换接头	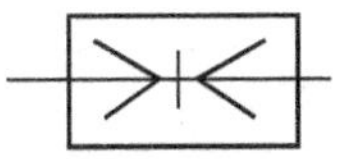
管口在液面以上的油箱	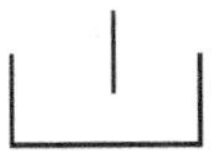	单通路旋转接头	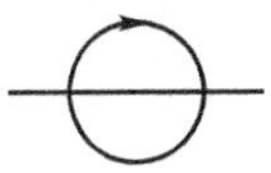
管口在液面以下的油箱	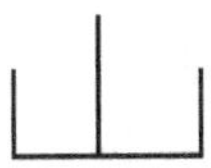	三通路旋转接头	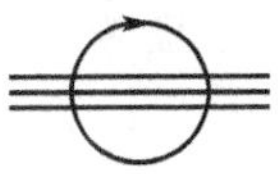

附表2 控制机构和控制方法

名称	符号	名称	符号
按钮式人力控制	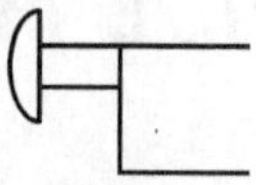	双作用电磁铁	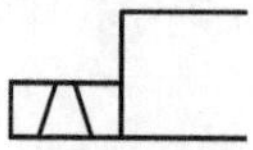
手柄式人力控制	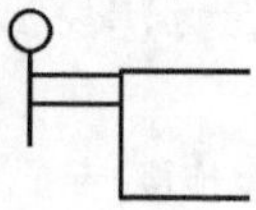	比例电磁铁	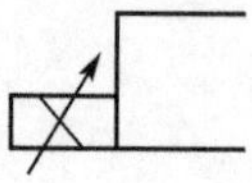
踏板式人力控制	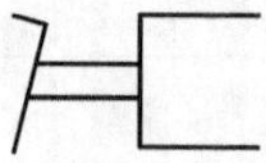	加压或泄压控制	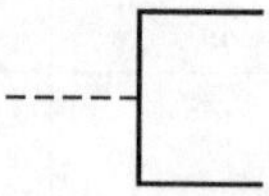
顶杆式机械控制	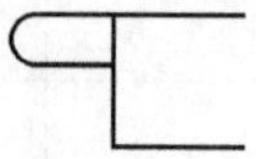	内部压力控制	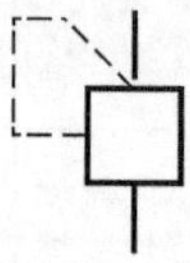
弹簧控制	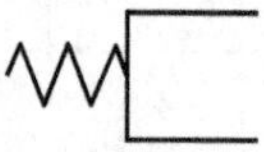	外部压力控制	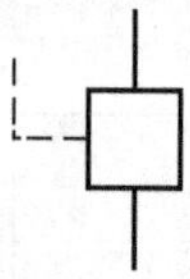
滚轮式机械控制	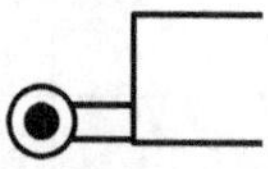	液压先导控制	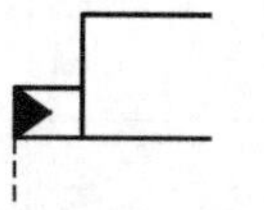
单作用电磁铁	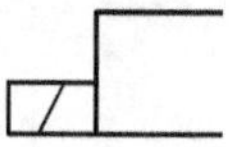	电—液先导控制	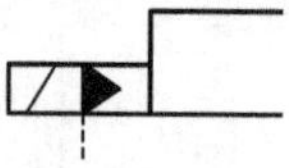
气压先导控制	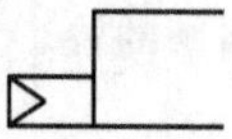	电磁—气压先导控制	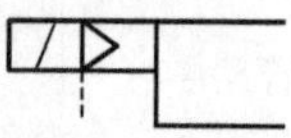

附表3 泵、马达和缸

名称	符号	名称	符号
单向定量液压泵	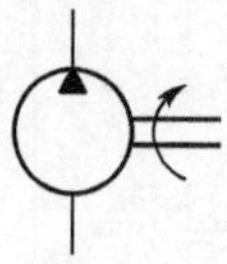	单向定量马达	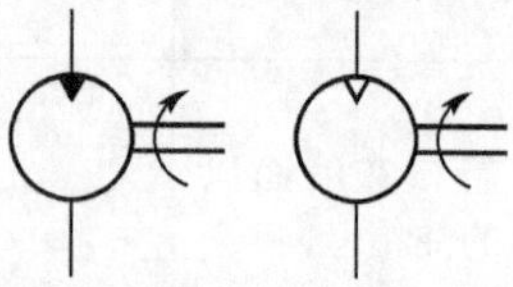
双向定量液压泵	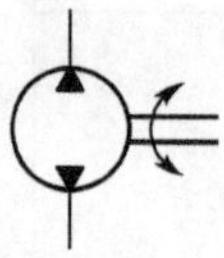	双向定量马达	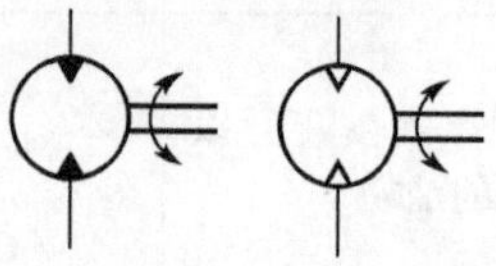

附录　常用液压与气动元件图形符号

（续）

名称	符号	名称	符号
单向变量马达	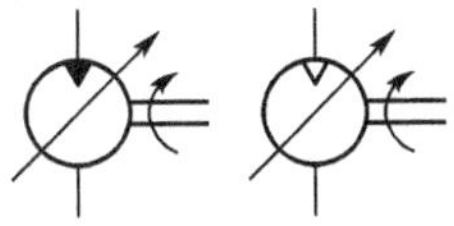	单作用弹簧复位缸	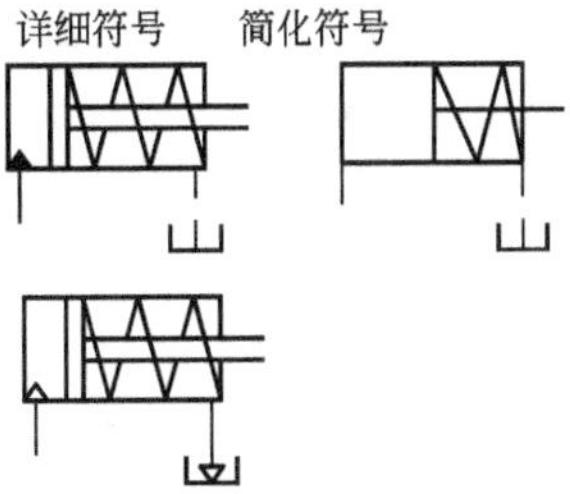 详细符号　简化符号
双向变量马达	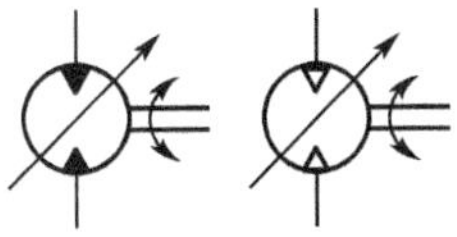		
定量液压泵—马达	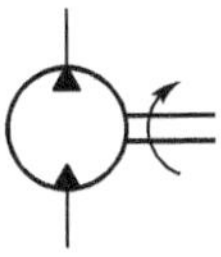	单作用伸缩缸	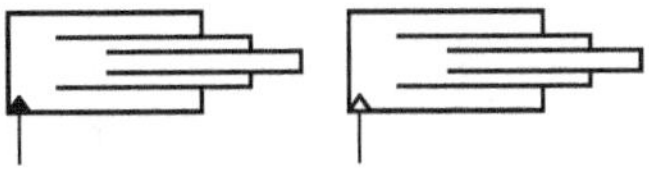
变量液压泵—马达	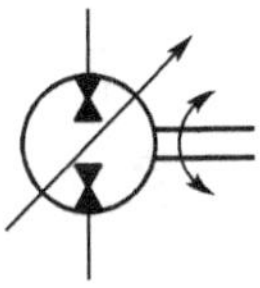	双作用单活塞杆缸	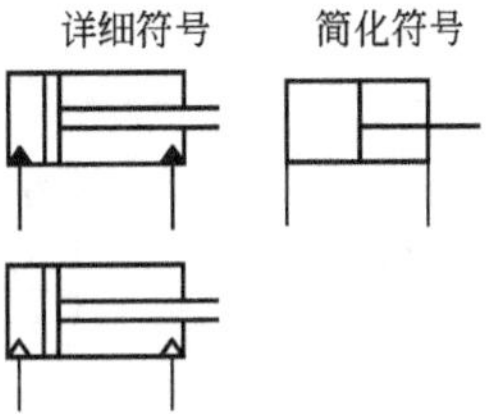 详细符号　简化符号
液压源			
压力补偿变量泵	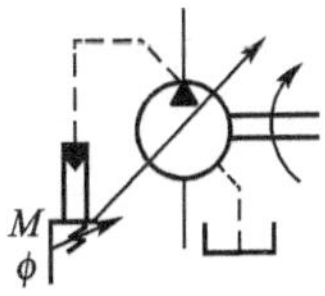	双作用双活塞杆缸	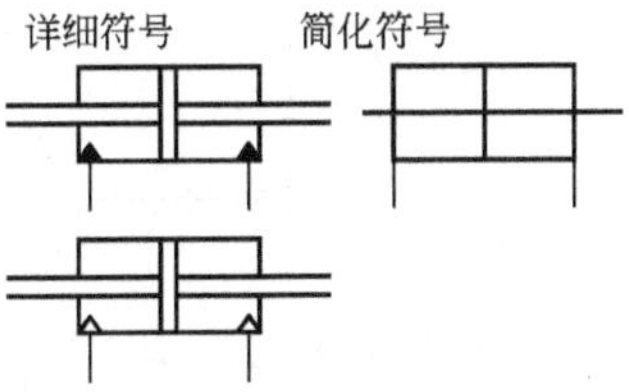 详细符号　简化符号
单向缓冲缸（可调）	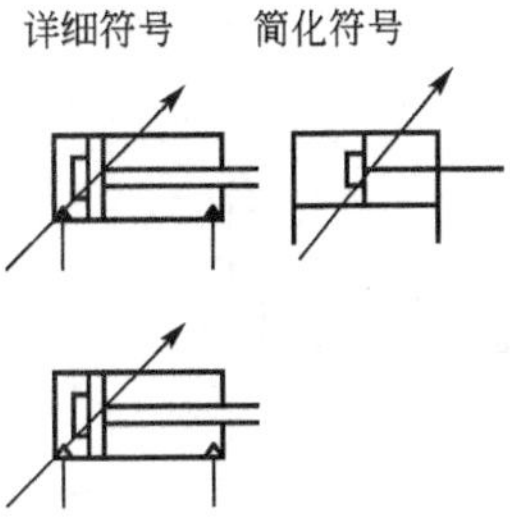 详细符号　简化符号	双向缓冲缸（可调）	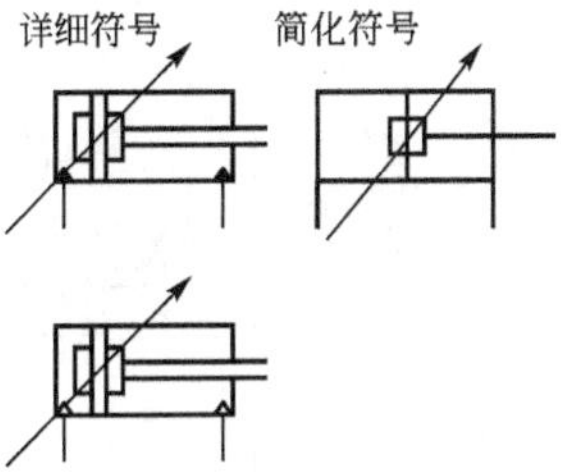 详细符号　简化符号
单向变量液压泵	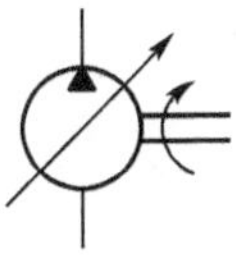	双作用伸缩缸	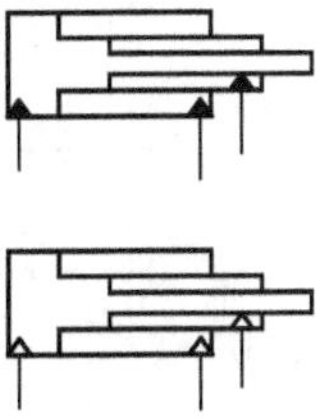
双向变量液压泵	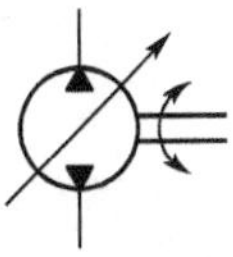		
摆动马达	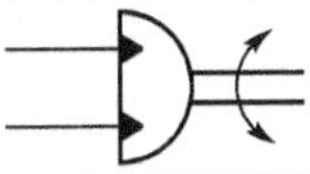		

附表4 控制元件

名称	符号	名称	符号
直动式溢流阀		带消声器的节流阀	详细符号　简化符号
先导式溢流阀		二位二通换向阀	（常闭）
先导式比例电磁溢流阀		二位三通换向阀	
直动式减压阀		二位四通换向阀	
双向溢流阀		先导式减压阀	
不可调节流阀		直动式顺序阀	
可调节流阀	详细符号　简化符号	先导式顺序阀	
调速阀	详细符号　简化符号	卸荷阀	
温度补偿调速阀	详细符号　简化符号	溢流减压阀	

(续)

名称	符号	名称	符号
旁通式调速阀	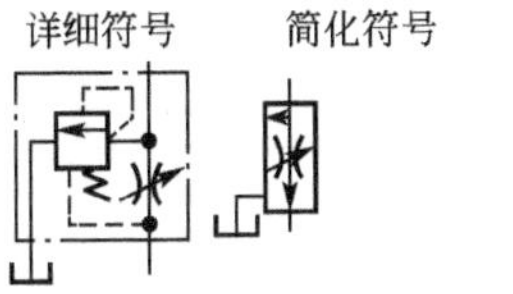 详细符号　简化符号	快速排气阀	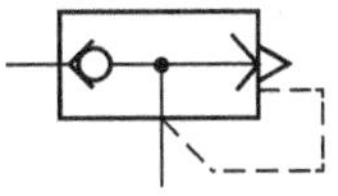
单向阀	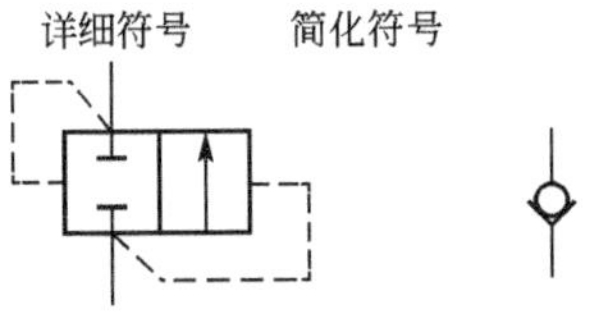 详细符号　简化符号	二位五通换向阀	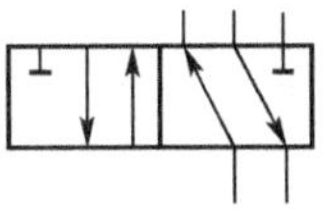
液控单向阀	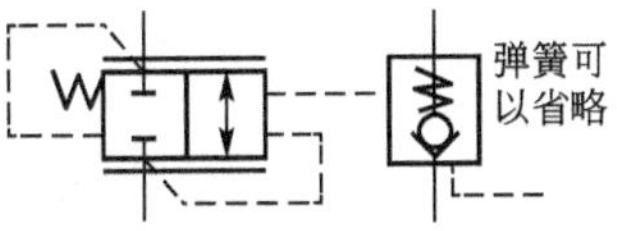 弹簧可以省略	三位四通换向阀	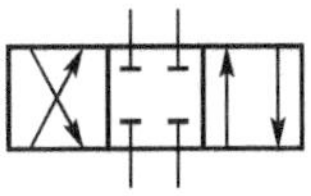
液压锁	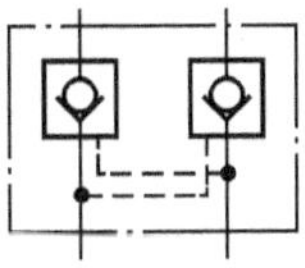	三位五通换向阀	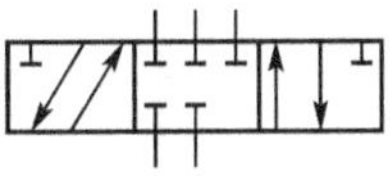

附表5　辅助元件

名称	符号	名称	符号
过滤器	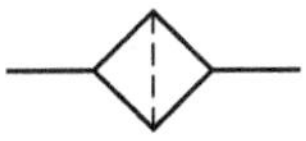	压力继电器	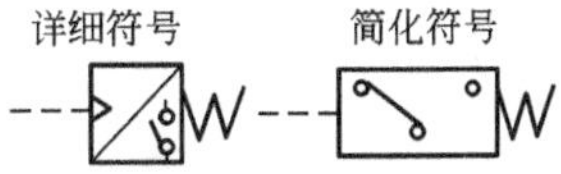 详细符号　简化符号
磁芯过滤器	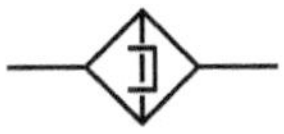	压力指示器	
污染指示过滤器	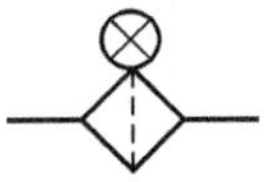	分水排水器	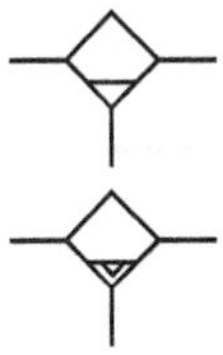
冷却器			
加热器		空气过滤器	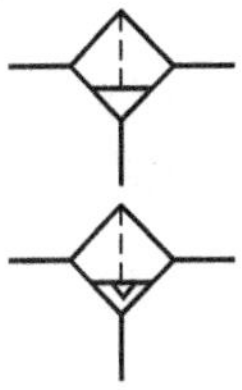
流量计	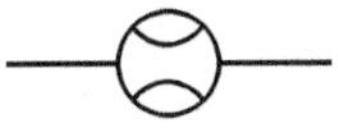		

(续)

名称	符号	名称	符号
除油器		原动机	
		行程开关	详细符号　简化符号
蓄能器(一般符号)		空气干燥器	
蓄能器(气体隔离式)		油雾器	
压力计		气源调节装置	
液面计		消声器	
温度计		气—液转换器	
电动机		气压源	

参 考 文 献

[1] 雷天觉. 新编液压工程手册 [M]. 北京：北京理工大学出版社，1998.
[2] 中国机械工程学会中国机械设计大典编委会. 李壮云. 中国机械设计大典第 5 卷机械控制系统设计 [M]. 南昌：江西科学技术出版社，2002.
[3] 日本液压气动协会. 液压气动手册 [M]. 北京：机械工业出版社，1984.
[4] 黎启柏. 液压元件手册 [M]. 北京：冶金工业出版社，机械工业出版社，2000.
[5] 章宏甲. 金属切削机床液压传动 [M]. 南京：江苏科学技术出版社，1984.
[6] 何存兴，张铁华. 液压传动与气压传动 [M]. 武汉：华中科技大学出版社，2000.
[7] 王宝和. 流体传动与控制 [M]. 长沙：国防科技大学出版社，2001.
[8] 姜继海. 液压传动 [M]. 哈尔滨：哈尔滨工业大学出版社，1997.
[9] 明仁雄，王会雄. 液压与气压传动 [M]. 北京：国防工业出版社，2003.
[10] 卢光贤. 机床液压传动与控制 [M]. 西安：西北工业大学出版社，1993.
[11] 张磊等. 实用液压技术 300 题 [M]. 北京：机械工业出版社，1998.
[12] 官忠范. 液压传动系统 [M]. 北京：机械工业出版社，1998.
[13] 李壮云，葛宜远. 液压元件与系统 [M]. 北京：机械工业出版社，2000.
[14] [美] H. E. 梅里特. 液压控制系统 [M]. 陈燕庆，译. 北京：科学出版社，1976.
[15] 王春行. 液压控制系统 [M]. 北京：机械工业出版社，1999.
[16] 盛敬超. 液压流体力学 [M]. 北京：机械工业出版社，1980.
[17] 章宏甲，黄谊，王积伟. 液压与气压传动 [M]. 北京：机械工业出版社，2000.
[18] 袁承训. 液压与气压传动 [M]. 2 版. 北京：机械工业出版社，2003.
[19] 左建民. 液压与气压传动 [M]. 2 版. 北京：机械工业出版社，2001.
[20] 骆简文，雷宝荪，张卫. 液压传动与控制 [M]. 重庆：重庆大学出版社，1994.
[21] 章宏甲，黄谊. 液压传动 [M]. 北京：机械工业出版社，1999.
[22] 丁树模，姚如一. 液压传动 [M]. 北京：机械工业出版社，1992.
[23] 朱新才. 液压传动与控制 [M]. 重庆：重庆大学出版社. 1996.
[24] 俞启荣. 机床液压传动 [M]. 北京：机械工业出版社，1984.
[25] 刘延俊. 液压与气压传动 [M]. 北京：机械工业出版社，2003.
[26] 左建民. 液压与气压传动 [M]. 3 版. 北京：机械工业出版社，2005.
[27] 许福玲，陈尧明. 液压与气压传动 [M]. 2 版. 北京：机械工业出版社，2005.
[28] 贾铭新. 液压传动与控制 [M]. 北京：国防工业出版社，2001.
[29] 王守城，容一鸣. 液压传动 [M]. 北京：北京大学出版社，2006.